AF546891

Aus toten Böden wird fruchtbare Erde

1. Auflage März 2020
2. Auflage März 2022

Kopp Verlag e. K. edition published by arrangement with Chelsea Green Publishing Co, White River Junction, VT, USA *www.chelseagreen.com*

Titel der amerikanischen Originalausgabe:
Dirt to Soil. One Family´s Journey into Regenerative Agriculture

Übersetzung aus dem Amerikanischen:
Markus Lebmann und Alexandra Kühn
Lektorat: Swantje Christow
Satz und Layout: Martina Kimmerle
Umschlaggestaltung: Stefanie Huber

ISBN: 978-3-86445-732-6

Gerne senden wir Ihnen unser Verlagsverzeichnis
Kopp Verlag
Bertha-Benz-Straße 10
72108 Rottenburg
E-Mail: info@kopp-verlag.de
Tel.: (0 74 72) 98 06-10
Fax: (0 74 72) 98 06-11

Unser Buchprogramm finden Sie auch im Internet unter:
www.kopp-verlag.de

Aus toten Böden wird fruchtbare Erde

Eine Familie entdeckt die regenerative Landwirtschaft

KOPP VERLAG

Für die schüchterne
Farmerstochter, die sich nichts sehnlicher
wünschte, als einen Mann aus der
Stadt zu heiraten, der sie fortholen sollte
aus dem ländlichen Idyll. Der Mann,
den sie heiratete, kam zwar aus der Stadt,
doch irgendetwas lief trotzdem nicht
ganz nach Wunsch, denn er brachte sie ausgerechnet dorthin zurück, wo sie hergekommen war.
Dort verschrieb sie sich der Aufgabe, mich
in allem zu unterstützen wie niemand sonst und
mir zur Seite zu stehen bei unserer Mission,
tote Böden in fruchtbare Erde
zu verwandeln.

Besonderen Dank möchte ich auch unseren
Kindern, Kelly und Paul, aussprechen.
Eure unerschütterliche Zuneigung und Unterstützung ist alles, was sich ein Vater
nur wünschen kann.

Vorwort

Ich lernte Gabe Brown 2012 kennen, als ich ihn darum bat, einen Vortrag auf der Konferenz der Quivira Coalition zu halten. Die Veranstaltung stand unter dem Motto: »Wie können wir eine Ernährungsgrundlage für 9 Milliarden Menschen schaffen?« Das Thema war mir ein Jahr zuvor spontan eingefallen, als ich Colin Seis, Schafzüchter aus New South Wales (Australien), einen Besuch abstattete. Zwischen uns hatte sich gerade ein intensives Gespräch über *Pasture Cropping* entsponnen – eine neue Methode innerhalb der regenerativen Landwirtschaft, die von Colin und seinem Nachbarn Darryl Cluff entwickelt worden war. Beim *Pasture Cropping* werden auf derselben Fläche 1-jährige Feldfrüchte und mehrjährige Weidepflanzen gemeinsam kultiviert. Im Verlauf der Unterhaltung wurde mir klar, dass Colins und Darryls Erfindung ein faszinierender Lösungsansatz für diese wachsende Herausforderung war – nämlich die schätzungsweise 9 Milliarden Menschen, die im Jahr 2050 auf unserem Planeten leben werden, auf eine umweltverträgliche Weise zu ernähren.

Pasture Cropping ist eine mögliche Lösung, dasselbe gilt aber auch für andere Methoden der regenerativen Landwirtschaft. Diese Form der Bewirtschaftung zielt nicht nur darauf ab, Nahrungsmittel zu produzieren, sondern ist auch darum bemüht, degenerierte Böden wieder fruchtbar zu machen. Die regenerative Landwirtschaft ist bestrebt, den Gesundheitszustand unserer Böden Schritt für Schritt zu verbessern und bedient sich dabei besonderer Methoden, um die Aktivität der Bodenorganismen zu fördern, den Kohlenstoffkreislauf anzukurbeln, die Vitalität von Pflanzen und Tieren zu steigern sowie die Qualität der Nahrung und die Wirtschaftlichkeit zu verbessern – jedes einzelne dieser Ziele kann dazu beitragen, sehr viele Menschen mit den notwendigen Lebensmitteln zu versorgen. Zu den Methoden der regenerativen Landwirtschaft zählen Direktsaat, das heißt Verzicht auf Bodenbearbeitung, Anbau vielfältiger Zwischenfrüchte (Mischkultur), mehrgliedrige Fruchtfolge, Steigerung der Bodenfruchtbarkeit, Einschränkung des Herbizideinsatzes und Vermeidung von Insektiziden und anderen Schädlingsbekämpfungsmitteln sowie von Kunstdünger. All diese Maßnahmen sind zudem auf die Weidehaltung von Nutztieren abgestimmt. Wie Colin Seis auf seinem Betrieb demonstriert hat, kann sich die regenerative Landwirtschaft als durchaus rentabel erweisen.

Voller Begeisterung stellten wir uns vor, welches Potenzial in dieser Konferenz stecken könnte, und als ich Colin nach weiteren Führungspersönlichkeiten der Bewegung fragte, die als gute Redner infrage kämen, fiel zuallererst der Name »Gabe Brown«.

Wie die Teilnehmer der Quivira-Konferenz erfahren sollten, hatten Gabe und seine Frau Shelly Anfang der 90er-Jahre den Bauernhof ihrer Eltern in der Nähe von Bismarck, North Dakota, erworben und begonnen, auf konventionelle Weise Getreide anzubauen und Fleischrinder zu züchten. Das heißt: Intensive Bodenbearbeitung sowie massiver Einsatz von Herbiziden, Insektiziden und Kunstdünger waren eine Selbstverständlichkeit. Doch schon 3 Jahre später wagten sie sich in die Grenzbereiche des konventionellen landwirtschaftlichen Produktionsmodells vor, indem sie das Pflügen einstellten, um die Feuchtigkeit im Boden zu halten und Treibstoffkosten zu senken. Als in 4 aufeinanderfolgenden Jahren wegen widrigster Wetterbedingungen die Ernte ausblieb, wurde die finanzielle Lage zwar immer hoffnungsloser, es entstanden aber auch die Voraussetzungen, damit die Familie Brown eine unerwartete, mit großen Umwälzungen verbundene Reise antreten konnte, die sie von der industriellen zur regenerativen Landwirtschaft führte.

Mittlerweile bringt ihre über 2000 Hektar große Ranch eine bunte Palette an Feldfrüchten wie Mais und Weizen sowie Zwischenfrüchte hervor und wirft Gewinne ab, wie Gabe seinen Zuhörern erzählte. Während der gesamten Vegetationsperiode baut Gabe Zwischenfrüchte an, um bestimmte Interessen im Umgang mit den natürlichen Ressourcen zu verfolgen, beispielsweise den Boden zu schützen. Auf der Brown's Ranch trifft man auf ausschließlich mit Grünfutter aufgezogene Rinder und Lämmer, in Freilandhaltung weidende Legehennen, Masthähnchen, Schweine, Honig, Gemüse und Obst – alle

Erzeugnisse werden direkt vermarktet. Die Missstände, die konventionellen Landwirten das Leben schwer machen, beispielsweise Bodenverdichtung, Winderosion, Überschwemmungen, Krankheiten, Schädlinge, Unkraut, gewaltige Kosten für Pflanzenschutzmittel und Kunstdünger sowie niedrige Ernteerträge, erachtet Gabe als Symptome eines gestörten Ökosystems. Die Produktionsweise der Brown's Ranch, die sich in 20 Jahren des Experimentierens und Verfeinerns herausgebildet hat, sieht eine Vielzahl an Methoden vor, um der Gefährdung der natürlichen Ressourcen entgegenzuwirken – besonderer Wert wird jedoch darauf gelegt, die Bodenlebewelt wiederherzustellen.

Gabes Vortrag auf der Konferenz der Quivira Coalition erwies sich als so inspirierend und erfolgreich, dass ich ihn 2014 mit seinem Sohn Paul einlud, einen Workshop zu leiten.

Eines der Themen ihres Workshops, das den Teilnehmern die Augen öffnete, war der bewusste Aufbau der Humusschicht. Wie bitte, lässt sich eine Humusschicht tatsächlich aufbauen? Herkömmlichen Ansichten zufolge dauert es Tausende Jahre, bis sich einige Zentimeter Oberboden bilden. Doch wie Gabe bemerkte, war es ihnen auf der Ranch gelungen, etliche Zentimeter Humus in lediglich 20 Jahren dazuzugewinnen, indem man sich die Prinzipien der regenerativen Landwirtschaft zu eigen gemacht hatte. Sie entdeckten, dass das Zusammenwirken von Bodenmikroorganismen, Mykorrhizapilzen, Regenwürmern, organischem Material, Pflanzenwurzeln, Wasser, Sonnenlicht und »flüssigem

Kohlenstoff«, den die Pflanzen mittels Photosynthese erzeugen, einen natürlichen Prozess in Gang setzt, der den verdichteten, nährstoffarmen Schmutz des industriellen Ackerlandes in fruchtbaren, luftigen Boden verwandelt. Diese Umwandlung ließe sich ganz einfach erklären, erzählten Gabe und Paul im bis zum letzten Platz gefüllten Raum: mit der Kraft, die dem Leben innewohne. Wenn diese Kraft erst einmal entfesselt sei, entwickle sich das Leben unweigerlich weiter und brächte neues Leben hervor.

Es ist wenig überraschend, dass Gabe zu einem beliebten Redner wurde, der auf seinen zahlreichen Reisen für die regenerative Landwirtschaft eintritt. Allein im Winter 2016/2017 hielt er mehr als 100 Vorträge und sprach dabei vor über 23 000 Zuhörern; von den 250 000 Aufrufen seiner Website, um seine Präsentationen abzurufen, ganz zu schweigen. Sommer für Sommer strömen Hunderte Menschen auf die Brown's Ranch, und auch die Homepage der Familie wird von unzähligen Interessierten besucht. In den vergangenen Jahren berief sich eine Reihe von Dokumentarfilmen, die sich mit Nahrungsmitteln und Bodengesundheit beschäftigten, auf Gabe. Wie er glaubt, ist all das ein Beweis dafür, dass die regenerative Landwirtschaft auf immer breiteres Interesse stößt, ob unter Konsumenten oder alternativen Landwirten und sogar unter konventionellen Bauern, die Änderungen herbeiführen möchten.

Alles, was noch fehlte, war ein Buch. Die Autorenbetreuer bei Chelsea Green hatten Gabe dazu ermuntert, seine Erfahrungen zu Papier zu bringen. Er musste jedoch feststellen, dass es praktisch ein Ding der Unmöglichkeit war, ausreichend Zeit für das Projekt zu erübrigen. Ein zufälliges Gespräch mit Fern Marshall Bradley, Cheflektor bei Chelsea Green, sollte mich ins Spiel bringen. Wir stimmten darin überein, dass ein Buch von Gabe ein wertvoller Beitrag wäre, um die Anliegen der regenerativen Landwirtschaft zu verdeutlichen. Und so fragte ich, ob ich auf irgendeine Weise dabei helfen könne, das Buch zu realisieren. Gabe war bereit, mit mir zusammenzuarbeiten, und so machten wir uns einige Monate später an die Arbeit. Meine Aufgabe bestand hauptsächlich darin, am Stil zu feilen. Ich fühlte mich geehrt, an diesem Projekt beteiligt zu sein, und bin heute noch genauso begeistert von den Leistungen der Familie Brown wie damals, als ich sie kennenlernen durfte.

In diesem Zeitalter extremer gesellschaftlicher Spaltung, der virtuellen Realitäten und der Missachtung von Tatsachen führt uns die Brown's Ranch vor, dass es etwas gibt, das uns vereint – der Bedarf an intakten Böden. Nichts ist weniger virtuell als der Anbau von Nahrungsmitteln. Pixel kann man nicht essen. Unser Körper benötigt eine natürliche Ernährung, was bedeutet, dass wir die Landwirtschaft brauchen, die wiederum auf Böden angewiesen ist. Wenn wir gesund bleiben oder werden möchten, brauchen wir gesunde Nahrung, die auf intakten, nicht auf toten Böden gewachsen ist. Dies ist nur mithilfe der Bodenlebewesen zu erreichen, keinesfalls mithilfe von Herbiziden und Kunstdünger. Wenn wir nicht nur Gegensätze verbinden und stressresistent sein wollen, sondern auch unseren Kindern eine lebenswerte Zukunft ermöglichen möchten, dann sollten wir schleunigst auf den Boden der Tatsachen zurückkehren und uns von dort aus hinaufarbeiten: Pflanze um Pflanze und Tier um Tier.

Wie die Familie Brown beweist, ist dies möglich, sofern wir uns dazu entschließen.

Courtney White

Einführung

Die beste Lehrerin

Unser Leben hängt von der Qualität des Bodens ab. Das Wissen um diese Wahrheit ist heute so tief in mir verwurzelt, dass ich kaum glauben kann, wie vieler Maßnahmen ich mich als junger Landwirt bediente, um dem Boden Schaden zuzufügen. Ich wusste es einfach nicht besser. Auf dem College wurde mir alles beigebracht, was es über das gängige, auf Massenproduktion ausgerichtete Bewirtschaftungssystem zu wissen gab. Dieses System fußt auf den Ergebnissen einer reduktionistischen Wissenschaft, nicht darauf, wie reale Ökosysteme funktionieren. Die Geschichte der Brown's Ranch handelt von der Umwandlung eines schwer angeschlagenen, kaum gewinnbringenden Betriebes, der dem industriellen Produktionsmodell entsprechend bewirtschaftet wurde, in ein intaktes, gewinnträchtiges landwirtschaftliches Unternehmen. Auf unserer Reise wurden wir vor viele Herausforderungen gestellt; der Versuch war unser treuer Begleiter. Als fast genauso treu erwies sich der Irrtum, doch machte er gerne Platz für die Erfolge, die sich allmählich einstellten. Viele Lehrer durfte ich auf meiner Reise kennenlernen, darunter andere Landwirte, Forscher, Ökologen und nicht zuletzt meine Familie. Doch die beste Lehrerin von allen ist die Natur.

Die meisten Entscheidungen, die ich treffe, wenn ich meinen tagtäglichen Aufgaben auf meiner Farm nachgehe, stehen im Zeichen der Bodenregeneration und des Bodenschutzes. Dabei befolge ich fünf Prinzipien, die im Laufe der Zeitalter von der Natur hervorgebracht worden sind. Sie sind auf der ganzen Welt dieselben und haben überall dort Gültigkeit, wo die Sonne scheint und Pflanzen leben. Alle Gärtner und Landwirte dieser Welt, die diese Prinzipien anwenden, tun dies, um auch wirklich fruchtbaren, tiefgründigen Boden zu erhalten und die Wasserkreisläufe zu verbessern.

Die fünf Prinzipien der Bodengesundheit lauten:

1. **Entlastung des Bodens:** Reduzieren Sie die mechanische, chemische und physikalische Störung des Bodens. Bodenbearbeitung zerstört die Bodenstruktur. Sie nimmt das »Haus« immer wieder auseinander, welches die Natur errichtet, um das Edaphon (die Gesamtheit der im Boden lebenden Organismen) zu schützen, das für die natürliche Bodenfruchtbarkeit sorgt. Zur Bodenstruktur zählen Bodenkrümel und Poren (Hohlräume, die ein Versickern des Wassers ermöglichen). Bodenbearbeitung führt zu Bodenerosion, also zur Verschwendung einer wertvollen natürlichen Ressource. Kunstdünger, Herbizide, Insektizide und Fungizide wirken sich ebenfalls ausnahmslos negativ auf das Bodenleben aus.

2. **Schutz der Erdoberfläche:** Sorgen Sie dafür, dass der Boden stets bedeckt ist. Dabei handelt es sich um eine sehr wichtige Maßnahme, wenn man die Bodengesundheit wiederherstellen möchte. Unbedeckter Boden darf als Anomalie gelten – die Natur ist stets darum bemüht, den Boden bedeckt zu halten.

Wenn wir für eine natürliche »Panzerung« sorgen, schützen wir den Boden vor Erosion durch Wind und Wasser und sorgen gleichzeitig dafür, dass die größeren Lebewesen des Bodens und die Mikroorganismen mit Nahrung versorgt werden. Auch wirken wir so der Verdunstung von wertvollem Wasser und der Keimung von Unkrautsamen entgegen.

3. **Erzeugung von Vielfalt:** Streben Sie nach Vielfalt, das gilt sowohl für Pflanzen- als auch für Tierarten. Wo trifft man in der Natur auf Monokulturen? Nur dort, wo der Mensch sie hingestellt hat! Wenn ich meinen Blick über die naturbelassene Prärie schweifen lasse, fällt mir zuerst die unermessliche Vielfalt ins Auge. Gräser, andere krautige Pflanzen und Sträucher leben und gedeihen hier in gegenseitiger Harmonie. Stellen Sie sich vor, was jede dieser Arten zu bieten hat. Einige verfügen über flache Wurzeln, manche über tiefgründige, die einen über faserige Wurzelsysteme, die anderen über Pfahlwurzeln. Manche Pflanzen enthalten mehr Kohlenstoff, andere weniger, beispielsweise Leguminosen. Jede einzelne unter ihnen ist wichtig für die Bewahrung der Bodengesundheit. Die Vielfalt wirkt darauf hin, dass das Ökosystem seine natürlichen Aufgaben wahrnehmen kann.

4. **Durchwurzelung des Bodens:** Sorgen Sie dafür, dass sich Jahr für Jahr so lange wie nur möglich lebende Wurzeln im Boden befinden. Sie müssen nur einen Spaziergang im Frühjahr zur Zeit der Schneeschmelze machen und werden beobachten können, dass sich die ersten Pflanzen ihren Weg durch den letzten Schnee bahnen. Wenn Sie dieselbe Route im späten Herbst oder frühen Winter beschreiten, werden Sie feststellen, dass manche Pflanzen noch immer grün sind und somit auch noch

so spät im Jahr über lebende Wurzeln verfügen. Diese aktiven Wurzeln ernähren die Bodenlebewesen, indem sie ihnen ihre Nahrungsquelle schlechthin bereitstellen: den Kohlenstoff. Die Bodenorganismen wiederum kurbeln die Nährstoffkreisläufe an, von denen die Pflanzen profitieren. In meiner Heimat im zentralen North Dakota treten die letzten Frühlingsfröste ungefähr Mitte Mai auf und die ersten Herbstfröste Mitte September. Einst habe ich geglaubt, dass diese 120 Tage die gesamte Vegetationszeit umfassten, die mir für den Anbau meiner Kulturen zur Verfügung stünde. Wie man sich irren kann. Jeden Herbst bauen wir nun 2-jährige Pflanzen an, die bis in den frühen Winter wachsen. Im Vorfrühling beenden sie ihre Winterruhe und führen den Bodenorganismen zu einer Zeit im Jahr Nahrung zu, in der das Ackerland früher brachlag.

5. **Einbindung von Tieren:** Ohne Tiere geht in der Natur gar nichts, so einfach ist das. Es hat viele Vorteile, Tiere in die landwirtschaftlichen Prozesse einzubeziehen. Zu den größten Vorzügen zählt, dass die Beweidung die Pflanzen dazu stimuliert, mehr Kohlenstoff in den Boden zu befördern. Dadurch, dass die Bodenlebewesen Nahrung erhalten, werden die Stoffkreisläufe angeregt. Natürlich wirkt das auch effektiv dem Klimawandel entgegen, weil der Atmosphäre verstärkt Kohlenstoff entnommen wird, der in der Folge in den Boden gelangt. Wenn Sie auf Ihrem Bauernhof ein gesundes, funktionstüchtiges Ökosystem hervorbringen möchten, müssen Sie nicht nur einen Lebensraum für Ihre Nutztiere zur Verfügung stellen, sondern auch Habitate für Bestäuber, räuberische Insekten, Regenwürmer und Mikroorganismen. Die Vielfalt an Mikroorganismen ist wichtig, denn sie stellt sicher, dass dieses Ökosystem seine Aufgaben auch erfüllen kann.

Auf diese fünf Prinzipien werde ich im weiteren Verlauf immer wieder zu sprechen kommen. Ihrer Bedeutung ist sogar ein eigenes, ausführliches Kapitel gewidmet (Kapitel 7). Sie durchdringen alle Tätigkeiten, die ich auf meiner Ranch verrichte. Ich hoffe, dass Sie diese Prinzipien nicht nur im Schlaf aufsagen können, wenn Sie das vorliegende Buch zu Ende gelesen haben, sondern auch, dass Sie selbst Nutzen daraus ziehen möchten, um Ihr Ökosystem zu regenerieren. Nun wollen wir uns aber auf die Reise machen, um herauszufinden, wie aus toten Böden fruchtbare Erde wird.

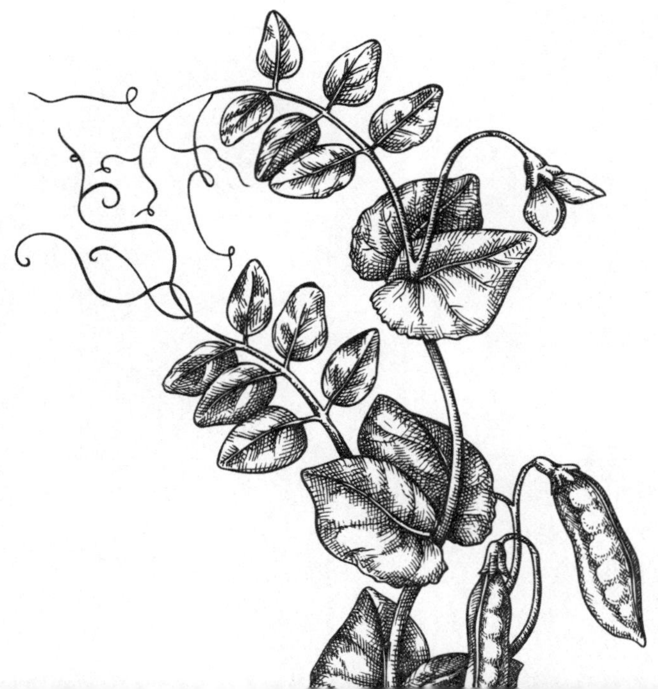

Teil 1

Die Reise

Kapitel 1

Das Lehrgeld der frühen Jahre

Wie um alles in der Welt kann sich jemand, der in der Stadt groß geworden ist und dessen einziger Kontakt mit Pflanzen darin bestanden hat, im Sommer den Rasen zu mähen, mit einer derartigen Begeisterung der Bodengesundheit und Regeneration von Ackerland verschreiben? Manchmal, wenn ich darüber nachdenke, was ich der regenerativen Landwirtschaft alles zu verdanken habe, taucht diese Frage wieder in mir auf.

Ich bin in Bismarck, North Dakota, als zweitjüngster von vier Brüdern aufgewachsen. Mein Vater verbrachte seine gesamte berufliche Laufbahn im örtlichen Elektrizitätswerk, und meine Mutter widmete sich hauptsächlich der Aufgabe, ihre vier Söhne davor zu bewahren, in Schwierigkeiten zu geraten. Meine Kindheit, die ohne größere Zwischenfälle dahinplätscherte, verbrachte ich mit Baseball, Bowling und Hausaufgaben. Mit Landwirtschaft hatte ich nicht viel zu tun, abgesehen von einigen seltenen Stippvisiten zur Farm meines Onkels. Das änderte sich allerdings in der neunten Klasse, als ich auf Anregung meines älteren Bruders Jay einen berufsbildenden landwirtschaflichen Lehrgang besuchte.

Bald darauf schloss ich mich den *Future Farmers of America* an. Ich fühlte mich von allem angezogen, was mit Ackerbau und

Tierhaltung zu tun hatte und wollte alles in Erfahrung bringen, was es darüber zu wissen gab – dies bedeutete damals, dass man sich umfassend mit Düngern, Herbiziden, Insektiziden, Fungiziden, künstlicher Besamung, Mastbetrieben, Futteroptimierung, Dieselmotoren und vielen anderen Themen beschäftigen musste, die sich um die industrielle landwirtschaftliche Produktionsweise drehten.

Während ich die Highschool besuchte, verbrachte ich so manchen Nachmittag nach der Schule damit, im Auftrag eines Landwirts aus der Umgebung Steine von seinen Äckern zu klauben – in North Dakota ist das übrigens keine ungewöhnliche Tätigkeit. Das war das erste Mal, dass ich auf einer richtigen Farm arbeitete – und abgesehen von den Steinen habe ich es sehr gerne gemacht. Dass der Farmer bald mein Schwiegervater werden sollte, konnte ich damals noch nicht ahnen. Meine geliebte Shelly und ich heirateten im Jahr 1981.

Meine Schwiegereltern Bill und Jeanne arbeiteten ungemein hart. Als sie 1956 anfingen, hatten sie kaum mehr vorzuweisen als einen Traum. Im Laufe der Jahre, die im Zeichen des Fleißes standen, schafften sie es, die Raten für eine Farm mit einer Fläche von mehr als 700 Hektar abzuzahlen, während sie drei Töchter aufzogen. Nachdem ich auf dem College Agrarökonomie und Tierwissenschaften studiert hatte, zogen Shelly und ich auf Bill und Jeannes Farm, wo wir in einem Trailer House (einer Art Wohnwagen) wohnten. Sie hatten uns gefragt, ob wir ihren Betrieb gerne irgendwann übernehmen würden. Selbstverständlich wollten wir das, liebend gern. Halt! Das ist nur die halbe Wahrheit, denn eigentlich hatte Shelly unbedingt einen jungen Mann aus der Stadt heiraten wollen, um dem Landleben entfliehen zu können. Und nun hatte sie ausgerechnet einen erwischt, der sie dorthin zurückbrachte! Sie musste mich einfach geliebt haben, denn sonst hätte sie sich wohl geweigert. Ihre Eltern bewirtschafteten den

Hof bis 1991. Weil es keinen männlichen Nachkommen gab, der den Betrieb hätte übernehmen können, mussten sie sich mit einem Schwiegersohn begnügen, der in der Stadt aufgewachsen war und über keine nennenswerte Erfahrung in landwirtschaftlichen Dingen verfügte.

Bill und Jeanne bewirtschafteten ihre Felder konventionell, was mit intensiver Bodenbearbeitung verbunden war. Ich gebe gerne zum Besten, dass Pflügen das liebste Hobby meines Schwiegervaters gewesen ist. Auf dem Traktor zu thronen und schweres Gerät über den Acker zu schleifen bereitete ihm das reinste Vergnügen. Alljährlich ließen Bill und Jeanne die Hälfte ihrer Anbaufläche über den Sommer brach liegen, also ruhen. Diese Felder pflügten sie wiederholt, um das Unkraut am Aufkommen zu hindern. Sie ließen das Land brach liegen, weil sie dachten, man könne auf diese Weise die Feuchtigkeit für das nächste Anbaujahr speichern. Auf der anderen Hälfte der landwirtschaftlichen Fläche wurden für den Verkauf bestimmte Feldfrüchte angebaut, hauptsächlich kleinkörnige Getreidearten wie Sommerweizen, Hafer und Gerste. Jahr für Jahr wurde Dünger ausgebracht, wenn auch nicht in großen Mengen. Auch Herbizide wurden jährlich verwendet, um das Unkraut zu vernichten.

Die Rinderherde meiner Schwiegereltern zählte rund 65 Stück, dazu kamen noch ungefähr zwanzig 1-jährige Färsen. Das Vieh, das auf drei Gruppen aufgeteilt war, graste die gesamte Vegetationsperiode über jahrein, jahraus auf drei natürlichen Grünlandflächen, die zu dem Anwesen gehörten; daran änderte sich nie etwas. Wenn der Herbst hereinbrach, weideten die Rinder die Stoppeln auf den abgeernteten Feldern ab und danach erhielten sie während des Winterhalbjahres 5–6 Monate lang Heu in großen Mengen. Die Kälber wurden im Oktober abgesetzt und dann ebenfalls eine Zeit lang gefüttert, bevor man sie verkaufte. Die Tiere wurden auch einem Standardverfahren unterzogen, das heißt, einer Kombination aus Impfung und Insektizidbehandlung – sie wurden jedes Jahr mit Insektiziden übergossen und mehrfach geimpft.

1978 verkauften Bill und Jeanne all ihre Rinder. Sie verpachteten das Weideland, bis Shelly und ich auf die Farm zogen und unsere erste Herde mit registriertem Gelbvieh anschafften – eine Zuchtform, die ursprünglich aus Europa stammt und in den 1970er-Jahren erstmals in die USA eingeführt worden war. Das Gelbvieh zeichnet sich durch seine hervorragende Milch, seine kräftigen Muskeln und seine guten Muttereigenschaften aus. Ich fand, dass die Tiere hervorragend auf unsere Ranch passten.

Meine ersten Gehversuche als Landwirt

Als ich während meiner Anfangsjahre als Farmer mit Bill zusammenarbeitete, erfuhr ich so manches über die konventionelle landwirtschaftliche Produktion. Doch schon zu Beginn wunderte ich mich über die zugrunde liegende Logik. Beispielsweise pflegten Bill und ich im Frühling zu pflügen, und ich kann mich erinnern, dass Bill mir erzählte, wir würden »den Boden bearbeiten, um ihn auszutrocknen«. Das ergab für mich so gar keinen Sinn, weil wir im Juli regelmäßig beteten, dass es bald regnen möge. Ich erinnere mich genau, wie er mir weismachen wollte: »Je mehr man den Boden bearbeitet, umso besser!« *Warum eigentlich?*, fragte ich mich im Stillen. Von Zeit zu Zeit wagte ich, seine Ansichten anzuzweifeln, was ihm nicht so recht gefallen wollte, zeichnete er sich doch als Nachfahre preußischer Einwanderer nicht gerade durch Flexibilität aus. Die Erfahrungen, die ich während unserer gemeinsamen Zeit sammeln durfte, waren dennoch wertvoll für mich, besonders seit ich begonnen hatte, Veränderungspläne für die Zeit zu schmieden, nachdem Shelly und ich die Farm übernommen hätten. Shelly räumt inzwischen ein, dass diese Zeit recht anstrengend für sie gewesen sei, musste sie doch mit dem einen Ohr hören, wie sich ihre Eltern über mich beklagten, und mit dem anderen Ohr, was ich über Bill und Jeanne zu meckern hatte.

Die Tiere hielten wir natürlich ebenfalls auf konventionelle Weise. Während der Vegetationsperiode galt es drei Dinge zu beachten – und nur drei: die Rinder, das Gras und das Wasser. Doch nachdem ich einen Rancher namens Ken Miller kennengelernt hatte, der seine eigenen Methoden entwickelt hatte, stellte ich auch unsere Weidestrategie infrage. Ken war ein Mentor für mich und ist es immer noch. Seine Frau Bonnie und er züchten ihr Vieh unter ziemlich rauen Umweltbedingungen nahe Fort Rice, North Dakota. Die Böden in dieser Gegend enthalten einen recht hohen Anteil Bentonit und bringen in der Regel nicht einmal genug Gras hervor, um Nagetiere, wie zum Beispiel die Präriehunde, satt zu machen – außer auf Bonnie und Kens Ranch. Durch aufmerksames Beobachten und sorgfältige Bewirtschaftung haben Ken und Bonnie ihr Land so weit erneuert, dass es heute überaus produktiv und rentabel ist. Ken brachte mir Dinge bei, die meine College-Professoren niemals auch nur angedeutet hatten. Dafür werde ich ihm immer dankbar sein.

Zu Bills und Jeannes Ehrenrettung sei gesagt, dass sie sich in Geduld übten und mir erlaubten, einige Wiesen zu unterteilen, damit ich unterschiedliche Weidestrategien ausprobieren konnte. Es handelte sich um meine ersten Versuche, Landflächen zu erneuern – allerdings hatte ich zu jener Zeit nicht die geringste Ahnung davon. Nachdem ich das Land 8 Jahre lang gemeinsam mit Bill und Jeanne bestellt hatte, trafen sie eine unerwartete Entscheidung: Sie wollten jeder ihrer drei Töchter jeweils ein Drittel der Farm verkaufen und nicht Shelly und mir den gesamten Betrieb. Das war nicht das Ergebnis, auf das Shelly und ich hingearbeitet hatten. Wir hatten beabsichtigt und erwartet, den ganzen Hof erwerben zu können. 20 Jahre später beeinflusste die Lehre, die wir aus diesem Erlebnis gezogen hatten, unseren Beschluss, auf welche Weise wir den Betrieb an unsere Kinder übergeben würden – ein Beschluss, den ich in Kapitel 5 ausführlicher erläutern werde.

Im Jahr 1991 kauften wir Bill und Jeanne das insgesamt 250 Hektar umfassende Anwesen ab. Glücklicherweise ließen wir den Natural Resources Conservation Service (NRCS) des Landwirtschaftsministeriums zu uns kommen und eine Ausgangsanalyse der Böden durchführen. Zwei Testergebnisse erwiesen sich als besonders wichtig für unsere Geschichte. Die ersten Untersuchungen zeigten, dass unsere Ackerböden zwischen 1,7 und 1,9 Prozent an organischer Substanz enthielten. Inzwischen habe ich erfahren, dass der Humusgehalt an unserem Standort Bodenkundlern zufolge ursprünglich zwischen 7 und 8 Prozent betragen haben soll. Rund drei Viertel des organischen Materials, das sich einst in meinem Boden befunden hatte, gingen mit der Zeit aufgrund von Bodenbearbeitung und untauglichen Bewirtschaftungsmethoden verloren. Eine Verarmung an organischem Material wirkt sich negativ auf die Nährstoffkreisläufe im Boden aus. (Dieses Konzept knüpft an die überaus wichtigen Prinzipien der Bodengesundheit an, die ich in der Einleitung angesprochen habe und später, in Kapitel 7, ausführlicher behandeln werde.) Viele Landwirte greifen zu Kunstdünger, um die Pflanzen mit den Nährstoffen, die sie benötigen, zu versorgen. Übrigens setzen sich die Böden landesweit normalerweise aus 50 Prozent mineralischen Bestandteilen (Sand, Schluff, Ton), 25 Prozent Wasser, 15 Prozent Luft und weniger als 10 Prozent organischem Material (heutzutage erheblich weniger) zusammen.

Beim zweiten Test, den der NRCS auf unserem Gelände durchführte, wurde die Geschwindigkeit ermittelt, mit der die Niederschläge in unseren Böden versickerten, ohne dass sie sich in Pfützen sammelten und dann verdunsteten oder den Grund durch Oberflächenabfluss verließen. Dabei wurde eine Versickerungsgeschwindigkeit von 13 Millimetern (13 Liter pro Quadratmeter) pro Stunde festgestellt – ein Wert, der für viele landwirtschaftliche Betriebe in unserer Gegend charakteristisch ist. Das Problem bestand darin, dass wir jeden Tropfen, den wir nur kriegen konnten, bitter benötigten. Der durchschnittliche Jahresniederschlag auf unserer Ranch betrug lediglich etwas mehr als 400 Millimeter, ungefähr 280 davon in Form von Regen, und der Rest stammte von den über 1,5 Metern Schnee, die jeden Winter fielen. Erschwerend kam hinzu, dass ein großer Teil des Regens bei Gewittern niederging, sodass 25–50 Millimeter binnen kurzer Zeit herunterkommen konnten. Eine niedrige Versickerungsgeschwindigkeit bedeutete, dass der größte Teil des Wassers oberflächlich abfloss und den Pflanzen somit nicht zur Verfügung stand. Dies stellte uns bereits in Jahren mit durchschnittlichen Niederschlagsmengen vor ernsthafte Probleme, in Dürrejahren war es aber besonders schwierig. Rückblickend wäre es wohl vorteilhaft gewesen, einige dieser Bodenproben aus dem Jahr 1991 zu archivieren. Eine Untersuchung mit den heutigen technischen Möglichkeiten wäre aufschlussreich, um zu ermitteln, wie stark unsere Böden damals von Erosion betroffen und arm an Lebewesen waren.

In den ersten Jahren, die auf den Kauf des Bauernhofs und der umliegenden Ländereien folgten, führte ich den Betrieb mit konventionellen Methoden weiter. So bearbeitete ich den Boden, setzte Kunstdünger und Herbizide ein und baute kleinkörniges Getreide an – genauso, wie es meine Schwiegereltern getan hatten. Ich wusste nicht im Geringsten, was ich daran ändern sollte. Schließlich war es mir auf dem College und auch von Bill so und nicht anders beigebracht worden. Der Umgang mit unseren Tieren bereitete mir große Freude, und so fasste ich den Entschluss, meine Rinderherde zu vergrößern. Weil ich zusätzliche Weidefläche benötigte, die ich im Frühjahr nutzen konnte, wandelte ich rund 80 Hektar Ackerland wieder in Dauergrünland mit mehrjährigen Gräsern um. Bill glaubte, mich hätte ein tollwütiges Karibu gestreift. Niemand bei klarem Verstand verwandelte »schönes« Ackerland wieder in eine Wiese! Daran durfte man noch nicht einmal denken! Nach einer Unterredung mit den Regionalvertretern des NRCS entschloss ich mich dazu, eine Saatgutmischung aus Wehrloser Trespe, Blau-Quecke und Flaumiger Blau-Quecke anzubauen. Rasch entwickelte sich auf dem vormals mit 1-jährigen Pflanzen bedeckten Ackerland ein dichter Bestand an ausdauernden Pflanzen, die allerdings nicht sehr ertragreich waren. Durch diese Erfahrung konnte ich wichtige Erkenntnisse über die Funktion von Böden gewinnen, wie ich in Kapitel 3 erläutern werde. Auch möchte ich keineswegs verschweigen, dass ich sehr viel Lehrgeld zahlen musste, und diese Lektion war eine der heftigsten.

Umstellung auf Direktsaat

Im Jahr 1994 empfahl mir ein guter Freund aus dem nördlichen Teil unseres Staates, der sich der »pfluglosen Landwirtschaft« verschrieben hatte, auf Direktsaatmethoden umzusteigen, um mit meiner Zeit und der Bodenfeuchtigkeit sparsamer umzugehen. Sein Ratschlag leuchtete mir ein. Zu den Vorteilen, die daraus erwuchsen, dass ich nicht auf einer Farm aufgewachsen war, zählte meine Unvoreingenommenheit. Wenn ich etwas nicht vorweisen konnte, so waren es vorgefasste Meinungen. Er ließ seinem Vorschlag noch einen schlauen Rat folgen: »Wenn du auf Direktsaat umstellst, verkaufe deine Bodenbearbeitungsgeräte, damit du nicht in Versuchung gerätst, rückfällig zu werden.« Als Neuling unter den Landwirten konnte ich es mir ohnehin nicht leisten, einfach draufloszulaufen und eine Direktsaatmaschine zu erwerben, also beherzigte ich seinen Ratschlag. Ich verkaufte Pflug und Egge und erwarb mit dem Erlös eine Direktsaatmaschine der Serie 750 von John Deere mit einer Arbeitsbreite von 4 Metern, die mir in den 12 folgenden Jahren gute Dienste leisten sollte. Danach sattelte ich auf ein neueres Modell um.

Bill konnte sich nicht dazu durchringen, meine freudige Erregung wegen der Umstellung auf Direktsaat zu teilen. Er hatte größte Bedenken, und dass er mit ansehen musste, wie ich die neue Saat auf einem Acker ausbrachte, auf dem sich noch die Stoppeln vom letzten Jahr befanden, machte die Sache nicht besser. Normalerweise war er sorgfältig bestellte, ratzekahle Böden gewohnt und ließ sich nur schwer davon überzeugen, dass die Direktsaat einen Versuch wert sei. Gleichwohl verlief mein erstes Jahr, in dem ich »pfluglose Landwirtschaft« betrieb, einfach fantastisch. Nicht nur, dass unsere Ernteerträge stiegen, ich konnte auch die Menge an Kunstdünger langsam verringern, indem ich stickstofffixierende Felderbsen in die Fruchtfolge mit aufnahm. Ich hatte gehört, dass über jedem Hektar Land ungefähr 80 000 Tonnen atmosphärischen Stickstoffs schweben, also dachte ich, es käme einem Schildbürgerstreich gleich, wenn jemand so viel wie ich für Stickstoffdünger ausgab. Die Erbsen entwickelten sich ausgezeichnet, und der Sommerweizen mit einer Ernte von 3,75 Tonnen pro Hektar bei einem Preis von 17 Cent pro Kilogramm stand dem in nichts nach. Damals war das ein verdammt guter Preis und ein exzellenter Flächenertrag. Ich schwebte im siebten Farmerhimmel! In jenem Herbst baute ich eine Saatmischung aus Wintertriticale und Zottiger Wicke an, weil ich Pflanzen für meine Rinder benötigte, die ich abmähen und als Heu verfüttern konnte. Die Saat ging gut auf und sah einfach großartig aus. Wie einfach das Leben als Landwirt doch ist, dachte ich.

Da wusste ich natürlich noch nicht, was auf uns zukommen würde.

Doch bevor ich mit unseren Erlebnissen fortfahre, möchte ich Ihnen mehr über die Direktsaatmethode und ihre Bedeutung für die Bodengesundheit erzählen – das zentrale Thema dieses Buches, um das sich die meisten Geschichten drehen werden. Einfach ausgedrückt wird bei der Direktsaattechnik eine spezielle Sämaschine eingesetzt – ein Gerät mit Einscheibenscharen, die eine Rille – nicht breiter als eine Messerklinge – in den Boden ziehen. Wenn sich Ernterückstände auf dem Feld befinden, können die Scharen leicht durch sie hindurchschneiden. Die Maschine besitzt mehrere Saatgutförderschläuche, die darüber befestigt sind. Die Samen fallen durch die Mitte der Förderschläuche und werden in dem schmalen Spalt, der von der Schare erzeugt wird, in einer voreingestellten Tiefe abgelegt. Die von der Schare verdrängte Erde wird von Andruckrollen wieder vorsichtig über die Stelle gestrichen, an der sich die Samen befinden. Durch Direktsaat werden also Feldfrüchte, beispielsweise Weizen, angebaut, ohne dass es zu einer Störung des Bodens kommt.

Welche Vorteile hat die Direktsaat? Durch das Pflügen wird die Bodenstruktur, die den Bodenorganismen Lebensraum bietet, zerstört und die Sickerfähigkeit des Erdreichs gemindert. Die »pfluglose Landwirtschaft« hingegen fördert die Wasserspeicherkapazität des Bodens, was dem Anbau von Pflanzen zugutekommt. Zurückzuführen ist dies auf eine raschere Versickerungsgeschwindigkeit infolge eines besseren Krümelgefüges, einen erhöhten Anteil an organischem Material und eine ausreichende Bodenbedeckung (Ernterückstände), die als Verdunstungsschutz dient. Der Boden ist darüber hinaus in geringerem Maße der Erosion durch Wind und Wasser ausgesetzt. Dadurch, dass sich auf den Feldern zur Zeit des Anbaus noch die Rückstände des letzten Bewuchses befinden, verbessert die Direktsaat die

Bedingungen für die Mikroorganismen im Boden. Auf diese Weise werden die Nährstoffkreisläufe angekurbelt und der Bedarf an Kunstdünger gesenkt. Darüber hinaus sind weniger Traktorfahrten notwendig, sodass sich Arbeitsaufwand, Treibstoff- und Wartungskosten verringern.

Mit welchen Nachteilen ist die Direktsaat verbunden? In erster Linie wird das Unkraut nur unzureichend in Schach gehalten. Allerdings führt jede Art der Bodenbearbeitung früher oder später zu einem größeren Aufkommen von Unkraut, das häufig nur durch die vermehrte Verwendung von Herbiziden reguliert werden kann. Der Einsatz von Herbiziden wäre aber gleichbedeutend damit, dass einer Farm, die auf Direktsaat setzt, die Anerkennung als Bio-Betrieb verwehrt bleibt, was mit wirtschaftlichen Konsequenzen verbunden sein kann. Die »pfluglose Landwirtschaft« kann darüber hinaus im Frühjahr zu einer Verzögerung der Bodenerwärmung führen, die für die Keimung notwendig ist. Dieser verzögerten Erwärmung kann man durch einen Fruchtwechsel entgegenwirken, um für ein angemessenes Kohlenstoff-Stickstoff-Verhältnis zu sorgen. Darauf werde ich später zurückkommen.

Die Ursprünge der Direktsaat-Bewegung gehen auf Edward Faulkner zurück. Der radikale Bodenkundler und Farmer aus Ohio stellte in seinem Buch *Plowman's Folly* aus dem Jahr 1943 fest: »In Wirklichkeit hat bisher noch niemand einen wissenschaftlichen Grund für das Pflügen vorgebracht.«

Im oberen Mittleren Westen wurde die »pfluglose Landwirtschaft« von Dr. Dwayne Beck eingeführt, dem Direktor der Dakota Lakes Research Farm, die in der Nähe von Pierre, South Dakota, gelegen ist. Dr. Beck wuchs auf einem regionalen landwirtschaftlichen Mischbetrieb auf, studierte Chemie und arbeitete eine Zeit lang für einen Düngemittelhändler, bevor er an der South Dakota State University promovierte, wobei er seinen Forschungsschwerpunkt auf Bodenfruchtbarkeit gelegt hatte. Als er die Versuchsfarm ins Leben rief, wollte er die Erosion der Nutzflächen verlangsamen, die sich bis Ende der 1980er-Jahre zu einem großen Problem ausgewachsen hatte. Besonders auf bewässerten Flächen wurden große Mengen der fruchtbaren Ackerkrume einfach weggespült. Während er landwirtschaftliche Praktiken, bei denen die Felder wenig oder gar nicht bearbeitet wurden, auf ihr Bodenerhaltungspotenzial hin untersuchte, beobachtete er eine dramatische Vermehrung der Bodenlebewesen. Es blieb ihm auch nicht verborgen, dass weniger Wasser benötigt wurde, um mithilfe dieser Methoden eine ertragreiche Ernte hervorzubringen; gleichzeitig sanken Treibstoff- und Düngemittelverbrauch. Als die Ernteerträge die Durchschnittswerte des Landkreises erreichten und schließlich überflügelten, wusste er, dass er den richtigen Weg eingeschlagen hatte.

Die Landwirte, denen die Dakota Lakes Research Station gehört, ließen Dr. Beck die Freiheit, alternative Methoden auszuprobieren und einen systemischen Ansatz für die Landwirtschaft anzustreben. Schon früh machte er sich für den Anbau von Zwischenfrüchten stark; diese sollen in erster Linie das Bodenleben fördern und die Bodenfunktion verbessern. Dr. Beck vertrat den Standpunkt, dass der Anbau von Zwischenfrüchten die aussichtsreichste Methode sei, um die Fruchtbarkeit in der Landwirtschaft zu erhöhen. Er bemühte sich darum, den Farmern in der näheren Umgebung die Direktsaat schmackhaft zu machen – und das in einer Gegend, in der intensive Bodenbearbeitung jahrzehntelang die Norm gewesen war. Einen nach dem anderen überzeugte er davon, die Direktsaat auszuprobieren. Dem Einwand, Pflügen wäre notwendig, um Unkraut zu bekämpfen, begegnete Dr. Beck mit dem Hinweis auf seine Forschungsergebnisse und seine Erfahrung. Diese bewiesen, dass die Konkurrenz einer gesunden Zwischenfrucht das Unkraut regulierte. Er sagte voraus, dass der

Einsatz chemischer Unkrautvernichtungsmittel – allen voran Glyphosat, das von Chemieunternehmen vehement beworben wurde – letztlich zu einer Resistenz des Unkrauts gegen diese Mittel führen werde. Diese Einschätzung hat sich als zutreffend erwiesen.

Dr. Beck war einer der Ersten in unserer Gegend, der sich dafür einsetzte, die Natur zum Vorbild zu nehmen, vor allem die einheimische Prärie. »Die Natur bearbeitet den Boden nicht«, sagte er häufig. Vielmehr sei die Natur darauf bedacht, Vielfalt hervorzubringen. Im Lebensraum Prärie treten Dutzende verschiedener Pflanzen auf – in erster Linie ausdauernde Arten –, die Symbiosen bilden. Die Natur ist eine Opportunistin und verabscheut den leeren Raum – den kahlen Boden – und trachtet stets danach, die Menge und die Vielfalt der Pflanzen zu erhöhen, solange man ihr nicht ins Handwerk pfuscht. Ein Bauer, der den Richtlinien der Direktsaat folgt, kann die Vielfalt der Pflanzen, die auf einem bestimmten Feld wachsen, beeinflussen. Was angebaut wird, hängt von den jeweiligen Zielen ab. Wer Tiere hält, für den kommen Grünfutterpflanzen infrage. Möchte man Stickstoff binden, so bietet es sich an, die Saatgutmischung mit Leguminosensamen zu ergänzen. Dr. Beck zufolge hatten schon die amerikanischen Ureinwohner in der Gegend Direktsaat praktiziert, lange bevor die ersten Siedler kamen. In diesem Zusammenhang empfiehlt er das Buch *Buffalo Bird Woman's Garden,* das die Geschichte einer Hidatsa-Frau aus North Dakota erzählt, die im 19. Jahrhundert lebte. Sie beschreibt die Direktsaat als traditionelle Anbaumethode, mit deren Hilfe unter anderem dreizehn verschiedene Maissorten gezüchtet worden sind. Es handelt sich um ein großartiges Beispiel dafür, wie man im Einklang mit der Natur Nahrungsmittel kultivieren kann. Heutzutage gleicht der Anbau von Nutzpflanzen eher dem Abbau von Rohstoffen. Die im Boden enthaltenen Nährstoffe, beispielsweise Kohlenstoff, werden von Landwirten ausgehoben und weggeschafft. Auf den ersten Blick wird deutlich, dass dieses System nicht nachhaltig ist.

Das Ziel eines nachhaltigen Systems ist ein gesunder Boden. Laut Dr. Beck wird der Begriff »Bodengesundheit« bereits seit den 1990er-Jahren vermehrt verwendet, obwohl er lange Zeit schwer zu definieren war. Heute verstehen wir die Faktoren, von denen die Bodengesundheit abhängt, besser: unversehrte Wasser- und Nährstoffkreisläufe, umgewandelte Sonnenenergie, die Vielfalt des Bodenlebens, die Menge des gespeicherten Kohlenstoffs und die Widerstandskraft gegen Erosion. Eigentlich läuft es darauf hinaus, wie sehr die Eigenschaften eines Bodens denjenigen von Prärieböden ähneln. Es gibt jedoch keine Patentlösung, auch die »pfluglose Landwirtschaft« ist keine. Ein integrativer, ganzheitlicher Ansatz ist notwendig, um die Komplexität und Fruchtbarkeit eines Prärieökosystems auf einer Farm nachzuahmen.

So etwas wie eine magische Zahl gibt es ebenfalls nicht: Keine einzelne Kennziffer, kein Analyseergebnis kann Landwirten den einen Wert liefern, an dem sie ablesen können, ob ein Boden gesund ist. Stellen Sie sich vor, Sie fahren während eines Schneesturms auf der Straße. Die Analyseergebnisse entsprechen den weißen Streifen am Straßenrand, die Ihnen verraten, wann Sie Gefahr laufen, im Straßengraben zu landen. Die Aufgabe des Farmers besteht darin, sich so gut es nur geht an die Mittelstreifen zu halten und dem Wetter zu trotzen. Dr. Beck treibt diesen Vergleich noch einen Schritt weiter: Woher weiß man, ob man sich überhaupt auf dem rechten Weg befindet? Wissen Sie, wohin er führt? Haben Sie eine Landkarte dabei? Welche Ziele verfolgen Sie?

Katastrophenjahre

Im Frühjahr 1995 wähnte ich mich auf dem rechten Weg. Auf meinen Feldern baute ich Erbsen, Gerste, Hafer und – insgesamt 485 Hektar – Sommerweizen an. Die Feldfrüchte wurden ohne Ausnahme mit Kunstdünger bedacht und mit Herbiziden behandelt. Der Sommer meinte es gut mit uns. Einen Teil des Wintertriticale- und Zottelwickenbestandes, den ich im Herbst zuvor ausgesät hatte, machte ich zu Heu, und den Rest erntete ich mit dem Mähdrescher ab, um für neues Saatgut zu sorgen. Aber dann, ausgerechnet am Tag, bevor ich den Sommerweizen ernten wollte, suchte ein schrecklicher Hagelsturm die gesamte Anbaufläche heim – ein kompletter Ernteausfall. Meine Schwiegereltern hatten die Äcker 35 Jahre lang bewirtschaftet, und während dieser Zeit wurde die Ernte nur zweimal durch Hagel geschädigt. Beide Male hatten sich die Einbußen in Grenzen gehalten. Aufgrund ihrer Erfahrungen hatte ich natürlich auf den Abschluss einer Hagelversicherung verzichtet. Ich war der Meinung gewesen, dass diese Investition nicht nötig wäre. Ein Irrtum, der mich teuer zu stehen kam. Nicht nur die Ernte war am Boden zerstört.

Zum Glück waren unsere 150 registrierten Gelbviehrinder verschont geblieben. Wir wussten, dass uns die Kälber – darunter einige Stierkälber – eine schöne Summe bescheren würden. Angesichts eines Betriebsmittelkredits und einer Hypothek, die wir zurückzahlen mussten – die junge Familie, die es zu ernähren galt, nicht zu vergessen –, entwickelte sich alles nicht so reibungslos, wie ich es mir vor einem Jahr noch versprochen hatte.

In jenem Herbst entschloss ich mich, die Mischung aus Wintertriticale und Zottelwicke auf einer größeren Fläche anzubauen, doch aus Geldmangel konnte ich keines der Felder düngen. Der Verkauf von Stieren, jungen Ochsen und weiblichen Kälbern erbrachte so viel Erlös, dass wir es damit und mit dem Geld, das wir anderweitig zusammenkratzen konnten, schafften, die Zinsen an die Bank zu zahlen. Für die Rückzahlungsrate reichte es freilich nicht aus. Ich erinnere mich noch gut an das bange Gefühl in meinen Eingeweiden. Wie sollte ich jemals aus diesen Schulden herauskommen?

1996 nahmen wir Mais neu in unsere Fruchtfolge auf. Zusätzlich bauten wir vermehrt Felderbsen an, die wir nicht düngten. Unser Betreuer bei der Bank war bereit, zu uns zu stehen, doch machte er es davon abhängig, dass wir die bundesstaatliche Ernteausfallversicherung abschlossen. Allerdings ließen wir uns wieder nicht gegen Hagelschäden versichern. Das sollte sich als großer Fehler erweisen, denn Ende Juli wurden wir erneut von einem schweren Hagelsturm heimgesucht, der unsere Feldfrüchte vernichtete. Wir waren der Verzweiflung nahe. Wohin sollte das noch führen?

Der Herbst und der Winter, die nun folgten, waren eine harte Zeit. Einige Jahre war es nun her, dass unserer Tochter Kelly eine schwerwiegende Wirbelsäulenverkrümmung diagnostiziert worden war, weshalb sie ein Stützkorsett tragen musste. Das Korsett war ihrer Körperform angepasst und musste dem Wachstum entsprechend vergrößert werden. Als sie 12 Jahre alt war, begann Kelly stark zu wachsen, sodass sie nun alle 6 Monate ein neues Korsett benötigte, das pro Neuanfertigung mehrere Tausend Dollar kostete. Die Versicherung übernahm die Kosten für die Korsette nicht. Shelly und ich hatten uns Nebenjobs gesucht, um die Rechnungen leichter bezahlen zu können, doch zu diesem Zeitpunkt wurde die Rückzahlung eines Schuldscheindarlehens fällig und es gab keine Ernte, die wir in bare Münze hätten umwandeln können. Gleichzeitig mussten wir die wachsenden medizinischen Kosten bewältigen – also insgesamt eine recht beschwerliche Zeit.

Ich lernte, mit sehr wenig Schlaf auszukommen – tagsüber ging ich meinem 40-Stunden-Job nach und nachts kümmerte ich mich um die Farm. Des Öfteren erwischte ich mich, wie ich einnickte, während ich den Traktor fuhr. Und mein Schwiegervater machte spitze Bemerkungen darüber, wie schief die Reihen waren, die ich gezogen hatte.

Immerhin gab es in dieser Zeit auch gute Nachrichten, denn wir machten uns einen Namen durch den Verkauf von erstklassigen Gelbvieh-Bullen. Das bedeutete zusätzliche Einnahmen für unseren Betrieb. Weil wir damals überzeugt waren, maximales Wachstum und größtmögliche Milchleistung wären erstrebenswert, verwendeten wir jeden eingenommenen Cent, den wir abzweigen konnten, um das Wachstum der Tiere weiter zu steigern. Dazu gehörten anabolische Implantate genauso wie Insektizide, Entwurmungsmittel, Impfungen – die Liste ist schier endlos. Für die züchterische Beurteilung der Rinder vertrauten wir auf eine Methode, die als »Expected Progeny Differences« (EPD)[1] bezeichnet wird – ein Konzept, das zu jener Zeit noch recht neu war. Dabei wurden unter anderem genetische Marker herangezogen, die darüber Auskunft geben sollten, ob ein Stier oder eine Kuh über Wunschmerkmale verfügten. Ich konnte nicht ahnen, dass sich meine Rinderherde dadurch in die falsche Richtung entwickelte. Auch diese Lektion begriff ich erst sehr spät.

Inzwischen schritt das Jahr 1997 voran. Anfang April, als fast alle unserer 205 Gelbvieh-Kühe bereits gekalbt hatten, brach ein verheerender Schneesturm über uns herein. 3 Tage lang waren wir nie da gewesenen Minustemperaturen und Schneefällen ausgesetzt, die sich mit einem Sturm von über 80 Stundenkilometern

---

1 Anm. d. Übers.: Der Begriff **Expected Progeny Difference(s) (EPD)** bezeichnet die Bemessung der Zuchteigenschaften eines Elterntieres – die **Zuchtwertschätzung** – und liefert eine Orientierung, welche Tiere sich für die Weiterzucht am besten eignen, um einem bestimmten Zuchtziel näherzukommen. Zu den Eigenschaften, die für die Zuchtwertschätzung von Rindern relevant sind, zählen unter anderem Gesundheitsmerkmale, Kalbeverlauf, Milchleistung oder Bemuskelung.

zusammentaten, um für ziemlich unwirtliche Verhältnisse zu sorgen. Alle 2 Stunden sah ich nach jenen Kühen, die ihre Kälber noch nicht auf die Welt gebracht hatten. Es war schon schwierig, sie durch den dichten Schneefall hindurch ausfindig zu machen, geschweige denn, ihnen beizustehen, falls sie meiner Hilfe bedurften. Am Abend des 2. Tages steuerte ich auf den Stall zu, der sich keine 100 Meter von unserem Haus entfernt befindet. Das Schneegestöber war so dicht, dass ich das Gebäude nicht ausmachen konnte. Diesen Weg hatte ich im Laufe der Jahre hundert- und tausendfach zurückgelegt, doch diesmal fühlte ich, dass etwas nicht stimmte. Unvermittelt stieß ich mit dem Fuß gegen ein Hindernis, strauchelte und fiel hin. Da bemerkte ich, dass ich an eine Seitenwand des Stalls geraten war und sich mein Fuß am oberen Ende eines umgefallenen Windschutzes verfangen hatte. Die Scheewehe war so mächtig, dass ich einen 3 Meter hohen Windschutzzaun überquert hatte! Ich raffte mich wieder auf und kehrte ins Haus zurück. Da ich mein Leben nicht aufs Spiel setzen wollte, um ein Kalb zu retten, wartete ich bis zur Morgendämmerung, bevor ich wieder nach den Rindern sah. Ich erinnere mich noch genau daran, wie ich dachte: »Das kann doch gar nicht wahr sein.«

Am 4. Tag ließ der Sturm nach, sodass Shelly und ich uns daranmachen konnten, die riesigen Schneemengen wegzuschaufeln. Der Windschutz, in dem ich mich 2 Tage zuvor verfangen hatte, war inzwischen unter einem weiteren Meter Schnee begraben. Die Schneewehen hatten nun das Dach des Stalles erreicht. Ich besitze Fotos, auf denen zu sehen ist, wie Kälber durch den Schnee stapfen, der auf dem Stalldach liegt.

Zuallererst suchten wir nach den Rindern. Als wir sie schließlich fanden, rutschte uns das Herz in die Hose. Sie hatten sich zusammengerottet, und viele Jungtiere waren zertrampelt worden. Allein an jenem Tag bargen wir vierzehn tote Kälber aus dem Schnee, und in den folgenden Tagen und Wochen sollten es noch mehr werden. Es war herzzerreißend und in jeder Hinsicht erschreckend. Wir hätten die Einkünfte, die wir uns vom Verkauf dieser Kälber versprochen hatten, dringend benötigt, um den Schuldenberg abzutragen, der sich in den vorangegangenen 2 Jahren, in denen die Ernte ausgefallen war, angehäuft hatte. Stattdessen kamen noch weitere Schulden hinzu.

Unser Bankbetreuer eröffnete uns, dass wir nicht mehr Geld leihen durften, als wir durch den Verkauf der überlebenden Kälber auf dem Viehmarkt erzielen würden. Darüber hinaus durften wir für die geschätzten Einnahmen aus dem Verkauf der Feldfrüchte keinen Betrag veranschlagen, der die von der Ernteausfallsversicherung garantierte Summe übertraf. Diese war aufgrund der Totalausfälle in den vergangenen beiden Jahren recht bescheiden angesetzt. Wir stellten uns darauf ein, auf unserer Farm sehr kleine Brötchen zu backen. In der Absicht, Heu von hoher Qualität an Milchhöfe in Minnesota zu verkaufen, säte ich auf einem beträchtlichen Teil unserer Anbaufläche Luzerne (Alfalfa) aus. Auf etlichen Hektar Land baute ich außerdem Sorghum/Sudangras gemischt mit Augenbohnen an. Ich befand mich auf dem besten Weg, die Gründüngung für unseren Betrieb zu entdecken, obwohl mir damals noch der Hintergrund fehlte, um das Kind beim Namen zu nennen.

Der Frühling brachte trockenes, heißes Wetter. Die Hitze setzte sich den Sommer über fort, sodass die Pflanzen bis in den Herbst hinein nicht so recht gedeihen wollten und es uns deshalb nicht möglich war, auch nur einen einzigen Hektar unserer für den Verkauf bestimmten Feldfrüchte zu ernten. Dabei konnten wir uns noch glücklich schätzen, dass es uns gelang, genügend Heu zusammenzukratzen, um die Rinder zu füttern, damit für ein gewisses Einkommen gesorgt war. Unsere Nebenjobs, für die wir nicht viel mehr als den Mindestlohn bekamen, hielten uns ebenfalls über

Wasser. Doch wieder einmal wuchsen unsere Schulden für Betriebsmitteldarlehen an. Wir waren eindeutig an einem Tiefpunkt angelangt. Ob wir aus diesem Loch jemals wieder herauskommen würden? Ich konnte es nicht sagen.

Es war das erste Mal, dass ich meine Berufswahl hinterfragte, und meine Frau zweifelte an der Wahl ihres Ehemannes – allerdings nicht zum ersten Mal, wie ich befürchte. Wenn wir uns heute zurückerinnern, schütteln wir den Kopf und brechen in Lachen aus – jeder mit ein bisschen Menschenverstand hätte aufgegeben.

Unser Glück im Unglück bestand darin, dass Shellys Eltern den Kaufvertrag mit uns unter Eigentumsvorbehalt abgeschlossen hatten. Das bedeutete, dass die Bank unser Land nicht verkaufen durfte, sollte sie das Darlehen zurückfordern. Alles, was man in bare Münze hätte verwandeln können, war ein 4440er-John-Deere-Traktor, ein 3020er-John-Deere-Traktor mit einem alten F11-Lader, eine Quaderballenpresse, verschiedene kleinere Geräte und die weiter oben erwähnte Direktsaatmaschine. Man glaubte wohl, dass das Geld, das aus dem Verkauf der ganzen Gerätschaften herausspringen würde, die Schreibarbeit nicht wert sei. Und als die Bank sah, dass wir das Geld für die Zinsen erneut zusammenkratzen konnten, unterstützte sie uns weiterhin.

Shelly besaß einen Onkel und eine Tante, Dan und Alice, deren Bauernhof nur ungefähr 8 Kilometer von unserem entfernt lag. Wir halfen bei ihnen aus, wenn sie uns darum baten, da sie keine Kinder hatten, die sie um Unterstützung bitten konnten. Als sie ins Rentenalter kamen, sprachen wir sie darauf an, ob sie uns nicht ihr Land verkaufen wollten. 1997 willigten sie in den Verkauf von rund 110 Hektar ein, und wir schlossen einen Vertrag mit Eigentumsvorbehalt ab. Freundlicherweise verlangten sie nur eine kleine Anzahlung – das war für uns ausschlaggebend, denn wir hatten natürlich nicht viel Geld. Der Grund, den wir erwarben, bestand aus 65 Hektar naturbelassener Prärie und 45 Hektar, die in das Conservation Reserve Program (CRP) des US-amerikanischen Landwirtschaftsministeriums aufgenommen waren. Das CRP verpflichtete die Eigentümer, die landwirtschaftliche Nutzung für 10 Jahre auszusetzen. Von dieser Vertragsdauer war noch 1 Jahr übrig. Die Böden des hügeligen Landes waren infolge jahrelanger Bodenbearbeitung vor der Aufnahme in das Naturschutzprogramm erodiert. Wir erwarben das Land in der Absicht, den Vertrag auslaufen zu lassen und die Fläche in Weiden umzuwandeln. Auf den ungenutzten Flächen befanden sich keine Zäune, es gab auch keine Wasserversorgung. Diese Investitionen mussten wohl oder übel warten, bis wir die nötigen Mittel aufbringen konnten.

Eine andere Sicht der Dinge

Selbst während unserer Katastrophenjahre beschäftigte ich mich so viel, wie ich nur konnte, mit bodenkundlicher Literatur. Besonders nützlich fand ich die Tagebücher von Thomas Jefferson, in denen er besprach, wie man Feldfrüchte anbauen konnte, ohne viel Geld zu besitzen – auch ihm mangelte es einst an den Scheinen, auf denen er später abgebildet sein sollte. Als ich an der Stelle angelangt war, an der er den Anbau von Wicken und Runkelrüben besprach, dachte ich: »Das kann ich auch!« Ich las die Tagebücher, die Lewis und Clark während ihrer Expedition zur Quellregion des Missouri verfasst hatten, studierte ihre Beschreibungen der Prärie und der Pflanzen, die darauf wuchsen, und erfuhr immer mehr darüber, wie sich dieses Land unter dem Einfluss weidender Herden entwickelt hatte. Ich begann, das natürliche Weideland der Ranch als Prärieboden aufzufassen, der von unseren Rindern im Einklang mit den Gesetzen der Natur beweidet werden musste.

Ich hatte mich auch mit Allan Savorys Konzepten der Landnutzung beschäftigt und entschloss mich nun, manche Bereiche unserer Ranch zu unterteilen, sodass kleinere Koppeln entstanden; denn ich wollte die Rinderherden häufiger auf neuen Weidegrund führen. Savory, ein Biologe, der in seinem Heimatland Simbabwe das Weideverhalten von Wildtieren untersuchte, hatte die Beobachtung gemacht, dass Herden aufgrund des Raubdrucks durch Fressfeinde ständig in Bewegung waren. An ein und denselben Ort kehrten sie häufig für sehr lange Zeit nicht mehr zurück. Durch diese Ruhepause erhielten die Futterpflanzen viel Zeit, um sich zu erholen. Savorys Beobachtung stimmte mit dem überein, was ich über die Entstehung der nordamerikanischen Prärieböden gelesen

Ursprünglich oder nicht?

Ich hatte die Ehre, Allan Savory auf unserer Ranch willkommen zu heißen. Bei seinem Besuch erklärte er mir, dass ich unser Weideland nicht als »ursprünglich« bezeichnen sollte, weil Landschaften ständig in Entwicklung begriffen seien. Er sprach sich ferner dafür aus, einzelne Pflanzenarten nicht als »einheimisch« zu benennen, weil sich Arten ständig entwickeln würden. Wir sollten eine Landschaft einfach als Ökosystem ansehen, in dem Pflanzen eine entscheidende Rolle spielen.

hatte: Die Prärie hatte sich gebildet, als gewaltige Bisonherden an einem Ort intensiv grasten und dann weiterzogen, sodass die Gegend ruhen und sich für den Rest des Jahres erholen konnte. Diese Vorstellung ergab für mich einen Sinn, besonders im Hinblick auf das Weideland unserer Ranch, das – so viel ich wusste – niemals bearbeitet worden war.

Über dieses Thema musste ich einfach mehr erfahren, also kratzte ich im Winter 1997/1998 genügend Geld zusammen, um an einer »Livestock for Profit«-Konferenz in Bismarck teilnehmen zu können. Zu den Vortragenden gehörte Don Campbell, ein kanadischer Rancher, der »holistisches Management« (die offizielle Bezeichnung für Allan Savorys Konzept) praktizierte. Don sagte etwas, das für mich Ewigkeitswert hatte; etwas, das mir tagtäglich in den Sinn kommt: »Wenn du kleine Änderungen vornehmen willst, dann ändere die Art und Weise, wie Du die Dinge ausführst. Wenn Du große Änderungen vornehmen willst, dann ändere die Art und Weise, wie Du die Dinge beurteilst.« Da ging mir ein Licht auf. Bis zu jenem Tag hatte ich nur kleine Änderungen auf der Ranch umgesetzt und darum gebetet, sie mögen eine große Wirkung entfalten. Nun begriff ich, dass ich meinen Blickwinkel ändern musste. Ich musste unseren gesamten Betrieb von einer neuen Perspektive aus beurteilen, wenn ich uns aus dem Sumpf, in dem wir uns befanden, ziehen und im Geschäft bleiben wollte.

Als uns der Frühling 1998 etwas Regen schenkte, verspürte ich Erleichterung. Vielleicht würde sich nun alles zum Besseren wenden. Ich entschloss mich dazu, auf einer größeren Fläche Luzerne anzubauen. Weil es mir an Geld fehlte, um große Mengen Kunstdünger anzuschaffen, beschränkte ich mich darauf, die Maisfelder zu düngen und hoffte darauf, dass die Natur sich um die Hafer-, Erbsen-, Gersten- und Sommerweizenfelder kümmern würde. Anfang Juni besprühte ich die meisten Feldfrüchte mit Herbiziden – zu diesem Zeitpunkt sahen sie noch fabelhaft aus. Eines Tages Ende Juni änderte sich das jedoch schlagartig, als sich ein plötzliches Gewitter zu einem uns nur allzu vertrauten Hagelsturm auswuchs. Als der Sturm abflaute, schätzte ich den Schaden und kam zu dem Ergebnis, dass mehr als 80 Prozent der Ernte – wieder einmal – dem »großen, weißen Mähdrescher« zum Opfer gefallen waren. Ich konnte es nicht fassen. Das Pech war zu unserem verlässlichsten Begleiter geworden, es war unsere traurigste Zeit überhaupt. Shelly wollte nur noch alles hinwerfen – sie hatte genug durchgemacht. Ich konnte mich dem Schicksal nicht beugen. Der Gedanke daran, als Versager eingestuft zu werden, war mir unerträglich. Mein größter Wunsch war immer gewesen, auf einer Ranch zu arbeiten! Den einzigen Trost fand ich darin, noch härter und noch länger zu schuften.

Wenn man jedoch dem Hagelsturm auch eine gute Seite abgewinnen möchte, dann bestand sie wohl darin, dass er uns früh in der Vegetationsperiode heimgesucht hatte. Dadurch bot sich mir noch die Gelegenheit, Futterpflanzen anzubauen. Ich entschied mich für Sorghum/Sudangras und Augenbohnen. Die Pflanzen entwickelten sich gut, aber ich konnte sie nicht abmähen und Heuballen daraus machen, denn das Geld reichte noch nicht einmal für das Garn. Stattdessen ließ ich die Pflanzen stehen, sodass die Rinder im späten Herbst und frühen Winter daran weiden konnten. Obwohl ich es zu diesem Zeitpunkt noch nicht ahnte, handelte es sich um meine ersten Versuche mit der Winterweidehaltung.

4 Jahre, 4 Katastrophen. Merkwürdigerweise hatte keiner unserer Nachbarn in den letzten 4 Jahren Verluste erlitten. Einer hatte in 3 Jahren Ernteausfälle hinnehmen müssen, und mehrere Nachbarn waren zweimal betroffen. Wir waren die Einzigen, die 4 Jahre lang das Unglück gepachtet hatten. Wollte Gott uns damit etwas mitteilen? Vielleicht waren wir zu jung oder zu unerfahren oder zu verstört gewesen, um zu realisieren, in welchen Schwierig-

keiten wir steckten. Wahrscheinlich von allem ein bisschen. Aber ich kann aufrichtig sagen, dass ich niemals ernsthaft ans Aufhören dachte. Ich verfügte über einen College-Abschluss und hätte auch eine andere Berufslaufbahn einschlagen können, aber es gab nichts, was ich lieber gemacht hätte, als auf einer Ranch zu arbeiten. Davon abgesehen war ich zu stur, um aufzugeben. Ich hatte keine Lust, meinen Nachbarn die Befriedigung zu verschaffen, mit ansehen zu dürfen, wie der Junge aus der Stadt scheiterte. Ich gebe gerne zum Besten, dass wir in diesen 4 Jahren der Missernte durch die Hölle gegangen sind; trotzdem sollten sie sich als das Beste erweisen, was uns geschehen konnte, denn wir waren gezwungen, über den Tellerrand zu blicken, die Angst vor dem Scheitern zu verlieren und mit der Natur zusammenzuarbeiten anstatt gegen sie.

Den 4 Katastrophenjahren ist es zu verdanken, dass ich mich auf das Abenteuer der regenerativen Landwirtschaft eingelassen habe.

Kapitel 2

Die Regeneration des Ökosystems

Den ersten Anhaltspunkt dafür, dass sich unser Ökosystem erneuerte, lieferten die Regenwürmer. Ich witzelte gerne, dass es für uns aussichtslos wäre, jemals angeln zu gehen, weil es auf unserem Bauernhof keine Würmer gäbe. Traurigerweise stimmte das. Aber nach vier aufeinanderfolgenden Missernten erspähte ich auf einmal Regenwürmer im Boden. Es war wie ein Silberstreif am Horizont, und mir dämmerte, was geschehen war: Wir hatten die Ernte 4 Jahre lang nicht eingebracht, wenn man von den Luzernen absieht, die ich anbaute, um sie an Milchhöfe zu verkaufen. Die gesamte Biomasse hatte ich an der Erdoberfläche liegen lassen, wo sie den Boden schützte und die Mikroorganismen mit Kohlenstoff versorgte. Auch die Menge an Herbiziden und Kunstdünger, mit denen ich die Feldfrüchte sonst bedachte, hatte ich stark zurückgefahren – ich konnte mir die Mittel einfach nicht mehr leisten. Das Ergebnis war unschwer zu erkennen, und ich ahnte, dass sich der Boden verbesserte; denn wenn ich eine Schaufel darin versenkte, erblickte ich – außer Regenwürmern – dunklere, humose Erde mit verbesserter Struktur. Langsam veränderte der Boden seine Farbe, sein Erscheinungsbild näherte sich einem Schokoladenkuchen an! Ein Zeichen dafür, dass sich der Humusgehalt erhöhte. Die Erde speicherte inzwischen auch mehr Wasser. Weil sich die Bodengesundheit verbesserte, war es uns sogar in einem Dürrejahr gelungen, genug Futter für unsere Rinder zu erzeugen.

Als ich eines Abends aus einem Fenster unseres Hauses blickte und einen Fasan vorbeifliegen sah, wurde mir klar, dass ich wirklich auf dem richtigen Weg war. So etwas hatte es früher nie gegeben! (Mittlerweile stolzieren Fasane über die ganze Ranch.) Hirsche, Kojoten und Habichte zeigten sich ebenfalls auf unserem Grund. Zum Teil war die »Wiederbelebung« darauf zurückzuführen, dass Shelly und ich voller Eifer jedes Jahr Hunderte Bäume gepflanzt hatten. Diese Bäume gewährten nicht nur unseren Rindern Schutz, sondern auch Wildtieren, denen sie einen Lebensraum zur Verfügung stellten. Alles passte ins selbe Muster: Das Leben kehrte auf unsere Ranch zurück!

Erneuerung

Meine Beobachtungen machten mich nachdenklich. Zum einen erkannte ich, dass ich mich mit dem herabgewirtschafteten Zustand unserer Ranch arrangiert hatte. In der Vergangenheit hatte ich versucht, weiter durchzuhalten und dafür zu sorgen, dass die Dinge nicht noch schlimmer wurden, anstatt der Situation eine entscheidende Wende zu geben. So hatte ich mich bemüht, den Betrieb in dem schlechten Zustand, in dem er sich befand, aufrechtzuerhalten (engl.: *sustain*), gönnte ihm keine Erholungspause und half ihm nicht, seinen Zustand zu verbessern. »Nachhaltig« (engl.: *sustainable*) ist momentan ein beliebtes Schlagwort, das ist mir klar. Jeder möchte nachhaltig handeln. Ich aber frage mich: Warum um alles in der Welt sollten wir einen Zustand, in dem die Ressourcen erschöpft sind, aufrechterhalten wollen? Wir sollten unsere Energie lieber auf die *Erneuerung* der Ökosysteme lenken. Zu den Symptomen des Ressourcenabbaus zählten geringe Wasserdurchlässigkeit, mangelnde Fruchtbarkeit, Bodenverdichtung, Unkräuter, niedrige Ernten, hohe Investitionskosten, hoher Salzgehalt, Pflanzenkrankheiten, invasive Schädlinge, Erosion, Gewinneinbußen ... und so weiter und so fort. Alle aufgelisteten Punkte verwiesen auf eine einzige Ursache: ein schlecht funktionierendes Ökosystem. Dank der Missernten änderte sich meine Sichtweise auf unser Land. Leider musste mir der liebe Gott erst vier schallende Ohrfeigen verpassen, ehe ich aufwachte.

Zum anderen begriff ich, dass sich das Land auf natürliche Weise selbst regenerierte. Indem ich 5 Jahre lang nicht gepflügt hatte, die Artenvielfalt unter den Feldfrüchten – Stickstoff fixierende Leguminosen miteinbegriffen – erhöhte, Zwischenfrüchte anbaute, die Biomasse nach den Missernten auf der Erdoberfläche zurückließ und fast vollständig auf den Einsatz von Chemikalien verzichtete, hatte ich die Voraussetzungen dafür geschaffen, dass das Bodenleben erneut gedeihen konnte. Speziell die Mykorrhizapilze hatten eine Chance erhalten, sich wieder zu vermehren. Die meisten Pflanzen können mithilfe ihrer Wurzeln symbiotische Gemeinschaften mit diesen Organismen, die für einen gesunden Boden unentbehrlich sind, eingehen. Mykorrhizapilze sondern eine leimartige Substanz ab – Glomalin –, die für den inneren Zusammenhalt der Bodenteilchen sorgt. Je mehr Bodenteilchen vorhanden sind, desto höher ist auch die Anzahl der Poren. Für die Wasserdurchlässigkeit sind Bodenporen von entscheidender Bedeutung. In und auf den dünnen Wasserfilmen, von denen die Poren ausgekleidet werden, leben die meisten Mikroben.

Ganz egal, was man mit dem Boden anstellt: Es wird sich immer ein klein wenig Leben darin befinden – sogar wenn ein landwirtschaftlicher Betrieb in extremer Weise von Chemikalien abhängig ist oder auf ausgiebige Bodenbearbeitung Wert legt. Gibt man diesem Leben die Chance, sich zu entwickeln, so wird es darauf ansprechen. Das wurde mir bewusst, als ich plötzlich die Regenwürmer bemerkte. Wenn man Aufbauarbeit leistet, werden sich Würmer einstellen – oder in unserem Fall: Wenn man aufhört, sie zu vernichten, werden sie zurückkehren. Wer tote Böden in fruchtbare Erde verwandeln möchte, muss das Leben hegen und pflegen.

Obwohl der Begriff »Bodengesundheit« in den 90er-Jahren kaum gebräuchlich war, sah ich langsam, wie die einzelnen Elemente der fünf Prinzipien der Bodengesundheit Gestalt annahmen, als wir die Zeit der Missernten hinter uns ließen. (Die erwähnten fünf Prinzipien werde ich in Kapitel 7 eingehender behandeln.) Der NRCS stattete unserer Ranch erneut einen Besuch ab und analysierte die Böden: Wie sich zeigte, hatte sich der Humusgehalt während jener schwierigen Jahre erhöht.

Vier Ernteausfälle in Folge hatten sich tatsächlich als ein Segen erwiesen. Wir waren nicht nur gezwungen, unsere Wirtschaftsweise von Grund auf zu überdenken, sondern räumten dem Land auch eine Auszeit von den industriellen Methoden ein, die es zerstört hatten. Ich hatte getan, was ich tun musste, um meinen Betrieb zu erhalten; glücklicherweise waren dadurch die richtigen Voraussetzungen entstanden, sodass sich der Boden von selbst erholen konnte. Zu dem Zeitpunkt war es mir noch nicht klar, aber unsere Pflanzen betrieben jetzt mehr Photosynthese und brachten den Kohlenstoffkreislauf dadurch stärker in Schwung. Dies lieferte wiederum den Mikroben Nahrung. Wir begannen, unser Land zu heilen, und ich fürchtete mich nicht länger davor, neue Dinge auszuprobieren. Wann immer ich eine andere Farm oder Ranch besuchte, achtete ich ab diesem Zeitpunkt viel genauer darauf, was funktionierte oder auch nicht – immer mit dem Hintergedanken, neue Wege zu finden, um meinen eigenen Betrieb voranzubringen.

Eine weitere Lerngelegenheit ergab sich unerwarteterweise im Jahr 1998, als man mich fragte, ob ich mich nicht um einen Posten im Verwaltungsrat des Soil Conservation District Burleigh County[2] bewerben wollte. Ich war einverstanden und wurde gewählt. Wie sich herausstellte, war das eine der besten Entscheidungen, die ich je getroffen habe. Damals war Jay Fuhrer District Conservationist[3], und wir freundeten uns an, da wir uns beide leidenschaftlich gern weiterbildeten. Endlich hatte ich jemanden gefunden, den ich mit meinen Ideen konfrontieren konnte. Wir nutzten jede Möglichkeit, uns gegenseitig herauszufordern. Es war großartig! Ich bin Jay für immer dankbar, mich in die Gänge gebracht zu haben. Ohne seine »Schubser« wäre ich nicht in der Lage gewesen, diesen Pfad zu beschreiten. Letztendlich diente ich dem Verwaltungsrat 14 Jahre lang und genoss jede einzelne Minute.

Optimierung unseres Weidemanagements

Ungefähr zur selben Zeit lernte ich einige wichtige Lektionen über Weidemanagement. Die erste Lektion betraf die 80 Hektar große Kulturweide, auf der ich im Jahr 1993 mehrjährige Arten ausgesät hatte. Mit einem einzigen Strang hochfesten Drahts hatte ich die Fläche in elf verschiedene Koppeln unterteilt. Ein Streifen entlang der Mitte ermöglichte es den Tieren, nacheinander

---

2 Anm. d. Übers.: Unter einem Soil Conservation District versteht man eine US-amerikanische Verwaltungseinheit, die Programme zum Schutz des Bodens umsetzt.

3 Anm. d. Übers.: »District Conservationist« bezeichnet eine Position am NRCS, dem Natural Resources Conservation Service des US-amerikanischen Landwirtschaftsministeriums, für einen Umweltschutzberater des Landkreises.

eine Wasserstelle aufzusuchen. Dies stellte sich als ein gewaltiger Fehler heraus, denn im Spätsommer verwandelte sich der Trampelpfad wegen des regen Viehverkehrs in vegetationslosen Boden. Beim Gehen wirbelten die Rinder Staub auf, wodurch einige Kälber krank wurden. Um das Problem zu lösen, beschloss ich, versuchsweise eine flache Rohrleitung zu verlegen. Ich wollte alle Koppeln mit Wasser versorgen, damit das Vieh nicht mehr zur einzigen Wasserstelle marschieren musste. Etwas Ähnliches hatte ich weder zuvor gesehen, noch wusste ich, worauf ich achten musste; also improvisierte ich einfach.

Mein Sohn Paul und ich rollten ein billiges PE-Rohr mit einem Durchmesser von 2,5 Zentimetern aus und verschweißten es mit einem Schweißgerät, das wir von einem Bauunternehmer geliehen hatten, bevor wir uns daranmachten, die Wasserleitung einzugraben. Dabei verwendeten wir eine kleine Grabenfräse, die ebenfalls von einem Freund geborgt war. Wir kamen nur langsam voran, doch es gelang uns, an einem Nachmittag 1,6 Kilometer in die Erde zu verlegen. Unter jedem zweiten Unterteilungszaun schloss ich eine Steigleitung an, sodass ich dort Gummireifentränken mit einem Fassungsvermögen von 2650 Litern platzieren konnte. Die Tränken, die als Dauereinrichtungen vorgesehen waren, sollten jeweils zwei Koppeln mit Wasser versorgen und den Rindern auf allen Wiesen einen direkten Zugang zu Trinkwasser ermöglichen (siehe Abbildung 14).

Oft werde ich gefragt, warum ich mich für Tränken aus Gummireifen entschieden habe. Auf einer Ranch in der Nähe eines Jagdgebietes wird alles zur Zielscheibe, wenn es während der Saison vor Jägern nur so wimmelt. Wassertanks aus Fiberglas oder Stahl könnten dem Aufprall einer Gewehrkugel nicht standhalten, doch die Kugeln dringen nicht durch die Stahlgürtel der Gummireifen.

An der niedrigsten Stelle der Weide habe ich einen Ablasshahn an die Wasserleitung montiert, um sie in der kalten Jahreszeit entleeren zu können. Im Herbst sperre ich die Wasserzufuhr ab, drehe den Ablasshahn auf und schließe eine Steigleitung bei der Tränke an, die sich am höchstgelegenen Punkt der Weide befindet. Dadurch kann Luft in die Leitung eindringen, die das Wasser aus dem Hahn drückt. Ich gehe jetzt seit 18 Jahren so vor und habe noch nie einen Rohrbruch infolge eingefrorener Leitungen erlebt. In den kalten Wintern des hohen Nordens gefriert der Boden übrigens häufig bis in eine Tiefe von fast 2 Metern.

Eine weitere Lektion, die mich dieses Grasland lehrte, betraf die Vorgänge unter der Erdoberfläche. Obwohl meine ursprüngliche Saat einen ordentlichen Pflanzenbestand hervorgebracht hatte, war dieser nicht ertragreich: Die spindeldürren Gewächse besaßen kaum Blattfläche, und wenn sich trotzdem Blätter entwickelten, so waren sie klein und schmal. Nur wenige Individuen brachten Fruchtstände hervor. All dies wies auf gestörte Nährstoffkreisläufe hin. Ich hatte die Pflanzen damals auf Feldern angebaut, die jahrelang umgepflügt worden waren; die Artenvielfalt auf diesen Flächen war nicht gerade überwältigend gewesen. Vergessen Sie nicht, dass meine Schwiegereltern nur Sommerweizen, Hafer und Gerste angebaut hatten – allesamt kälteliebende Gräser. Rechnet man den Kunstdünger hinzu, so war der Misserfolg programmiert. Die Mykorrhizapilze waren durch die Bodenbearbeitung und den Kunstdünger zerstört worden. Infolgedessen konnten sich kaum Bodenkrümel bilden, was bedeutete, dass den Bodenlebewesen die Bleibe fehlte; außerdem war die Versickerungsgeschwindigkeit nicht gerade berauschend. All diese Faktoren liefen auf äußerst ungünstige Bedingungen für das Pflanzenwachstum hinaus. Zwar keimten die Samen, doch die Pflanzen litten im Grunde genommen an Hunger.

Ich hätte diese Angelegenheiten in Angriff nehmen sollen, *bevor* ich die Mehrjährigen gepflanzt hatte. Als ich mehrere Experten um Rat fragte, wie man die Sache ins Lot bringen könne, lautete ihre Antwort: »Applizieren Sie Kunstdünger!« Nach 4 Jahren der Geldknappheit war das für mich keine Option. Ich erkannte, dass ich das Problem ausschließlich mithilfe von Pflanzen und Tieren würde lösen müssen. Doch welche Pflanzen? Eine glaubwürdige Forschungsarbeit, die mir mitteilte, welche Grasarten und Hülsenfrüchtler in meiner Umgebung infrage kämen, konnte ich nicht auftreiben. Daher beschloss ich zu experimentieren und entschied mich für zehn verschiedene Leguminosen. Zu meiner Auswahl zählten zwei zur Beweidung geeignete Luzernensorten, Kicher-Tragant, Gewöhnlicher Hornklee, Weiß- und Ladinoklee, Esparsette usw. Jede Koppel spritzte ich mit Glyphosat, um die Trespen aufzuhalten. (Glyphosat benutze ich inzwischen nicht mehr. Wenn ich jetzt auf einer Fläche Pflanzen kultiviere, auf der schon mehrjährige Arten existieren, sorge ich durch massive Überweidung dafür, dass sich ihr Wachstum verlangsamt.) Anschließend säte ich die gewählten Sorten einfach dazwischen, und zwar eine Sorte auf jede Koppel, wobei auf einer Wiese zu Kontrollzwecken nichts ausgesät wurde. Wegen des ausgiebigen Regens im Jahr 1998 und insbesondere wegen eines Niederschlags, der mit Hagel einherging, etablierte sich der neue Pflanzenbestand gut und erwies sich als wuchsfreudig.

Ich beobachtete die Koppeln, auf denen ich Saatgut ausgebracht hatte, über einen längeren Zeitraum und erfuhr dadurch, welche Arten gut gediehen und in meiner Umgebung bestehen konnten: Luzerne (Alfalfa), Kicher-Tragant und Ladinoklee entwickelten sich am besten. Auf Ihrem landwirtschaftlichen Betrieb mag das anders sein – Sie werden selbst herumexperimentieren müssen. Gegenwärtig säe ich bunte Mischungen krautiger Pflanzen (wie Wegwarte und Wegerich) zusammen mit verschiedenen Gräsern und Leguminosen in die bestehende Vegetation aus mehrjährigen Futterpflanzen. Mehrjährige Monokulturen baue ich auf meinen Weiden überhaupt nicht an. (Wie ich beim Anbau von Zwischenfrüchten vorgehe, wird in Kapitel 8 ausführlicher behandelt.)

Der lange Weg aus den Schulden

Im Laufe der nächsten Jahre kehrten die Ernten wieder in den »normalen« Bereich zurück. Das Wetter war günstig und unsere Erträge wuchsen dank des gesünderen Bodens, der sich eher unbeabsichtigt infolge der jahrelangen Ernteausfälle entwickeln konnte. Die Erlöse lagen kaum über den Betriebskosten, aber immerhin: Wir machten endlich Gewinn. Weil dadurch auf einmal Geld zur Verfügung stand, begannen wir, mehr Kunstdünger einzusetzen, wenn auch nicht so viel wie vor dem Jahr 1995.

Wir verkauften weiterhin eingetragene Stiere, und unser Ansehen wuchs, was einen anständigen Profit einbrachte. Wie die meisten anderen Züchter in unserer Gegend brachte ich die Bullen im Mai mit den Kühen zusammen, damit diese im darauffolgenden Februar oder März kalbten. Von nun an behielt ich ein paar Stierkälber, um sie an andere Rancher aus der Gegend als Zuchtbullen weiterzuverkaufen. Wenn die Tiere im Oktober entwöhnt wurden, wählte ich die leistungsstärksten Stierkälber aus und kastrierte den Rest; wir fütterten die Jungtiere bis Januar durch und verkauften sie anschließend in der örtlichen Auktionsscheune. Die weiblichen Kälber, die Färsen, wurden ebenfalls zwischen dem Zeitpunkt der Entwöhnung und Januar auf unserem Grundstück mit Nahrung versorgt. Genau wie bei den Bullen behielten wir die Top-Performer und veräußerten die Schlachttiere über die Verkaufsscheune.

Ich befolgte die Ratschläge der Branchenexperten und führte die Rinder im Laufe des Jahres regelmäßig durch den Klauenpflegestand. Im Januar wurden die Kühe geimpft und entwurmt. Während der Kalbesaison behandelten wir alle erkrankten Kälber gegen Lungenentzündung und Durchfall. Bevor wir Mutterkühe und Kälber im Mai auf die Weide transportierten, entwurmten wir die Kühe erneut und brachten Insektizid-Ohrmarken an. Die Kälber erhielten einen Impfstoff gegen Atemwegserkrankungen. Kühe, die wir künstlich besamen wollten, hielten wir zurück. Um ihre Brunst zu synchronisieren, bekamen sie mehrere Spritzen und ein Progesteron-Implantat (CIDR). Den Kälbern verabreichten wir einen Siebenfach-Impfstoff und ein Entwurmungsmittel, sobald sie entwöhnt waren. Nach 2 Wochen verstärkten wir die Impfung mit einer weiteren Spritze.

Als die Nachfrage nach unseren Bullen stieg, erhöhten wir die Anzahl der Kühe. Mit der Vergrößerung des Viehbestandes gingen mehr Zulassungspapiere und mehr Zuchtherden (manchmal sechs) einher, weil wir uns bemühten, diejenigen Mutter- und Vatertiere zusammenzubringen, die sich vermutlich gut kreuzen ließen. Letztlich lief alles auf mehr Arbeit hinaus – nicht nur wegen des ganzen Selektierens und der Transporte zur Weide, sondern auch, weil wir die Tiere fotografierten, einen Katalog erstellten und die Stiere vermarkteten. Wir expandierten weiter und wechselten im Jahr 2000 in die »erste Liga«: Den Jahresverkauf hielten wir von nun an in der städtischen Auktionsscheune ab, um unserem wachsenden Angebot an Bullen gerecht zu werden.

Wir jagten ständig dem Erfolg hinterher und priesen uns als Anbieter der leistungsstärksten Gelbvieh-Bullen im Umkreis an. Eines Tages begannen wir, unsere Stiere mit schwarzen und roten Aberdeen-Angus-Kühen zu kreuzen, um vom Heterosiseffekt zu profitieren. Es handelte sich um ein trendiges Konzept, und wir waren die Ersten, die in North Dakota Balancer-Bullen (Kreuzungen zwischen Gelbvieh und schwarzen beziehungsweise roten Angus-Rindern) vermarkteten, was unsere Verkaufsveranstaltungen sogar noch beliebter machte. Um unser hohes Ansehen zu erhalten, führten wir zusätzliche Maßnahmen in der Stierzucht ein: Während des Herbstes wogen wir die Tiere mehrfach (um herauszufinden, welche bei der Mast am stärksten zulegten), schoren sie im Dezember und säuberten sie des Öfteren im Januar beziehungsweise Anfang Februar, um sicherzustellen, dass sie am Verkaufstag makellos waren. Die kostenlose Lieferung, die wir offerierten, kam noch hinzu – wie Sie sehen, hatten wir alle Hände voll zu tun!

Langsam begann ich, die Feiertage zu fürchten, denn ich wusste, dass ich am 1. Weihnachtsfeiertag mit der Säuberung und dem Trimmen der Bullen – dabei wird ihnen ein Haarschnitt verpasst – beginnen müsste. Obwohl mir das Geschäft mit den Rindern im Großen und Ganzen viel Spaß machte, wurde mir klar, dass es mich von etwas fernhielt, was mir noch viel mehr Freude bereitete: *meiner Familie!* Ich sah ein, dass ich einen Weg finden musste, um das Produktionsmodell zu ändern.

Mehr zum Thema Mykorrhiza

Im Jahr 2000 hatten wir bei unbewässertem Mais einen Feldertrag von über 12,7 Tonnen pro Hektar, was für Burleigh County, North Dakota, beispiellos war. Als ich mit dem Mähdrescher über den Acker fuhr, bat mein Schwiegervater meine Frau, ihn und seinen Enkelsohn im Feld abzulichten. Da wusste ich, dass ich endlich seine Anerkennung gefunden hatte.

Auch ich war stolz auf diesen Mais, ahnte aber, dass meine Reise in Richtung regenerative Landwirtschaft noch nicht abgeschlossen war. 2003 hatte ich das Glück, Dr. Kris Nichols kennenzulernen, eine Bodenmikrobiologin, die an der Great Plains Research Station des US-Landwirtschaftsministeriums in Mandan arbeitete – das ist von Bismarck aus gesehen direkt auf der gegenüberliegenden Seite des Missouri. Dr. Nichols' Forschungsinteresse war die Bodenbiologie; allerdings hatte sie ihren Weg dorthin nicht von einem agrarwissenschaftlichen, sondern einem ökologischen Standpunkt aus beschritten. Im Rahmen ihrer Tätigkeit untersuchte sie die natürlichen Vorgänge im Boden, und Mykorrhizapilze bildeten eines ihrer Hauptinteressensgebiete. Mykorrhizapilze werden verschiedenen Gruppen zugeordnet, und für den Nährstofftransport im Boden spielen die sogenannten Arbuskulären Mykorrhizapilze (AM-Pilze) eine wesentliche Rolle. Sie bilden gleichsam die Straßen und Alleen des Erdreichs. Pilze zählen zu den fruchtbarsten Lebewesen auf dem Planeten Erde, nur Bakterien, hinter denen sie sich auf dem zweiten Platz einreihen, sind noch häufiger vertreten. Pilze bestehen aus langen, dünnen Hyphen und lassen sich in fast jedem terrestrischen Ökosystem finden, obwohl man sie meist mit Wäldern und Forsten in Verbindung bringt (denken Sie an Speisepilze).

In ökologischen Anbausystemen leben Pilze oft in enger Gemeinschaft mit den meisten Kulturpflanzen. Sie fungieren als Verlängerung der Wurzeln und reichen tief in den Boden, wo sie Nährstoffe beschaffen, die die Wirtspflanze benötigt. Im Gegenzug erhalten die Pilze Kohlenstoffverbindungen von den Wirtspflanzen, die von den Wurzeln freigesetzt werden. Sofern also Arbuskuläre Mykorrhizapilze vorhanden sind, können Wurzeln ihren Zugriff auf absorbierbare Mineral- und andere Nährstoffe stark erweitern. Die Symbiose mit Arbuskulären Mykorrhizapilzen kann Gewächse außerdem zur Synthese von Antioxidantien und Nährstoffen anregen.

Wie ich in Kapitel 10 erläutern werde, haben diese chemischen Verbindungen eine entscheidende Bedeutung für die menschliche

Gesundheit. Obwohl die chemische Signalübertragung zwischen Pflanzen und Pilzen von der Wissenschaft weniger gut verstanden wird als diejenige zwischen Pflanzen und Bakterien, scheint der Mechanismus ähnlich zu sein, und das Endresultat – die Aufnahme zusätzlicher Nährstoffe durch die Pflanze – ist klar.

Kurz nachdem ich Dr. Nichols kennengelernt hatte, lud ich sie auf unsere Ranch ein, damit sie sich ein Bild von unserer Arbeit machen konnte. Als sie sich umgeblickt hatte, meinte sie: »Gabe, du hast es weit gebracht, doch wenn du nicht auf den Einsatz von Kunstdünger verzichtest, wirst du deine Böden niemals dauerhaft regenerieren können.« Kunstdünger sei für Mykorrhizapilze schädlich, erläuterte sie mir. Wenn ich also Dünger verteilte, unterstützte ich meine Böden nicht, sondern schadete ihnen in Wirklichkeit. Kunstdünger bricht die Beziehung zwischen Bodenlebewesen wie den Mykorrhizapilzen und Pflanzenwurzeln ab, weil er den Pflanzen »Gratis-Nährstoffe« liefert und sie nicht mehr auf den Tauschhandel angewiesen sind. Unter solchen Umständen behalten die Pflanzen viel Kohlenstoff für den Eigenbedarf zurück. Die Folge? Bodenorganismen werden nicht ausreichend gefüttert, sodass sie wachsen und sich vermehren können – ihre Populationen leiden. Wenn es darum geht, Mineralstoffe für Pflanzen zu beschaffen, können Mykorrhizapilze sehr leistungsfähig sein, sofern sie als Gegengeschenk Kohlenstoff erhalten. Ist das nicht der Fall, können die Pilze keine Nährstoffe besorgen und auch die Pflanzen gehen leer aus. Darüber hinaus stellt Kunstdünger nur ein begrenztes Nährstoffspektrum zur Verfügung und nicht die ganze Palette, die Pflanzen benötigen. (Wir dürfen nicht vergessen, dass ich dank der Leguminosen, die ich als Zwischenfrüchte anbaute, ohnehin schon kostenlos Stickstoff aus der Atmosphäre bezog.)

Nachdem ich mir ihren Ratschlag angehört hatte, dachte ich bei mir: *Donnerwetter! Sind deine Böden womöglich gesund genug, sodass du ganz ohne Kunstdünger auskommen kannst?* Ich beschloss, es herauszufinden. Ab 2004 führte ich auf mehreren Feldern unseres Betriebes Streifenversuche durch. Auf der einen Hälfte des Feldes brachte ich Kunstdünger aus, wenn auch in einer weit geringeren Menge als empfohlen. Auf der zweiten Hälfte verzichtete ich darauf. Um die Felder unter wechselnden Witterungsbedingungen zu testen, beschloss ich, die Versuche über einen Zeitraum von 4 Jahren laufen zu lassen. Wie sich herausstellte, waren die Ergebnisse überraschend.

Zwischenfrucht-Cocktails

Zeitgleich mit Dr. Nichols radikalem Ratschlag, auf Kunstdünger zu verzichten, erfuhr ich mehr über den Einfluss von Zwischenfrüchten auf die Regeneration des Bodens. Besonders wichtig in diesem Zusammenhang war für mich der Tag, an dem ich Dr. Ademir Calegari, einen brasilianischen Agrarwissenschaftler, auf der »No-Till on the Plains«-Konferenz in Salina, Kansas, sprechen hörte; Dr. Calegari hatte die ganze Welt ausgiebig bereist, um Interessierten beizubringen, wie sie die Bodengesundheit mithilfe von Zwischenfrüchten fördern konnten. Von Dr. Calegaris Präsentation sind mir speziell zwei Dinge in Erinnerung geblieben: Er sagte erstens, dass es egal sei, ob ein landwirtschaftlicher Betrieb 50 Millimeter Niederschlag pro Jahr erhielte oder 5000 – eine Zwischenfrucht könne auf jeden Fall kultiviert werden. Da wusste ich, dass nichts dagegensprach, mehr Zwischenfrüchte anzubauen. Immer wieder wird mir von Berufskollegen berichtet, die Niederschlagsmenge reiche für den Anbau von Zwischenfrüchten nicht aus. Völlig egal, wo sich ihr landwirtschaftlicher Betrieb befindet – sei es in irgendeiner trockenen Region wie North Dakota oder in einer niederschlagsreichen

Gegend –, die Menschen neigen zu der Überzeugung, die Umweltbedingungen wären entweder *zu* trocken oder *zu* nass. Tatsächlich erfinden sie bloß eine Ausrede. Dr. Calegaris Gegenargument lautete, er hätte die ganze Welt bereist und könne daher bezeugen, dass Zwischenfrüchte unter allen möglichen Klimabedingungen kultiviert würden.

Zweitens, und dieser Standpunkt beeindruckte mich wirklich, meinte er, Zwischenfrüchte sollten *in Kombinationen aus vielen verschiedenen Arten ausgesät* werden. Ich erinnere mich, dass mir blitzartig der Gedanke durch den Kopf schoss: »Gabe, du Hammel! So und nicht anders funktioniert die Prärie als Ökosystem.« Dr. Calegari erläuterte, dass sich Synergieeffekte bilden, wenn in einer Art Cocktail ungefähr sieben oder acht Arten gezüchtet würden. Bis zu diesem Zeitpunkt hatte ich auf unserem Betrieb nur Gemenge aus zwei oder drei Arten verwendet, und das reichte schon, um von den meisten Leuten für verrückt gehalten zu werden. Berücksichtigt man jedoch die Ökosystemfunktion, machte das, was Dr. Calegari sagte, ganz schön viel Sinn.

Jay Fuhrer, der damalige District Conservationist in Burleigh County und inzwischen guter Freund, besuchte die Konferenz gemeinsam mit mir. Als wir nach Hause zurückkehrten, schlug Jay dem Verwaltungsrat des Soil Conservation Districts Burleigh County vor, einen Demonstrationsversuch durchzuführen, der sich an Dr. Calegaris Ratschlägen orientierte. Wir hatten keine Ahnung, welch starken Eindruck dieser Versuch hinterlassen würde! Der Winter 2005/2006 war sehr trocken gewesen, sodass der Boden im Frühling praktisch keine Feuchtigkeit enthielt. Ende Mai bauten Angestellte des Soil Conservation Districts Monokulturen acht verschiedener Zwischenfruchtarten auf 0,4 Hektar großen Streifen an. Vier dieser Arten – Augenbohne, Sojabohne, Rüben und Winterrettich – plus Hirse und Sonnenblume wurden auch als Sechs-Arten-Cocktail (man spricht von einer *Misch-*

kultur) ausgesät. Zwischen dem Zeitpunkt der Aussaat und Ende Juli fielen nur circa 25 Millimeter Regen auf die Felder. Und das Resultat? Die Produktion auf dem Streifen mit der bunten Mischkultur schien erstaunlicherweise *dreimal höher* zu sein! In jeder Parzelle wurde ein vergleichbarer Bereich abgeerntet, luftgetrocknet und gewogen, um dieses Ergebnis zu bestätigen, obwohl der Anblick eigentlich offensichtlich war.

Dr. Nichols erklärte den Ausgang des Versuchs folgendermaßen: »Die [Mykorrhiza]pilze bestritten nicht nur die Bedürfnisse einer einzelnen Pflanze, sondern das Leitungssystem der Pilzhyphen verband auch mehrere Pflanzen und versorgte auf diese Weise Pilze und Pflanzen mit Energie beziehungsweise Nährstoffen.« Diese Synergieeffekte sind ein wesentliches Element in der Natur. Jays Demonstrationsversuch bewies, dass sich Monokulturen auf die Bodengesundheit nachteilig auswirken.

Weil die Versuche bei mir einen starken Eindruck hinterließen, machte ich mich sofort daran, Zwischenfruchtmischungen aus acht, zehn und zwölf Arten anzubauen. Mittlerweile säe ich selten Mischungen aus, die weniger als sieben verschiedene Arten enthalten, meistens sind es mehr. Welche Erfolge damit möglich waren, hatte ich ja selbst gesehen. Wir haben den Anteil an organischem Material im Boden beträchtlich gesteigert, die Bodengesundheit verbessert, und auch die Produktion ist in die Höhe geschnellt. Jay war von den vergleichenden Anbauversuchen ebenfalls ziemlich fasziniert. Wie er zu mir sagte, böten klassische agrarwissenschaftliche Ansichten keine Erklärung für das Resultat, sobald man aber begonnen hätte, in den Begriffen der Biodiversität zu denken, ergäbe alles einen Sinn.

Der Gedanke daran, wie gut der Zwischenfrucht-Cocktail während einer Trockenperiode abgeschnitten hatte, ging mir nicht mehr aus dem Kopf. Welche Auswirkungen Zwischenfruchtgemenge auf die Bodengesundheit haben, war mir jetzt klar, doch ich sollte herausfinden, dass dieser Effekt durch eine weitere Veränderung meiner Methoden verstärkt werden konnte.

Die Macht der Besatzdichte

Wegen der Erfolge, die wir mittlerweile auf der Brown's Ranch verzeichneten, wurde ich allmählich auf Landwirtschaftskongresse eingeladen, um dort Vorträge zu halten und meine Geschichte zu erzählen. Zu Beginn des Jahres 2006 sprach ich auf einer Futtermittelkonferenz in Manitoba, Kanada, und sobald ich geendet hatte, stürmte ein kleiner, glatzköpfiger Kerl mit einem langen Schnauzbart auf mich zu und rief: »Ich muss Ihnen unbedingt zeigen, wie ich arbeite! Sie müssen mit auf mein Zimmer kommen!« Da ich nicht die Absicht hatte, den Mann auf sein Zimmer zu begleiten, versuchte ich, die Unterhaltung zu beenden, doch er erwies sich als verdammt hartnäckig. Er kämpfte sich voran und erklärte, er erneuere seine Böden mithilfe von *Viehherden* – das weckte nun doch meine Aufmerksamkeit. Ich hörte weiter zu und war schließlich so fasziniert, dass ich nachgab und mitging, um einen Blick in seinen Laptop zu werfen. Auf seinem Hotelzimmer angekommen, wurde der Computer gestartet, und der Landwirt zeigte mir Fotos seines Betriebes, die mir auch seine spezielle Methode – Weidehaltung mit hoher Besatzdichte – vor Augen führten. Wir redeten bis spät in die Nacht, und irgendwann bat seine Frau um *meinen* Zimmerschlüssel, damit sie woanders etwas Schlaf bekäme. Das ist seitdem ein Witz zwischen uns geblieben. Was ich in jener Nacht auf dem Laptop erblickte, erwies sich für mich als ein entscheidendes Stück in dem Puzzle, das die regenerative Landwirtschaft darstellt; dieses Puzzlestück sollte bedeutende Auswirkungen auf die Brown's Ranch haben.

Der Name des kanadischen Ranchers ist Neil Dennis. Seine Frau Barbara und er leben auf einer über 700 Hektar großen Ranch in der Nähe von Wawota, Saskatchewan. Sie kultivieren keine Feldfrüchte, es existiert lediglich Weideland mit mehrjährigen Pflanzen, die von Rindern abgegrast werden. Dass sich Neil für eine sehr hohe Besatzdichte – er sprach von Mob Grazing – entschieden hatte, mit deren Hilfe er seine Böden erneuern wollte, fand ich einmalig. Unter der »Besatzdichte« versteht man die Anzahl der Tiere, die auf einem Stück Land einer bestimmten Größe weiden. Eine geringe Besatzdichte ist für viele Tierhaltungsbetriebe typisch – besonders in trockenen Gegenden. Das Vieh verteilt sich auf einem großen Gebiet und wird normalerweise nicht sehr häufig, wenn überhaupt, auf ein neues Landstück getrieben. Steigert man die Größe der Herde oder verringert den Umfang der Koppel, so erhöht sich die Besatzdichte. Macht man beides – wie Neil –, hat dies eine sehr hohe Besatzdichte zur Folge. Um zu verhindern, dass das Land überweidet wird, muss man jedoch die Zeit verkürzen, während der das Vieh auf einer der Koppeln grasen darf. In Neils Fall kann diese Zeitspanne sogar nur ein paar Stunden ausmachen.

Als meine Schwiegereltern unseren Hof in den 80er-Jahren besessen hatten, lag die Besatzdichte bei 280 Kilogramm pro Hektar, und Viehumtriebe erfolgten selten. Damals, als ich Neil kennenlernte, glaubte ich, dass ich mich ziemlich gut schlug. Meine Besatzdichte betrug 57 Tonnen pro Hektar und ich trieb die Kühe einmal pro Tag auf eine neue Koppel. Doch nachdem ich Neil zugehört hatte, begriff ich, dass ich weit davon entfernt war, auch nur in die Nähe seiner Besatzdichte zu kommen, die häufig 900 Tonnen pro Hektar erreichte! Es klingt unglaublich, doch Fotos lügen nicht, und sein Land sah auf diesen Fotos großartig aus. Kein Wunder, dass uns der Schlaf nicht übermannte und wir uns bis um 3 Uhr in der Früh unterhielten. Mir war klar, dass ich Neils und Barbaras Ranch unbedingt mit eigenen Augen sehen musste; deshalb fuhr ich in diesem Frühling nach Saskatchewan. Zugegeben: Ich war skeptisch, dass mehr als ein Umtrieb pro Tag einen großen Unterschied machen sollte. Doch sobald Neil und ich anfingen, Löcher in ehemaliges Ackerland zu graben, das Neil in Weiden verwandelt hatte, konnte ich sofort sehen, wie gesund sein Boden war.

Was die Veränderungen auf der Ranch angeht, so ähnelt Neils Geschichte meiner eigenen. Sein Betrieb, der seit Beginn des 20. Jahrhunderts in Familienbesitz ist, wurde ursprünglich konventionell geführt. In den 80er-Jahren geriet die Ranch in finanzielle Schwierigkeiten. Von einem Freund erhielt Neil eine Broschüre über holistisches Management als Alternativmodell für die Tierzucht und zur Verbesserung der finanziellen Situation, doch er warf die Broschüre umgehend in den Mülleimer. Neil war der festen Überzeugung, dass holistisches Management auf seiner Ranch unter keinen Umständen funktionieren könne. Allerdings schrieb er sich auf Barbaras Drängen hin in einen Kurs für holistische Weidehaltung ein und stritt die ganze Zeit mit dem Vortragenden. Neil war noch immer überzeugt, dass das Modell auf seiner Ranch scheitern würde, der Dozent war gegenteiliger Ansicht, und so machte sich Neil daran, ihn zu widerlegen. Doch so sehr er sich auch bemühte – Neil entdeckte bald, dass der Kursleiter recht hatte. Der Zustand seines Landes verbesserte sich. Die Produktion nahm zu und, damit einhergehend, auch die Wirtschaftlichkeit. Da ging Neil ein Licht auf: Er hatte nicht genug Vieh auf seinem Land!

Indem er die Rinder anderer Leute auf seinen Weiden grasen ließ, konnte er die Besatzdichte auf seinem Grund und Boden langsam erhöhen. Anfangs stellte er hundert Mutterkuh-Kalb-Paare auf 8 Hektar. Als er bemerkte, dass der Grasbewuchs dichter und der Boden gesünder wurde, steigerte er die Zahl der Tiere

Holistisches Management

»Holistisch« leitet sich von dem altgriechischen Wort *holos* ab, das »gesamt«, »ganz«, »vollständig« und »völlig« bedeutet. In der Landwirtschaft versteht man unter holistischem Management einen systemischen Ansatz zur Verwaltung von Ressourcen, der von Allan Savory entwickelt wurde.

Die Homepage des Savory Institute beschreibt holistisches Management als einen »Prozess der Entscheidungsfindung und Planung, der Menschen die notwendigen Erkenntnisse und erforderlichen Werkzeuge liefert, um die Natur zu verstehen. Daraus resultieren bessere, sachkundigere Entscheidungen, die wesentliche soziale, ökologische und finanzielle Überlegungen in Einklang bringen.«

Holistisches Management geht von der Voraussetzung aus, dass die Natur nach dem Prinzip der Ganzheit funktioniert. Es handelt sich um eine Gemeinschaft, die sich durch positive und mutualistische Beziehungen zwischen Menschen, Pflanzen, Tieren und dem Land, das sie bewohnen, auszeichnet. Entfernt man eine der Schlüsselarten (Arten, die einen bestimmenden Einfluss auf die Merkmale eines Ökosystems ausüben) oder verändert ihr Verhalten, so hat dies einen weitreichenden negativen Einfluss auf andere Bereiche der Umwelt.

Holistisches Management stellt die vier Prozesse, die in einem Ökosystem ablaufen, in den Mittelpunkt und richtet das Augenmerk auf unsere Einflussmöglichkeiten.

Bei den Prozessen handelt es sich um: den *Wasserkreislauf*, den *Mineralstoffkreislauf* (zu dem der Kohlenstoffzyklus zählt), den *Energiefluss* und die *Dynamik der Lebensgemeinschaft* (das komplexe Netz der Beziehungen zwischen den Lebewesen in einem Ökosystem).

Um zu bestimmen, ob ein Handlungsvorschlag eine Person den holistischen Zielsetzungen näherbringt oder weiter davon entfernt, bedient sich das holistische Management einer Reihe von Testfragen:

1. **Ursache und Wirkung:** Zielt die Maßnahme auf die grundlegende Ursache des Problems ab?

2. **Schwaches Glied:** Eignet sich die Maßnahme, um an der Schwachstelle in einem der Bereiche »Soziales«, »Natur« oder »Finanzen« anzusetzen?

3. **Geringe Wirkung:** Existiert eine andere Handlungsmöglichkeit, die im Hinblick auf die investierte Zeit und das investierte Geld zu größerem Erfolg führt?

4. **Analyse des Bruttoertrags:** Gibt es Vorhaben, die mehr zur Deckung der Fixkosten des Unternehmens beitragen?

5. **Energie- und Geldquelle, Energie- und Geldeinsatz:** Beziehen Sie die für Ihren Plan notwendige Energie beziehungsweise das notwendige Geld aus der Quelle, die Ihnen am ehesten dabei hilft, Ihr Ziel zu erreichen?

6. **Nachhaltigkeit:** Trägt die Umsetzung Ihres Vorhabens dazu bei, Ihre natürlichen Ressourcen so umzugestalten, wie Sie es sich für die Zukunft wünschen, oder ist das Gegenteil der Fall?

7. **Gesellschaft und Kultur:** Was halten Sie jetzt von der Maßnahme? Wird sie zur gewünschten Lebensqualität führen? Wird sie das Leben anderer negativ beeinflussen?

Auf unserer Ranch verwenden wir diese Testfragen bei allen wichtigeren Entscheidungen. Sie vereinfachen die Entscheidungsfindung und erhöhen unser Vertrauen in unsere Beschlüsse und in die Erfolgschancen der unternommenen Schritte.

und hob die Besatzdichte Schritt für Schritt an. Weil sich der Boden weiter verbesserte, ergänzte er immer mehr Vieh und reduzierte parallel dazu die Zeitspanne, während der die Tiere auf einer Koppel weiden durften. Das Gefühl, ein Experiment durchzuführen, stellte sich ziemlich rasch bei ihm ein: Wie weit konnte er gehen? Er erreichte 570 Tonnen pro Hektar, dann 900. Ein paar Mal trieb er die Besatzdichte sogar bis 1150 Tonnen hinauf. Jeder, insbesondere Experten der Regierung, erklärte Neil für verrückt und meinte, dass dies nur misslingen könne, was Neil nur zu noch mehr Arbeit anspornte, um das Gegenteil zu beweisen. Neil erzählt gern, dass nach der Einführung seiner neuen Methode alle Unterhaltungen verstummten, wenn er das Café der Kleinstadt betrat. Ihn störte das nicht. Wie Neil gerne sagt: »Man muss die Sache am Kochen halten, sonst brennt der Boden an.«

Sie können sich vorstellen, wie Neil sich fühlte, als sich der Humusgehalt seines Bodens im Laufe der Zeit mehr als verdoppelte. Die Versickerungsgeschwindigkeit stieg auf 400 Millimeter pro Stunde. Übrigens: Der erste Mensch, der die positiven Veränderungen bemerkte, war ein Mann, der die Kreisstraßen planierte. Eines Tages klopfte er an Neils Tür und wollte von ihm wissen, warum seine Ranch besser aussähe als all die anderen Betriebe entlang der Straße!

Eine Zusammenfassung von Neils Empfehlungen zum Thema Weidehaltung:

- Sorgen Sie für Abwechslung. Beweiden Sie nicht jedes Jahr dieselbe Koppel zur gleichen Zeit und mit derselben Anzahl an Tieren.

- Versuchen Sie nicht, auf einen Schlag oder an einem Standort eine hohe Besatzdichte zu erzielen; der Übergang muss langsam erfolgen.

- Fangen Sie klein an. Beginnen Sie mit 2–4 Hektar und arbeiten Sie sich hinauf.

- Was am wichtigsten ist: Lernen Sie aus Ihren Fehlern. (Diesen Ratschlag kannte ich schon!)

Ein Schlüssel zu Neils Erfolg war die Entwicklung automatischer Weidezaunöffner *(Batt-Latches)* für elektrische Zäune: Die Automatisierung entlastete ihn und er konnte mehr Zeit aufbringen, um die Vorgänge auf seinem Land zu beobachten und sich Dinge zu überlegen, die er ausprobieren wollte. Wegen der hohen Besatzdichte wurden die Rinder häufig auf eine neue Koppel geführt. Weil er die Gatter immer wieder öffnen und schließen musste, war Neil bis zur Einführung der automatischen Weidezaunöffner viel auf der Ranch herumgefahren. Inzwischen haben seine Kühe eine Vorahnung erworben, wann das Gatter aufgehen wird. Neil kann die erforderlichen Einstellungen treffen, damit sich ein Dutzend Gatter in der richtigen Reihenfolge öffnet – dann könnte er in Urlaub fahren. Allerdings bereitet ihm seine Tätigkeit so viel Freude, dass er gar keinen Urlaub nimmt.

Als ich in jenem Frühling Neils Ranch verließ und nach Hause fuhr, war es bereits beschlossene Sache, dass wir die Besatzdichte auf unserem Grünland erhöhen würden. Ich überquerte gerade die Grenze in die USA, als mir eine schlagartige Erkenntnis kam: Nicht nur für unser Weideland, sondern auch für unsere Äcker sind Nutztiere das fehlende Bindeglied! Bisher musste sich unser Vieh *während* der Vegetationsperiode damit begnügen, auf den Wiesen zu grasen; im Spätherbst und Winter erlaubte ich etwas Futtersuche auf den Feldern mit Zwischenfrüchten. Ich fragte mich: Wie wäre es, wenn ich auf einer Ackerfläche anstelle einer Feldfrucht, deren Reste nach der Ernte abgeweidet würden, eine Zwischenfruchtmischung aussäte und sie *während* der Vegetationsphase beweidete? Würde ich so die Entstehungsweise unserer Prärieböden treffender nachahmen? Denn die Prärie ist unter dem Einfluss großer Herden von Wiederkäuern (Bisons und Hirsche) entstanden, während diese sie abgrasten, darauf herumtrampelten und weiterzogen. Das war eine ungewöhnliche Idee – besonders, weil ich eine hohe Besatzdichte ebenfalls in meine Pläne miteinbezog. Niemand, den ich kannte, verfolgte bei der Weidehaltung einen ähnlichen Ansatz, doch nachdem ich mit

Paul darüber gesprochen hatte, beschloss ich, es auszuprobieren. Einige Zwischenfrüchte wuchsen schon und ich entschied, das Vieh anrücken zu lassen, besetzte die Felder mit Fleischrindern, deren Gewicht 700–800 Tonnen pro Hektar betrug, und führte in rascher Folge Weidewechsel durch. Es funktionierte! Bald konnte ich erkennen, wie sich die Bodengesundheit verbesserte. Da wusste ich, dass die Integration der Nutztiere in alle Bereiche unseres Betriebes entscheidend war, wenn ich eine wirklich regenerative Ranch aufbauen wollte.

Einer der Punkte, die mich am holistischen Management faszinieren, ist die Flexibilität, mit der man Veränderungen vornehmen kann, wenn die Bedingungen wechseln. Weil das Wachstum der Futterpflanzen und das Wetter beständigem Wechsel unterliegen, hilft planvolle Beweidung einem dabei, als Manager Schritt zu halten. Und wenn man mit hoher Besatzdichte arbeitet, kann man die Nutztiere als Werkzeug einsetzen.

Ein weiteres Konzept, das sich Neil einfallen ließ, ist die von ihm so bezeichnete »Tiefenmassage des Bodens«. Dabei rollt er einen Heuballen auf einer Parzelle aus, die zu viel unbedeckte Erde aufweist, und während die Kühe von dem Heu fressen, stampfen sie einen Teil davon in den Boden. Dadurch erhalten die Bodenmikroben Nahrung und fördern ihrerseits das Wachstum der Gräser. Neil weiß, dass dies funktioniert, denn er kann einen echten Unterschied zwischen den unbedeckten Böden, die diese »Massagebehandlung« erhalten haben, und den übrigen erkennen. Es ist wie Tag und Nacht.

Auf jedem Betrieb, auf dem Nutzpflanzen angebaut oder Tiere gezüchtet werden, ist unbedecktes Erdreich eines der schlimmsten Symptome eines geschädigten Ökosystems. In empfindlichen Regionen, die im Laufe eines Jahres nur eine sehr begrenzte Menge an Niederschlag erhalten, ist unbedeckter Boden der erste Schritt der Wüstenbildung. Hierbei beziehe ich mich nicht nur

Fütterung mit Heuballen

Obwohl ich nicht auf Neils Tiefenmassagetechnik zurückgreife, um das Erdreich zu bedecken, wende ich mit der Ballenfütterung ein ähnliches Verfahren an. Wir ziehen es *in jedem Fall* vor, unsere Tiere an lebenden Futterpflanzen weiden zu lassen. Verarbeitetes Futter zu verabreichen ist immer teurer als Weidehaltung. Allerdings gibt es Zeiten, in denen die Erde mit so viel Schnee oder Eis bedeckt ist, dass die Tiere unmöglich an lebende Futterpflanzen gelangen. Unter solchen Umständen füttern wir die Tiere mit Heuballen.

Man kann die Ballen in einem Abstand von 15 Metern (hier gibt es kein richtig oder falsch) verteilen. Je nach der Qualität des Heus ermöglichen die meisten Viehzüchter, die Ballen verfüttern, ihren Tieren den Zugang zu einer Heumenge, die jeweils für eine Woche reicht. (Um dafür zu sorgen, dass das Vieh lediglich die zugedachte Menge erreichen kann, verwenden sie einen Elektrozaun mit nur einer Litze.) Sobald die Ballen aufgebraucht sind, erhalten die Tiere Zugriff auf weitere Ballen. Dank dieser Methode muss man den Traktor während des ganzen Winters nur einmal in Gang setzen, um eine Kuhherde mit Nahrung zu versorgen – nämlich dann, wenn die Ballen im Herbst auf der Weide angeordnet werden. Die Schönheit dieses Systems liegt darin, dass der gesamte Dung und der Urin direkt auf dem Grünland ausgeschieden werden. Es ist nicht nötig, Mist aus einem Gehege abzutransportieren. Was für eine Geldersparnis! (Siehe Abbildung 15 auf Seite 7)

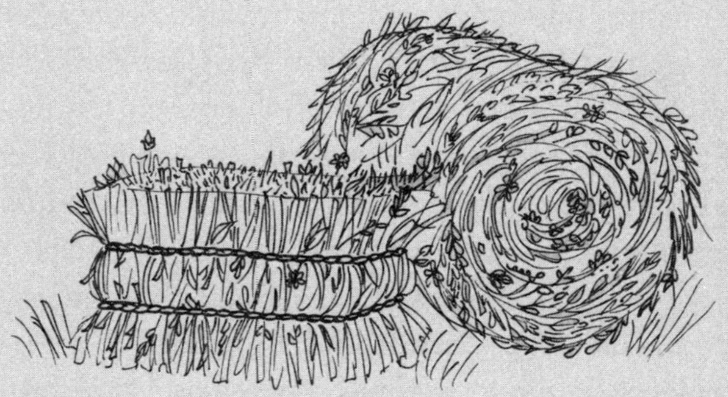

Als wir begonnen hatten, Heuballen zu verfüttern, entdeckten wir rasch, wie zahlreich die Vorteile waren. In meiner Gegend, die ja im Norden der Vereinigten Staaten liegt, verabreichen Viehzüchter normalerweise 5 Monate im Jahr Heu. Es ist nicht gerade billig, Heu anzubauen oder zu erwerben, und auch die Fütterung ist sehr kostenintensiv und verschlingt viel Zeit. Früher verbrachte ich während der besagten 5 Monate 3–4 Stunden pro Tag entweder auf einem Traktor mit Lader oder einem Traktor, der einen Futterwagen hinter sich herzog, um das Heu zu den Rindern zu transportieren; das Vieh hatten wir in Gehege eingesperrt. Diese Vorgehensweise kostete Zeit und Benzin und führte zu Verschleißerscheinungen am Arbeitsgerät. Abgesehen davon, dass ich stundenlang Heu zu dem eingesperrten Vieh beförderte, benötigte ich noch mehr Zeit, um all den Mist aus den Gehegen zu schaffen und auf den Feldern auszubringen. Ich hatte tatsächlich vergessen, dass meine Tiere Beine besaßen!

Nachdem wir zur Ballenfütterung übergegangen waren, bemerkten wir – neben der Ersparnis an Arbeitszeit, Treibstoff und Gerät – auf den davon betroffenen

Koppeln größere Auswirkungen auf die nachfolgende Futterpflanzenproduktion. Mitarbeiter des Soil Conservation Districts Burleigh County fuhren zu uns heraus und ernteten, wogen und analysierten die Futterpflanzen. Es zeigte sich, dass wir die Biomasseproduktion verdreifacht hatten und dass die Futterpflanzen – verglichen mit den Koppeln, wo wir keine Heuballen anboten – um einiges proteinreicher waren.

Sowohl an Rinder als auch an Schafe verfüttern wir Heuballen in großem Umfang. Die Geldersparnis und der Vorteil für unsere natürlichen Ressourcen sind unübersehbar.

auf umgepflügte Felder. Nacktes Erdreich ist auch auf einer Weide ein Hinweis auf ein Problem und darüber hinaus eine Gelegenheit für Unkräuter, Fuß zu fassen. Möchte man offene Stellen schrumpfen lassen oder beseitigen, so führt ein Weg über den Anbau von Zwischenfrüchten, aber auch Tiere können einen positiven Beitrag leisten.

Die Prärien bildeten sich durch den Einfluss riesiger Bisonherden, die nur ein paar Stunden oder Tage an jedem Ort grasten, bevor sie weiterzogen. Genau diesen Effekt rief Neil erneut hervor, wie ich mit eigenen Augen gesehen habe. Wie läuft die Sache ab? Die unzähligen Hufe der Rinder pressen ziemlich viel Gras und sonstige Streu auf die Erdoberfläche, wo sich die Pflanzenreste zersetzen und Mikroorganismen als Nahrung dienen. Denken Sie sich große Mengen an Urin und Mist hinzu, und Sie haben jede Menge natürlichen Dünger.

Eine gute Erklärung des Sachverhalts stammt von Dr. Nichols: Grasende Tiere halten die Pflanzen in der vegetativen Phase, was bedeutet, dass die Kohlenstoffverbindungen, die bei der Photosynthese produziert werden, länger unter der Erde bleiben und nicht zurückbeordert werden, um sie der Samenproduktion und weiterem Wachstum zugutekommen zu lassen. Zusätzlich kann die Beweidung die Produktion von Wurzelausscheidungen (Abgabe von Kohlenstoffverbindungen) stimulieren: Für eine Pflanze ist der Biss eines Tieres physiologisch mit einer Wunde vergleichbar, die nach einem Heilungsprozess – analog zur Bildung eines Schorfs, wenn Sie sich verletzt haben – verlangt. Um den Heilungsprozess abzuschließen, benötigt das Gewächs im Boden befindliche Nährstoffe; es versucht, diese Substanzen zu besorgen, indem es mehr Wurzelexsudate freisetzt, um kohlenstoffhungrige Mikroben anzuziehen und zu füttern.

Dr. Nichols zufolge ist eine derartige Belastung gut für Pflanzen, die andernfalls zur »Faulheit« neigen und nicht so hart für Nährstoffe arbeiten würden, wie sie könnten. Der wissenschaftliche Begriff dafür lautet *Ressourcenschonung* und bedeutet, dass kein Organismus mehr herstellen wird, als er benötigt.

Pflanzen suchen Ausgewogenheit und ein dynamisches Gleichgewicht, und zudem brauchen sie Strapazen – aber nicht zu viel –, um auf den Gipfel ihrer Leistungsfähigkeit zu gelangen. Pflanzen unter Stress zu setzen ist mit einem Training für die Olympischen Spiele vergleichbar: Nur wenn Sie Ihren Körper auf die richtige Weise fordern, damit er in Form kommt, wird er dazu bereit sein. Eine Pflanze muss arbeiten, um zusätzliche Nährstoffe zu erwerben. Aus diesem Grund sind Nutztiere eine Schlüsselkomponente der regenerativen Landwirtschaft und der Bodengesundheit. Bei konventionellen Anbauverfahren arbeiten Pflanzen nicht für ihre Nährstoffe – sie bekommen sie von uns, und zwar mit hohen Kosten für unsere Brieftaschen!

Kapitel 3

Die frohe Bodenkunde

Fehler und Misserfolge sind unvermeidlich, wenn man in der Landwirtschaft tätig ist. Diese an sich negativen Erfahrungen haben jedoch auch eine gute Seite – wir können daraus lernen. Allerdings machten das experimentelle Lernen und die Pflanzenversuche – damit meine ich beispielsweise das Wasserversorgungssystem für unsere Koppeln oder den Anbau bunt gemischter Zwischenfrüchte – wesentlich mehr Spaß als die Lektionen am Rande des Abgrunds während der Zeit der Ernteausfälle. Im Jahr 2007 belegten die Ergebnisse des 4-jährigen Anbauversuchs auf dem zweigeteilten Versuchsfeld (einmal mit, einmal ohne Kunstdüngergaben) eindeutig, dass Dr. Kris Nichols recht gehabt hatte. 4 Jahre in Folge waren die Ernteerträge auf der ungedüngten Hälfte des Versuchsfeldes mindestens gleich hoch oder sogar höher als im gedüngten Bereich! Zudem fiel mir auf, wie die Bodengesundheit dramatisch voranschritt, sobald ich den Kunstdünger erst einmal eingemottet hatte. Die Krümelbildung hatte sich stark verbessert. Der Boden sah wirklich wie ein Schokoladenkuchen aus! Wegen der Veränderungen des Bodengefüges konnte das Wasser erheblich rascher versickern (siehe Abbildung 9).

Wie Sie wahrscheinlich schon vermutet haben, setzen wir seit diesem Zeitpunkt auf unserem eigenen Grund und Boden keinen Kunstdünger mehr ein. Auf den gepachteten Feldern haben wir 2010 damit aufgehört. Aber wie hat sich das Absetzen der chemisch-synthetischen Helfer auf unsere Produktion ausgewirkt? Heute übertreffen unsere Ernteerträge den Durchschnitt des Landkreises um ungefähr 20 Prozent. Kann ich die höchsten Ernten im Landkreis vorweisen? Nein. Gehört unser Betrieb zu den rentabelsten? Ich denke schon. Einer der Gründe dafür liegt auf der Hand: Ich gebe kein Geld mehr für Kunstdünger, Insektizide oder Fungizide aus. So einfach ist das. Doch wie ich weiter oben bereits erwähnt habe, würde ich Ihnen *nicht empfehlen,* Kunstdünger sofort aus Ihrem Betrieb zu verbannen. Durch diesen Schritt würden Sie auf eine Katastrophe zusteuern. Böden, die an Kunstdünger gewöhnt sind, verhalten sich wie Drogensüchtige. Sie müssen langsam entwöhnt werden. Es ist unerlässlich, die Funktionstüchtigkeit Ihres Bodens wiederherzustellen, indem Sie das Pflanzenwachstum fördern und dadurch die Bodenlebewesen füttern. Eine hervorragende Methode, um dieses Ziel zu erreichen, besteht darin, Mischungen aus verschiedenen Zwischenfrüchten anzubauen und – wenn möglich – Ihre Tiere darauf weiden zu lassen. Die Kunstdüngergaben können Sie rigoros einschränken, sobald sich Artenvielfalt und Biomasse der Bodenlebewesen, zu denen nicht zuletzt gesunde Bestände an Mykorrhizapilzen zählen, erhöht haben.

Dass wir im Jahr 2007 entschieden, auf der Ranch keinen Kunstdünger mehr auszubringen, stellte einen wichtigen Schritt auf unserem Weg zur regenerativen Landwirtschaft dar. Die Unterschiede zwischen unseren Böden und denen unserer Nachbarn, die in der Landwirtschaft tätig waren – darunter auch ein Biobauer –, waren unschwer zu erkennen: Ihr Ackerland litt eindeutig an einem Mangel an organischem Material und einer gestörten Bodenstruktur. Die Versickerungsgeschwindigkeit auf unserer Ranch hatte sich im Laufe der Jahre eindrucksvoll gesteigert – waren es 1991 noch knapp 13 Millimeter pro Stunde gewesen, so versickerten im Jahr 2015 25 Millimeter in 9 Sekunden! Innerhalb der nächsten 16 Sekunden wurden noch einmal 25 Millimeter vom Erdreich aufgenommen. 50 Millimeter in 25 Sekunden also! Das ist das Werk der Mykorrhizapilze und der Bodenlebewesen insgesamt. Mit vereinten Kräften schließen sich diese Organismen zusammen, um Krümel zu bilden, sodass Wasser in den Boden eindringen und anschließend vom organischen Material gespeichert werden kann. Es kommt nicht darauf an, wie viel Regen insgesamt auf Ihrem Grund und Boden niedergeht, wichtig ist vielmehr, wie viel Ihr Boden aufnehmen und festhalten kann. Dieses Speichervermögen des Bodens wird als effektiver Niederschlag bezeichnet. Wenn der effektive Niederschlag einen niedrigen Wert annimmt, dann ist die Trockenheit hausgemacht.

Die wichtige Rolle des Kohlenstoffs

Ich schmökerte und recherchierte weiter über die Beziehung zwischen dem Boden und seinen Pflanzen, und dabei tauchte immer wieder ein Thema auf: die Bedeutung des Kohlenstoffs für das Ökosystem Boden. Als ich auf die Website *amazingcarbon.com* stieß, war ich fasziniert. Dr. Christine Jones, Bodenökologin aus Australien, hatte die Homepage erstellt, um anderen die wichtige Rolle näherzubringen, die Kohlenstoff für die Funktion von Ökosystemen, besonders unter der Erdoberfläche, spielt. Dr. Jones erklärt auf verständliche Weise, warum der Kohlenstoff im Boden die treibende Kraft für die Bodengesundheit ist und auch für die Wasserspeicherkapazität entscheidende Bedeutung besitzt. Daraus zieht sie den Schluss, dass Kohlenstoff im Boden der ausschlaggebende Faktor ist, um mit landwirtschaftlicher Tätigkeit Profite erzielen zu können.

Die Frage lautet nun, wie wir darauf hinwirken können, dass mehr Kohlenstoff in unsere Böden gelangt. Stellen Sie sich ein Stück Ackerland vor. Wenn es im Frühling wärmer wird und die Sonne am Himmel höher steigt, keimen die dort angebauten Samen; die Keimlinge entwickeln Wurzeln, die sich unter der Erde ausbreiten, um Wasser und Nährstoffe aufzuspüren, die für das Überleben der Pflanzen notwendig sind. In den Worten von Dr. Jones: »Die Pflanzen nehmen Kohlendioxid aus der Luft auf und verbinden es mit Wasser, um Einfachzucker zu bilden. Diese Einfachzucker, die als Photosyntheseprodukte bezeichnet werden, sind die Bausteine des Lebens. Pflanzen wandeln die Kohlenhydrate in ein breites Spektrum an anderen Stoffen um, die sie zum Teil selbst für ihre Entwicklung benötigen. Ein erheblicher Anteil wird jedoch zu den Wurzelspitzen befördert, wo die kohlenstoffhaltigen Verbindungen als Wurzelausscheidungen in den Boden austreten.«

Warum geben Pflanzen diese Wurzelausscheidungen oder Exsudate, die Dr. Jones als »flüssigen Kohlenstoff« bezeichnet, an den Boden ab? Ganz genau – um die Bodenlebewesen zu füttern! Zahllose Lebensformen verwenden flüssigen Kohlenstoff als Nahrungsquelle. Die Pflanzen wiederum profitieren von den mineralischen Nährstoffen, die aus dem Boden gelöst und zu ihren Wurzeln transportiert werden. Bedenken Sie, dass sich 95 Prozent der Landlebewesen im Boden aufhalten, und Sie werden ermessen können, wie wichtig diese Wechselbeziehung doch ist. Berücksichtigen Sie darüber hinaus, dass, wie Dr. Jones auf ihrer Website ausführt, »die Tätigkeit der Mikroorganismen auch die Krümelbildung befördert, die die strukturelle Stabilität, Durchlüftung, Sickerfähigkeit und Wasserspeicherkapazität des Bodens steigert. Alle Organismen, ob sie nun über oder unter der Erdoberfläche leben, ziehen Vorteile daraus, wenn die Beziehung zwischen Pflanzen und Mikroorganismen reibungslos funktioniert.«

Organisch gebundener Kohlenstoff kann auch in Form von Ernterückständen, Mist oder Kompost auf der Bodenoberfläche ausgebracht werden. Diese mit bloßem Auge sichtbaren Stoffe (die man als organisches Material bezeichnet) besitzen viele physikalische Vorzüge, werden jedoch letztlich zersetzt und bringen Kohlendioxid hervor. Wurzelausscheidungen dagegen nehmen eine Schlüsselfunktion für die Bodenbildung ein, weil sie die wichtigste Kohlenstoffquelle für mikrobielle Lebensgemeinschaften tief unten im Bodenprofil darstellen. Die von den Wurzelausscheidungen begünstigten Mikroorganismen sind unerlässlich für die Bildung von Humus, eine hochstabile und langlebige Form des organischen Kohlenstoffs, die sich durch eine hohe Kationenaustauschkapazität und Wasserspeicherfähigkeit auszeichnet. Wenn der Boden eines landwirtschaftlichen Betriebes mächtiger wird, dann hat dies positive Auswirkungen auf die gesamte Wasserspeicherkapazität, sodass auch weit entfernte limnische oder marine Ökosysteme davon profitieren.

In gesunden, lebendigen Böden, auf denen die meiste Zeit des Jahres Pflanzen gedeihen, können nützliche Mikroorganismen fast grenzenlos mit Kohlenstoff versorgt werden. Ich kann es nicht stark genug betonen: Dieser Vorgang ist absolut entscheidend! Laut Dr. Jones geht die Bildung von fruchtbarem Oberboden mit atemberaubender Geschwindigkeit vor sich, sobald die Glieder der biologischen Kette zusammengefügt worden sind. Die Sonnenenergie, die von den Pflanzen mithilfe der Photosynthese eingefangen und in Form von flüssigem Kohlenstoff von der oberirdischen in die unterirdische Zone verlagert wird, versorgt die Mikroorganismen, die mineralische Bestandteile lösen, mit Nahrung.

Die Rhizosphäre

Die oberste Schicht eines typischen Bodenprofils wird als A-Horizont bezeichnet. Hier tummelt sich eine große Vielfalt an verschiedenen Bodenlebewesen, zu denen unter anderem Bakterien, Pilze, Protozoen, Fadenwürmer (Nematoden) und Regenwürmer zählen. In den normalerweise 5–50 Zentimeter mächtigen (oder noch dickeren) A-Horizont gelangt ein großer Teil des flüssigen Kohlenstoffs, wenn er von den Wurzeln der Pflanzen als sogenannte Exsudate (Wurzelausscheidungen) abgegeben wird. Die Energie aus dem flüssigen Kohlenstoff wird von den Mikroorganismen einerseits für Transport und Freisetzung von Pflanzennährstoffen verwendet, andererseits für die Synthese von stabilen Kohlenstoffverbindungen, die für die Bildung des Oberbodens erforderlich sind.

Der B-Horizont ist ungefähr 50 Zentimeter dick, schließt unterhalb des A-Horizonts an und wird vielfach als Unterboden bezeichnet. Er besteht hauptsächlich aus mineralischen Komponenten und – verglichen mit dem Oberboden – einem geringeren Anteil an organischem Material; biologische Aktivitäten sind seltener – zumindest, bis Pflanzenwurzeln in den B-Horizont eindringen und sich Mikroorganismen anschließen. Im Laufe der Zeit verwandelt sich der Unterboden durch diese organische Einwirkung in die Fortsetzung des A-Horizonts.

Die nächste Schicht im Bodenprofil stellt der C-Horizont dar, der aus Gesteinsmaterial und Lockersedimenten besteht, die noch nicht verwittert oder in kleinere

Komponenten zersetzt sind. Diese Schicht liefert das anorganische Ausgangsmaterial für den B- und A-Horizont. Wenn davon die Rede ist, dass der Boden wegen der Methoden, die in der industriellen Landwirtschaft gebräuchlich sind, erodiert und ins Meer geschwemmt wird, so ist es der vor Leben pulsierende A-Horizont, der uns verlorengeht. Möchten wir geschädigte Flächen erneuern, so müssen wir in erster Linie dafür sorgen, dass sich aus Unterboden neuer Oberboden bildet – ein Vorgang, der mitunter sehr viel rascher abläuft, als wir es früher für möglich gehalten haben.

Die wichtigsten Akteure für die Umwandlung des einen Horizonts in den anderen sind die Mikroorganismen und Pflanzenwurzeln, die so die geeigneten Bedingungen für die Landwirtschaft herstellen. Die Schnittstelle zwischen Boden und Wurzeln wird als Rhizosphäre bezeichnet – ein Begriff, der von Lorenz Hiltner geprägt wurde, einem richtungsweisenden deutschen Bodenkundler, der die Wirkung von vorteilhaften Mikroorganismen auf Pflanzengesundheit und -ernährung erforscht hat. Die Rhizosphäre umgibt Pflanzenwurzeln nach allen Seiten hin und ist häufig nur wenige Millimeter breit. Hier konzentriert sich ein Großteil der biologischen Aktivitäten. Wie Hiltner feststellte, haben Böden mit einer hohen Dichte an Mikroorganismen im Vergleich zu Erdreich mit verminderter biologischer Aktivität beträchtliche positive Auswirkungen auf die Pflanzengesundheit. Diese Entdeckung strafte die damals vorherrschende Auffassung von Wissenschaftlern und anderen Experten Lügen, dass »nur eine tote Mikrobe eine gute Mikrobe« sei.

Ein Teil der frisch erschlossenen Mineralstoffe beschleunigt die Humusbildung in den tieferen Bodenschichten, ein anderer Teil wird bis in die Blätter der Pflanzen transportiert, wo er die Photosynthese-Rate und die Produktion von pflanzlichen Kohlenhydraten steigert. Diese positive Rückkopplung sorgt dafür, dass die Bodenbildung wie ein Perpetuum mobile erscheint.

Lange Zeit herrschte in der Wissenschaft die Meinung vor, Pflanzenwurzeln würden die Exsudate, die Mikroorganismen anlocken, passiv freisetzen. Doch inzwischen hat sich herausgestellt, dass Pflanzen um keinen Deut weniger vorausdenkend sind als Tiere, wenn es um die Beschaffung der Ressourcen geht, die für ihr Überleben notwendig sind. Wir können also durchaus von der Intelligenz der Pflanzen sprechen. Um einen essenziellen mineralischen Nährstoff in biologisch verfügbarer Form zu erhalten, beispielsweise Phosphor, muss eine Pflanze bestimmte Mikroorganismen anlocken, die genetisch darauf programmiert sind, diesen Nährstoff zu lösen. Dieser Vorgang, der noch nicht zur Gänze verstanden wird, läuft ungefähr folgendermaßen ab: Eine Pflanze sendet mithilfe ihrer Exsudate ein chemisches Signal aus, um den Mikroorganismen mitzuteilen, dass sie einen bestimmten Nährstoff benötigt. Die Mikroorganismen können diese Botschaft verstehen und liefern das Gewünschte. Interessiert sich eine Pflanze für einen weiteren Mineralstoff, bringt sie ein Signal hervor, das sich von dem ersten unterscheidet, um weitere Mikrobenarten herbeizuwinken. Wie Sie sich vielleicht vorstellen können, wird diese Kommunikation rasch zu einer recht komplizierten Angelegenheit. Das Schöne daran ist jedoch, dass dieser Mechanismus durch natürliche Ökosysteme ausgetüftelt wurde. Benachbarte Pflanzen signalisieren ihr Bedürfnis nach unterschiedlichen Nährstoffen, und das System reagiert darauf, ohne dass es zu Verwechslungen kommt.

Dr. Christine Jones erläutert, wie die Lebensgemeinschaft aus Mikroorganismen und Pflanzen beeinträchtigt werden kann, wenn ein Landwirt zu viel Stickstoff ausbringt: In diesem Fall verwerten Pflanzen und Mikroorganismen den Stickstoff unabhängig voneinander und legen die intensive Zusammenarbeit, die zwischen ihnen besteht, auf Eis. Wenn die Vegetationsperiode voranschreitet und die Pflanzen irgendwann auf die Hilfe der Mikroorganismen angewiesen sind, um an die dringend benötigten Nährstoffe zu kommen, verhallt ihr Ruf ungehört. Dies führt zu Ernteeinbußen. Nachdem ich das erfahren hatte, konnte ich verstehen, dass die Resultate der 4-jährigen Düngerexperimente auf meinem Ackerland nicht zufällig zustande gekommen waren. Durch den Verzicht auf Kunstdünger hatte ich die Biozönose zwischen Pflanzen und Mikroorganismen gefördert.

In einer unversehrten Rhizosphäre richten Mikroorganismen und Pflanzen unverzüglich ihr bidirektionales Kommunikationssystem ein. Umfang und Variantenreichtum dieses Datenaustauschs sind überwältigend. Dabei müssen wir noch unglaublich viel über die Rhizosphäre in Erfahrung bringen. Wissenschaftlern zufolge müssen 90 Prozent der geschätzten einen Billion an Mikroorganismen-Arten erst noch entdeckt werden. Eine aktuelle Untersuchung, bei der sogenannte metagenomische Methoden zum Einsatz kamen, fügte dem Baum des Lebens zwanzig Äste in Form von neu entdeckten Bakterienphyla hinzu. Um die Tragweite dieser Entdeckung beurteilen zu können, müssen wir uns nur vor Augen halten, dass alle Insekten auf unserem Planeten einem einzigen Phylum (Stamm der Gliedertiere) angehören, genauso wie alle Wirbeltiere (Stamm der Chordatiere). Vielleicht verleiht uns dieser Vergleich ein Gefühl dafür, wie riesig die Welt der Mikroorganismen sein dürfte. Denken Sie sich all die Signale hinzu, die zwischen Bodenmikroben ausgetauscht werden, von deren

Existenz wir bisher noch gar nichts wissen, dann können Sie erahnen, warum diese unterirdische Welt, die sich in Milliarden von Jahren entwickelt hat, einen gewaltigen neuen Horizont für die Wissenschaft darstellt.

Die Fusion des Lebens

Neuerdings empfingen wir während des Sommers Gäste auf unserer Ranch, darunter viele Farmer. In den Gesprächen mit den Besuchern erläuterte ich immer wieder gerne die unglaublichen unsichtbaren Interaktionen zwischen Pflanzenwurzeln und Bodenlebewesen. Meine erste Begegnung mit Ray Archuleta geht auf einen dieser »Tage der offenen Stalltür« zurück. Ray arbeitete damals für das National Technology Center in North Carolina, das dem Natural Resources Conservation Service (NRCS) unterstellt ist, und schulte Interessierte aus dem ganzen Bundesstaat darin, wie man die Bodenqualität verbessert. Damals konnte ich freilich noch nicht wissen, dass wir bald nicht nur beste Freunde, sondern auch Geschäftspartner werden sollten.

Ich erinnere mich noch lebhaft an Rays verdutztes Gesicht, das er zur Schau stellte, als ich meine Methoden der Bodenbewirtschaftung erläuterte. Ich nahm an, dass er mit meinen Worten nicht einverstanden war, doch wie er mir später mitteilte, hatte sein Gesichtsausdruck in Wirklichkeit eine intuitive Einsicht widergespiegelt, die den Boden betraf. Ich gebe gerne zum Besten, dass sich in diesem Augenblick die Nervenbahnen in seinem Gehirn überkreuzten und er seitdem hinsichtlich seines Denkens und seiner Arbeitsauffassung nicht mehr derselbe war. Bald kannte man ihn nur noch als »Ray, den Bodenflüsterer«.

Ray fing an, die Bücher von Allan Savory regelrecht zu verschlingen, und las überhaupt alle Veröffentlichungen zum Thema

Bodengesundheit, die er in die Hände bekam. Er bezeichnete diese Phase als ersten Schritt in seiner Entprogrammierung von fast allem, was ihm bis zu diesem Tag über Landwirtschaft beigebracht worden war. Was Ray während des Rundgangs auf meiner Ranch zu sehen und zu hören bekam, war genau das, wonach er gesucht hatte – und man sah ihm an, dass ihm etwas dämmerte. Obwohl er fast 8 Jahre lang Agrarwissenschaften an der Universität studiert hatte, war ihm von seinen Professoren nicht beigebracht worden, was im Boden vor sich ging und welche Rolle die Bodenlebewesen dabei spielten.

So wie ich hatte er gelernt, Landwirtschaft bestünde im Wesentlichen daraus, Lebewesen mit Pestiziden, Insektiziden und Fungiziden auszumerzen sowie chemische Hilfsmittel in Anspruch zu nehmen, um das Wachstum der Feldfrüchte anzukurbeln. Doch als er sah, wie saftig und gesund unsere Zwischenfruchtmischungen aus acht oder zehn verschiedenen Arten auch in trockenen Jahren dastanden, erkannte er, dass intakte Böden vor Leben sprühende Ökosysteme sind. »Gesundheit ist Leben und Leben ist Gesundheit« – so beschreibt er es heute. Er begriff, dass die Natur eher durch Kooperation als durch Konkurrenzverhalten geprägt ist, und diese Vorstellung widersprach allem, was er in seiner Ausbildung zu einem Agrarwissenschaftler, der bei der Regierung angestellt war, erfahren hatte.

Ray ließ sich ein Schlagwort einfallen, das seine »Bekehrung« verdeutlicht: Er bezeichnete die Vorgänge in einem gesunden Boden als »Fusion des Lebens«. Geologie ist Sand, Schluff und Ton – mit anderen Worten Schmutz. Durch die Verschmelzung des Lebendigen wird Schmutz in Boden umgewandelt. Schmutz wird nicht einfach dadurch zu Boden, weil ausreichend organisches Material im Boden zur Verfügung steht, sondern weil Boden mit Leben erfüllt ist – nicht irgendein Leben, sondern die verschwenderische Fülle an Bodenlebewesen. Ray weist häufig darauf hin, dass wir ohne dieses Leben genauso gut auf dem Mond Landwirtschaft betreiben könnten.

Mikroorganismen besitzen die Fähigkeit, sich überaus rasch zu vermehren, und das bedeutet, dass sich die Natur mühelos selbst heilen und regulieren kann, wenn wir es nur zulassen. Doch die moderne Landwirtschaft verfügt über ein riesiges Arsenal an Methoden, die den Selbstheilungsprozess unterdrücken – allen voran die Bodenbearbeitung. Sobald Bauern auf das Pflügen verzichten, können sie den Heilungsprozess weiter fördern, indem sie Zwischenfrüchte anbauen. Wie Ray aufgezeigt hat, schützen lebende Pflanzen den Boden nicht nur, sondern können als Wegbereiter bezeichnet werden. Sie sind es, die das Sonnenlicht einfangen, es für die Bodenlebewesen umwandeln und so die Fusion des Lebens einleiten. Ohne Zwischenfrüchte »verschwendet man die Sonnenenergie«, sagt Ray – man lässt eine Gelegenheit aus, die Selbstheilung des Bodens zu unterstützen.

Eine der größten Herausforderungen, denen wir im 21. Jahrhundert gegenüberstehen, betrifft die wachsende Entfremdung der Menschen vom Land. Diese Entfremdung macht sich nicht nur bei jungen Leuten in den Städten bemerkbar, sondern greift auch unter Landwirten um sich. Nicht viele Menschen verstehen, dass der Boden ein Ökosystem darstellt; daher ist es unsere Pflicht, so viele Personen wie nur möglich darüber aufzuklären, dass der Boden lebt. Nach dem Rundgang auf Brown's Ranch flammte Rays Leidenschaft für das Bodenleben auf und er begann, im ganzen Land Vorträge zu halten; daraus entwickelte sich die Bodengesundheits-Bewegung.

Obwohl seine Arbeit für den NRCS eigentlich darin bestand, die Bodenqualität auf landwirtschaftlichen Flächen zu verbessern, stellte Ray fest, dass die Behörde mit ihrer Mission gescheitert war. Wohin ihn seine Beschäftigung auch führte: Er sah, wie der Oberboden erodierte und in die Flüsse und Ströme gelangte – ungeachtet der Milliarden Dollar, die jahrzehntelang von Regierungsbehörden und Landeigentümern für Bodenschutzmaßnahmen ausgegeben worden waren. Einer von Rays Lieblingssprüchen lautete: »Unsere Seen und Flüsse sind mit Schutzprogrammen und Düngeempfehlungen gefüllt, sodass niemand mehr durchblickt.« Dieser Spruch war dazu angetan, einige NRCS-Oberhäupter zu verstimmen. Dabei verstanden sie gar nicht, worauf er hinauswollte: Schutzprogramme und Düngeempfehlungen können für Landbesitzer durchaus von Nutzen sein, aber sie sollten nicht das Ziel aller Anstrengungen sein. Es geht darum, zu verstehen, wie Böden wirklich funktionieren! Ray bemerkte, dass diese Botschaft leider nicht am NRCS durchdrang. Beispielsweise ist laut der Umweltschutzbehörde die Sedimentation (also die Ablagerung beziehungsweise der Eintrag des erodierten Bodenmaterials) nach wie vor das größte Wasserqualitätsproblem in unserem Land – trotz aller Schutzprogramme und Düngeempfehlungen.

Als ein befreundeter Farmer zugab, er könne seinen Sohn nicht im Betrieb beschäftigen, weil das Einkommen nicht für zwei Familien reichte, war für Ray der Wendepunkt endgültig erreicht. Von da an stellte er das moderne, konventionelle Modell der Landwirtschaft ernsthaft infrage. (In Kapitel 5 behandle ich die überaus wichtige Frage, wie man der nächsten Generation den Einstieg in die Landwirtschaft ermöglichen kann.)

Dass das Landwirtschaftsministerium Ray nicht gefeuert hat, grenzt an ein Wunder. Eine der Botschaften, die Ray in jedem seiner Vorträge unterbrachte, drehte sich um die Folgen, die drohen, wenn wir die Bodenstruktur zerstören. Er führte den sogenannten Slake-Test vor: Dabei wurden vier große, durchsichtige Plastikröhren mit Wasser gefüllt und die Teilnehmer dazu aufgefordert, Bodenklumpen, die für die verschiedenen landwirtschaftlichen Bewirtschaftungsformen, konventionelle und regenerative, charakteristisch waren, in die Öffnung zu werfen. Die Klumpen, die von den konventionellen Farmen mit ihrer intensiven Bodenbearbeitung stammten, lösten sich unmittelbar auf, was auf den schlechten Zusammenhalt der Bodenteilchen hinwies. Die Klumpen, die von den Böden aus der pfluglosen beziehungsweise regenerativen Landwirtschaft stammten, wahrten ihre Form im Wasser noch für einen längeren Zeitraum, was für eine intakte Bodenstruktur sprach.

Das ist der Grund für die Bezeichnung »Slake-Test« (engl. *to slake* = dt. »zerfallen«) – wenn das Wasser in die Millionen mikroskopischen Poren eines Erdklumpens mit schlechtem Bodengefüge eindringt, wird der Brocken zerfallen oder auseinanderbrechen. Dieser Zerfall ist ein Zeichen dafür, dass die biologischen Klebstoffe, die den Boden zusammenhalten, schwach oder gar nicht vorhanden sind. »Slaking« vermindert die Versickerungsgeschwindigkeit und erhöht das Risiko der Bodenerosion. Ray besaß auch einen Regensimulator, mit dessen Hilfe er vergleichen konnte, wie unterschiedlich bearbeitete Böden mit einem Niederschlag gleicher Intensität zurechtkamen. Wie Sie sich vielleicht vorstellen können, hatten die Böden von regenerativen Farmen im Regensimulator ebenfalls die Nase vorn. Diese Tests waren Rays Einstieg in ein Gespräch, wie man vor Ort widerstandsfähige, ertragreiche Böden mithilfe verschiedener Methoden des Zwischenfruchtanbaus erschaffen kann.

Das weite Feld der Pflanzenvielfalt

Ein paar Jahre, nachdem ich Ray kennengelernt hatte, unternahmen wir einen gemeinsamen Ausflug zu David und Kendra Brandts Farm in der Nähe von Carroll, Ohio, um anlässlich eines Feldtages einen Vortrag zu halten. Ray war bereits viele Male zuvor auf der Brandt-Farm gewesen, für mich hingegen war es der erste Besuch. Wir reisten bereits einen Tag früher an, damit Zeit für eine Besichtigung der Farm blieb. Als wir vor dem Hofladen anhielten, tauchte David auf – gekleidet in seine Lieblingsgarderobe, eine blaue Latzhose. Das erste Zusammentreffen mit diesem 1,90 Meter großen Mann, der uns mit einer lauten, dröhnenden Stimme begrüßte und uns eine Hand in der Größe eines Baseballhandschuhs entgegenstreckte, flößte mir ziemlichen Respekt ein. David ist ein nüchterner Mann, der seinen Überzeugungen treu bleibt und sich nicht scheut, zu sagen, was er denkt und warum.

Seine Geschichte ist faszinierend. Nur wenige Menschen verfügen über eine vergleichbare Erfahrung und Fachkompetenz. Wie viele andere Farmer aus seiner Gegend baut David Mais und Sojabohnen an. Im Unterschied zu seinen Kollegen setzt er allerdings seit 1971 auf die pfluglose Landwirtschaft und seit 1978 auf den Anbau von Zwischenfrüchten. Somit schwimmt er bereits sein gesamtes erwachsenes Leben lang gegen den Strom. Vor Jahren hatte David Winterweizen in seine Fruchtfolge aufgenommen. Er verriet uns, dass er damit nicht nur die Anzahl seiner Feldfrüchte erhöhen konnte, sondern auch ein Zeitfenster für den Anbau einer Zwischenfrucht erhielt; denn er wollte Probleme im Zusammenhang mit der Bodengesundheit bewältigen.

Nach der Begrüßung führte David Ray und mich zu einem Acker, auf dem Felderbsen und Winterrettich in Kniehöhe wuchsen. Als wir das Feld betraten, erzählte uns David stolz, wie viel Stickstoff die Erbsen mithilfe ihrer Knöllchenbakterien verfügbar machten und wie sich der Rettich den Stickstoff aneignete, speicherte und im folgenden Frühjahr freisetzte, wenn die Rüben verrotteten. Ich blickte zu Ray hinüber, der drauf und dran war, laut herauszulachen. Er wusste, dass es nicht leicht für mich war, den Mund zu halten. Schließlich platzte es aus mir heraus: »David, warum begnügst Du Dich mit zwei Arten?« David sah mich fassungslos an – wie konnte ich ihm nur eine solche Frage stellen. Er hatte erwartet, dass ich beeindruckt sein würde, und nun zog ich seine Methoden in Zweifel. »Naja, Gabe«, sagte er, »wir können diese artenreichen Zwischenfruchtmischungen hier einfach nicht anbauen!« Ich wies darauf hin, dass er nur den kleinen Rest an natürlichem Grasland, den es in Ohio noch gab, aufsuchen müsste, um mit eigenen Augen zu sehen, wie sich der Artenreichtum dort bewährte. Ray hatte sich in der Zwischenzeit weggedreht, damit David nicht mitbekam, wie er leise vor sich hin lachte.

Meine kecke Bemerkung machte David nachdenklich. Es ist ihm hoch anzurechnen, dass er die Herausforderung angenommen und die verschiedensten Zwischenfrüchte angebaut hat – zweifellos mit der Absicht, mich zu widerlegen. Heutzutage ist er allerdings vom Anbau artenreicher Zwischenfruchtmischungen überzeugt – und zwar so sehr, dass er zahllose Stunden damit zugebracht hat, zusammen mit Dr. Rafiq Islam von der Ohio State University und Jim Hoorman vom NRCS, die positiven Auswirkungen des Zwischenfruchtanbaus zu quantifizieren. Jahr für Jahr erntet David mindestens 12,7 Tonnen Mais pro Hektar, obwohl er wenig oder keinen Kunstdünger verwendet. Die Biomasse, die in den Zwischenfrüchten von David und Kendra steckt, macht mir den Mund wässrig, wenn ich nur daran danke, wie viele Tiere ich auf meiner Farm damit füttern könnte.

Davids Böden sind absolut fantastisch. Sie müssen nur auf irgendeinem seiner Felder mit einem Spaten in die Tiefe graben und können sich davon überzeugen, dass der dunkle Oberboden mindestens 45 Zentimeter dick ist und aussieht wie eine Sachertorte.

Wenn Sie dagegen das Nachbargrundstück betreten, dessen Böden auf konventionelle Weise mit dem Pflug bearbeitet werden, wird Ihr Spaten auf eine undurchlässige gelbe Lehmschicht stoßen. Der Unterschied, der krasser nicht sein könnte, belegt eindrücklich die Leistungsfähigkeit der regenerativen Landwirtschaft.

In dem Jahr, das auf meinen ersten Besuch auf Davids Ranch folgte, lernte ich Dr. Jonathan Lundgren kennen, als er einen Vortrag auf der »No-Till on the Plains«-Konferenz hielt. Dr. Lundgren arbeitete zu dieser Zeit für den Agricultural Research Service des US-amerikanischen Landwirtschaftsministeriums. Es begeisterte mich, dass ein Entomologe auch von nützlichen Insekten zu erzählen wusste, nicht nur von Schädlingen. Sein Vortrag bestärkte mich darin, meine Farm als Ökosystem aufzufassen – und in einem Ökosystem musste Lebensraum für Nutzinsekten geschaffen werden, ob sie nun räuberisch leben oder Blüten bestäuben.

Laut Dr. Lundgren gibt es weltweit zwischen 3500 und 15 000 Insektenarten, die als Schädlinge bezeichnet werden können, weil sie dem Menschen bei der einen oder anderen seiner Unternehmungen in die Quere kommen. Diese Spezies fallen über unsere Vorräte her, machen unsere Häuser dem Erdboden gleich, beißen unsere Kinder und übertragen die Beulenpest. Genau genommen sind im Laufe der Jahrhunderte mehr Menschen durch Insekten umgekommen als durch Kriege! Die meisten Menschen haben in Bezug auf sämtliche Insekten eine negative Einstellung, so wie es auch mit »Keimen« beziehungsweise Bakterien der Fall ist. Aber auf jede Art von Schadinsekten kommen zwischen 400 und 1700 Insektenspezies, die der Menschheit *nützen.* Gäbe es diese nützlichen Insekten nicht, würden die Nahrungsnetze und Ökosysteme zusammenbrechen. Der Mensch ist auf Insekten angewiesen. Wenn Sie gern Obst und Gemüse essen oder sich an schönen Blüten erfreuen, haben Sie Bienen, Käfern und Schmetterlingen einiges zu verdanken. In vielen Kulturen in weiten Teilen der Welt stehen Insekten auf dem Speiseplan. Darüber hinaus dienen Insekten vielen Tieren als Nahrung, darunter zahlreichen Arten, die für uns wichtig sind – Vögeln beispielsweise. Wirbellose Bodentiere wie Regenwürmer oder Insekten sind für die Bodengesundheit unerlässlich. Neueste Forschungsergebnisse deuten darauf hin, dass ein Hektar gesunden Bodens von nicht weniger als *2,5 Milliarden* Wirbellosen bewohnt wird.

Dr. Lundgren erachtet Insekten als natürliche Schädlingsbekämpfungsmittel – die Guten fressen die Schlechten. Einige räuberische Insekten können Erstaunliches leisten, denken Sie nur daran, wie Marienkäfer Pflanzenläuse dezimieren. Wenn Landwirte einen Schädlingsbefall feststellen, liegt das häufig an einem Mangel an räuberisch lebenden Insekten. Die meisten Bauern setzen Insektizide ein, um Schädlinge auszumerzen – dabei ist ihnen nicht klar, dass sie dadurch auch räuberische Insekten töten. Unbeabsichtigt sorgt man dafür, dass sich ein Bestand an räuberischen Insekten, der Schädlinge vertilgen könnte, einfach nicht einstellen wird. Die Voraussetzung für eine gesunde Population an nützlichen Insekten auf Ihrem Hof besteht laut Dr. Lundgren darin, den Artenreichtum zu fördern und auf Insektizide zu verzichten. Die Methoden der regenerativen Landwirtschaft steigern die Artenvielfalt und tragen so zur Schädlingsbekämpfung bei. Forschungsergebnisse untermauern Dr. Lundgrens Sicht der Dinge.

»In vereinfachten Modellsystemen führt die Erhöhung der Artenvielfalt zu einem Rückgang der Schädlinge«, verriet er mir. »Wir haben nachgewiesen, dass das Verhältnis von Artennetzwerken zueinander Voraussagen über die Schädlingshäufigkeit auf realen Maisfeldern erlaubt. Insbesondere führen höhere Artenvielfalt und ausgewogene Populationsgrößen in einer Insekten-Lebensgemeinschaft zu einem geringeren Schädlingsaufkommen.«

Was die wissenschaftliche Sicht angeht, so vermutet Dr. Lundgren einen Bezug zu der erstaunlichen Komplexität in den Beziehungen zwischen Insekten und Pflanzen. Wachsen auf einem Feld viele verschiedene Pflanzenarten, kommen drei Szenarien infrage:

1. Die Schädlinge können keine große Wirkung entfalten, weil zu viele Pflanzenarten vorhanden sind.

2. Der Raubdruck durch nützliche Insekten ist erhöht.

3. Die Physiologie der einzelnen Pflanzen ändert sich infolge der Vorgänge im Boden, insbesondere dann, wenn sich eine geschädigte oder vergiftete Fläche erholt. Oder die Pflanze reagiert auf die Anwesenheit von nützlichen Insekten und wird dadurch weniger anfällig für Schädlinge.

Die einfachste Maßnahme, nützliche Insekten zu fördern, besteht laut Dr. Lundgren darin, mit der Bearbeitung des Bodens aufzuhören. Darüber hinaus sollte man Zwischenfrüchte anbauen – so viele verschiedene Arten wie nur möglich. Beachten Sie bitte, dass es sich dabei um genau dieselben Methoden handelt, die Ray Archuleta empfohlen hatte, um Böden auf den Weg der Besserung zu bringen. Bodenbearbeitung beeinträchtigt die Widerstandskraft von Pflanzen gegenüber der Vermehrung von Schädlingen erheblich. Dazu kommt noch, dass unbedecktes Erdreich ebenfalls nicht gerade günstig ist.

Als ich mich auf der »No-Till«-Konferenz mit Dr. Lundgren unterhielt, kreisten meine Gedanken um Bienen und Mistkäfer, aber abgesehen davon kamen mir nicht allzu viele Insektengruppen in den Sinn. Das Ausmaß, in dem sie uns gute Dienste leisten, konnte ich deshalb nicht ermessen. Seither habe ich etliche Male das Vergnügen gehabt, Dr. Lundgren auf meiner Ranch willkommen zu heißen und mit jedem Mal mehr über dieses Thema zu erfahren. Er hat mir erzählt, dass ihn die Arbeit mit Paul, mir und anderen regenerativen Landwirten veranlasste, seine Forschungsmethoden zu überdenken. Anstatt herkömmliche wissenschaftliche Experimente durchzuführen, die jederzeit wiederholbar sein sollten, alle Daten zusammenzutragen, um sich schließlich den Peer-Review-Prozeduren auszusetzen und sie in einer Zeitschrift zu veröffentlichen, wollte er versuchen, in Erfahrung zu bringen, was auf unserer Farm vor sich ging. Und so besuchte er uns hier draußen mit seinem Team aus Forschungsassistenten und Masterstudenten, um alle Insekten zu zählen, die sie auf einer bestimmten Fläche erwischen konnten. Er verglich darüber hinaus konventionelle und regenerative Betriebe in unserem Gebiet. Dabei stellte er fest, dass regenerative Höfe zehnmal weniger Unkraut aufwiesen als konventionelle Farmen! Diese Arbeit wurde mittlerweile von Fachkollegen geprüft und veröffentlicht.

Seine aktuellen Forschungsbemühungen, die er als praxisorientierte Wissenschaft bezeichnet, liefern Belege dafür, dass es so etwas wie »zu viel des Guten« nicht gibt, wenn es um Vielfalt geht. Die Ergebnisse legen nahe, dass sich Nützlingspopulationen nach der Umstellung auf die regenerative Landwirtschaft rasch erholen können, mitunter sogar in einem einzigen Jahr.

Nachdem ich von Dr. Lundgren erfahren hatte, wie wichtig artenreiche Insektenbestände für Acker-, Weide- und Gartenflächen sind, begannen wir sie auf unserem Betrieb zu vermehren. Auf unserem Grundstücksplan markierten wir Felder und Orte, wo wir Saaten für Bienenweiden – wir nannten sie »Bestäuberstreifen« – ausbringen konnten. Wir bauten verschiedene Klee-Arten, Wegwarte, wärmeliebende Gräser, Wegerich, Gewöhnlichen Hornklee und Sonnenhut an (siehe Abbildung 18). Dieselbe Mischung säten wir auch in unseren Obstgärten aus. Auf den Bestäuberstreifen wachsen ein- und mehrjährige Gräser, Kräuter und Leguminosen, die hauptsächlich als Lebensraum für bestäubende und räuberische Insekten dienen sollen. Von Zeit zu Zeit können diese Streifen von unseren Tieren abgeweidet werden, damit es zusätzlich in der Kasse klingelt. Auch Wildtiere fühlen sich auf diesen Streifen wohl. Fast jeder landwirtschaftliche Betrieb verfügt über ein seltsam geformtes Feld, das in einen Bestäuberstreifen umgewandelt werden könnte. Was spricht eigentlich dagegen?

Der »Chaosgarten«

David Brandt, Gail Fuller – ebenfalls ein befreundeter Landwirt, der aus Kansas stammt – und mir bereitet es ein diebisches Vergnügen, uns gegenseitig zu übertrumpfen. Die Disziplin, in der wir uns regelmäßig messen, lautet: Wer führt das ausgefallenste Experiment zur Bodenregeneration durch? Im Jahr 2012 beschloss ich unter dem Eindruck von Dr. Lundgrens Vortrag, in Erfahrung zu bringen, wie eine hochgradig artenreiche Mischkultur auf meinem Acker abschneiden würde.

Ich stieg mit mehr als zwanzig verschiedenen Arten ein, darunter Perlhirse, Rispenhirse, Borstenhirse, Augenbohnen, Inkarnatklee, Sojabohnen, Blasenfrüchtiger Klee, Alexandrinerklee, Ostindischer Hanf, Buchweizen, Flachs, Hafer, Linsen und Sonnenblumen. Dazu kamen noch über zwanzig Arten 1-jähriger Blumen hinzu: Ringelblumen, Astern, Begonien, Gänseblümchen, Kosmeen, Storchenschnäbel, Tagetes, Stiefmütterchen, Zaunwinden, Petunien, Löwenmäulchen und so weiter. Hauptbestandteil der Mischung waren allerdings Gemüsepflanzen: fünf Sorten Zuckermais, jeweils vier verschiedene Erbsen- und Bohnensorten, allerlei Kürbisse, Wassermelonen, Zuckermelonen, Rettich, Rübsen, Karotten, Salat, Spinat, Auberginen, Tomaten, Tomatillos, Zucchini, Grünkohl, Rote Bete, Kraut, Blumenkohl, Zwiebeln und mehr.

Alles in allem war der »Garten« mit mehr als siebzig Arten Gemüse, Blumen und Zwischenfrüchten mehr als 12 Hektar groß. Obwohl der Niederschlag in diesem Jahr einiges unter dem Durchschnitt lag, entwickelte sich die Mischung hervorragend. Und das war auch gar keine Überraschung, wenn ich ehrlich bin. Denken Sie nur an den in Kapitel 2 (siehe Zwischenfrucht-Cocktails auf Seite 62) beschriebenen Demonstrationsversuch auf dem Gelände des Soil Conservation Districts Burleigh County, bei dem die Mischkultur so ausgezeichnet abgeschnitten hatte. Bakterien, Einzeller, Pilze, Nematoden, Regenwürmer, Bestäuber, räuberische Insekten und das Nahrungsnetz der Bodenlebewesen insgesamt erfüllten meine 12 Hektar mit Leben! Jeder, der diesen Garten zu Gesicht bekam, war von seiner Üppigkeit angetan. Aufgrund des bunten Durcheinanders erhielt er den Namen »Chaosgarten«.

Auch die Vielfalt an Insektenarten, die es in diesem Garten zu bestaunen gab, war schier unvorstellbar. Dieser Artenreichtum veranlasste mich, darüber nachzudenken, was Dr. Lundgren über die Bedeutung der Insekten für ein gesundes Ökosystem erzählt hatte. Wann immer ich auf unserer Ranch Besucher empfange, führe ich sie zuerst zu unserem Hausgarten, denn alles, was man über die Funktion von Ökosystemen wissen muss, kann man in einem gesunden Garten sehen, fühlen und riechen.

Obwohl dieses Experiment Spaß gemacht hat, ist ein Chaosgarten nicht praxistauglich. Erstens ist er zu kostspielig. Zweitens bereitet die Ernte Schwierigkeiten. Shelly schickte mich hinaus in die Wildnis, um Gemüse für das Abendessen zu besorgen, und ich brachte das mit nach Hause, worüber ich zufällig stolperte. Noch dazu mussten viele besonders gut geratene Exemplare dran glauben, weil ich sie zertrampelte, als ich sie ernten wollte.

Die Erfahrungen mit dem Chaosgarten wirkten sich allerdings darauf aus, wie wir unseren Garten seitdem bepflanzen.

Anstatt einer wirren Biomasse aus zusammengewürfelten Gewächsen bauen wir beispielsweise eine Reihe Zuckermais an, und zwar in einem Abstand von jeweils 40 Zentimetern Erbsen auf der einen und Grünen Bohnen auf der anderen Seite. Dieses Ökosystem im Kleinen besteht aus einem Vertreter der Gräser (Mais), der Phosphor in Umlauf bringt, und Leguminosen (Erbsen und Bohnen), die für Stickstoff sorgen. Der Austausch dieser lebenswichtigen Mineralstoffe erfolgt durch Mykorrhizapilze. Klingt das vertraut? Auf diese Weise können wir die einzelnen Reihen mühelos mit der Hand abernten und verfügen dennoch über die Artenvielfalt, die für ein gesundes Ökosystem unerlässlich ist.

In unserem eigentlichen Gemüsegarten wagten wir uns an ein weiteres Experiment, das erfolgreich verlief. Der Garten, den wir einzäunten, um hungrige Hirsche am systematischen Abäsen zu hindern, besaß eine Fläche von 45 mal 45 Metern, wo wir zwei *Hügelbeete* errichteten. Was sind eigentlich *Hügelbeete?* Ein Hügelbeet ist eine Art Hochbeet, in das holzige Bestandsabfälle eingearbeitet werden, die als Hilfsmittel für den Anbau von Pflanzen dienen. In unserem Fall zogen wir Stämme und größere Äste heran, die wir von abgestorbenen Bäumen auf unserer Ranch abschnitten. Das Totholz legten wir dann als Einrahmung der 3,5 Meter breiten und 30 Meter langen Hügelbeete aus. Schließlich füllten wir den Raum innerhalb der Einrahmung mit kleineren Stämmen, Ästen und Zweigen sowie einer Mischung aus Kompost und Bodenaushub. Auf diese Weise entstand ein Erdhügel von ungefähr 1,2 Metern Höhe – fertig war das Hügelbeet. Von Zeit zu Zeit fügten wir oben weiteres Holz und Kompost hinzu, weil organisches Material verrottet und sich in Erde verwandelt.

Die Besucher auf unserer Ranch wollen häufig wissen, warum wir so viel Holz in unseren Garten schleppen. Die Antwort hat mit dem wichtigsten chemischen Element auf einem Bauernhof zu tun: Kohlenstoff. Holz enthält sehr viel Kohlenstoff, der den Bodenlebewesen als Nahrung dient. Darüber hinaus speichert es Feuchtigkeit – was angesichts trockener Umweltbedingungen ein nicht zu unterschätzender Vorteil ist. Im Laufe der Jahre bauen die Bodenorganismen das Holz in den Hügelbeeten ab und erzeugen überaus fruchtbare Gartenerde, die uns mit nährstoffreichem Gemüse beschenkt. (In Kapitel 10 erläutere ich die Bedeutung von nährstoffreicher Nahrung für die menschliche Gesundheit.)

In den anderen Bereichen des Gartens graben wir den Boden selbstverständlich nicht um – auch nicht auf unseren Kartoffelbeeten. Um Kartoffeln »anzubauen«, legen wir die Saatkartoffeln einfach auf die Bodenoberfläche und bedecken sie dann mit einer dünnen Schicht Luzernenheu vom zweiten Schnitt, die allerdings nicht zu dick sein sollte, weil sonst die zarten Triebe nur schwer durch das Heu dringen können. Wenn das Heu verrottet, weil es von den Bodenlebewesen im Laufe des Sommers zersetzt wird, legen wir einfach noch mehr Heu um die Pflanzen herum, um Unkräuter an der Keimung zu hindern. Wenn die Zeit reif für die Ernte ist, ziehen wir das Heu ab und siehe da – Kartoffeln! (Siehe Abbildungen 20 und 21.) Kein mühsames Ausgraben, und die Knollen sind leicht zu säubern. Die Kartoffeln sind in der Regel etwas kleiner, wenn sie in der beschriebenen Weise angebaut werden. Ideales Grillgemüse, wenn Sie mich fragen.

Wie ich bereits erwähnt habe, ist der Rest unseres Gartens nicht in Beete unterteilt, vielmehr bauen wir reihenweise an und achten darauf, dass in jeder Reihe eine andere Gemüsepflanze oder Blume wächst. Sorgen Sie unbedingt dafür, dass genügend Pflanzen zur Blüte kommen, damit Bestäuber und räuberische Insekten angelockt werden. Wir bauen eine große Auswahl an Blumen an und können deshalb einen Teil in Form von Sträußen auf Bauernmärkten verkaufen – eine zusätzliche Einkommensquelle.

Im Spätherbst, nachdem das letzte Gemüse abgeerntet ist, karren wir unsere mobilen Hühnerställe (die ich in Kapitel 5 beschreibe) in den Garten, damit unsere Hennen das Gemüse und den Salat, die wir nicht gepflückt haben, verzehren können. Ihr Mist bedeckt den Garten mit feinstem Naturdünger.

Beim Thema Hühner im Garten fällt mir ein, dass ich einmal von einem kalifornischen Radiosender interviewt wurde. Thema der Sendung war die Bodenerneuerung in Gärten und in landwirtschaftlichen Betrieben, die Gemüse anbauten. Ich wurde telefonisch von North Dakota aus zugeschaltet. An dem Gespräch beteiligte sich auch eine Bodenkundlerin aus Kalifornien. Der

Moderator forderte mich auf, den Hörern etwas über unseren Garten zu erzählen. Im weiteren Verlauf schilderte ich, dass wir darauf achteten, nährstoffdichte, wohlschmeckende Nahrungsmittel hervorzubringen, indem wir auf Bodenbearbeitung verzichteten und artenreiche Mischungen aus verschiedenen Gemüsearten, Gräsern, Kräutern und Blumen anbauten, um Bestäuber und räuberische Insekten anzulocken. Dann beschrieb ich, wie wir unsere Hühner jeden Herbst in den Garten ließen, damit sie einen Beitrag zur Düngung lieferten und die Bodenkultur förderten. Nach einer Werbeunterbrechung wollte der Moderator von der Wissenschaftlerin wissen, was sie von meiner Methode hielt. »Was soll ich dazu sagen, bei uns wäre das unvorstellbar!«, brach es aus ihr hervor. »Sie sollten ein Huhn unter keinen Umständen auch nur in die Nähe Ihres Gartens lassen. Es könnte das Gemüse kontaminieren!« Sie fuhr fort: »Wir begasen das gesamte Gemüse unmittelbar vor der Ernte, um zu verhindern, dass lebende Insekten mit abgeerntet werden!« Jetzt konnte ich mich einfach nicht mehr zurückhalten – ich unterbrach sie und fragte: »Und dieses Gemüse sollen unsere Kinder essen, wenn es nach Ihnen geht?« Augenblicklich schritt der Moderator ein und entschied: »Zeit für eine Werbepause, bleiben Sie dran!« Anfangs fand ich das komisch, aber ist es nicht traurig? In welcher Welt leben wir eigentlich, dass ein paar Hühner, die in einem Garten Insekten fangen, mehr Anlass zur Sorge geben als insektizidbehandeltes Gemüse?

Zurück zu unserem Garten. Unsere gefiederten Freunde leisten Großartiges, und wenn sie ihr Werk vollbracht haben, verteilen wir einen Rundballen Luzernenheu aus dem zweiten Schnitt über den gesamten Garten. Dafür gibt es eine Reihe guter Gründe: In unseren Breiten haben wir nicht genug frostfreie Tage, um nach der Gemüseernte noch Zwischenfrüchte anbauen zu können. Das Luzernenheu bildet eine Schicht, die zum Schutz des Bodens erforderlich ist und gleichzeitig größere Bodenlebewesen mit Nahrung versorgt. Im Frühjahr rechen wir das Heu zur Seite und säen neues Gemüse aus. Mit der Zeit werden die Luzernen, die reich an Stickstoff sind, von den Bodenlebewesen verzehrt; dann bringen wir eine Mulchschicht aus Hackschnitzeln aus, um zu verhindern, dass Unkraut aufkommt. Die Holzschnitzel und die Luzernen sorgen gemeinsam für ein ausgewogenes Verhältnis von Kohlenstoff zu Stickstoff. (In Kapitel 7, das sich mit den überaus wichtigen Prinzipien der Bodengesundheit beschäftigt, werde ich die Bedeutung des Kohlenstoff-Stickstoff-Verhältnisses erläutern.)

Wie beim Getreide nehmen wir auch von zahlreichen Nutzpflanzenarten aus unserem Gemüsegarten Samen ab. Für einige Arten ist unsere Vegetationsperiode zu kurz, um Samen anzusetzen, aber viele schaffen es. Ich denke, dass es ein echter Vorteil ist, Saatgut von selbst angebauten Pflanzen zu ernten, ob auf dem Acker oder im Garten. Wenn eine Pflanze vollständig ausreift und Samen ansetzt, dann ist das ein untrügliches Zeichen für einen guten Gesundheitszustand. Darauf arbeiten wir doch hin, nicht wahr? Gesunde Pflanzen, fruchtbare Böden und intakte Ökosysteme – das ist unser Ziel.

Kapitel 4

Die Grundfesten unserer Viehzucht auf dem Prüfstand

In den Jahren, die auf die Katastrophenzeit folgten, war mein Hauptaugenmerk in der Tierhaltung weiterhin auf die Leistung der Rinder gerichtet. Doch im Laufe der Zeit erkannte ich allmählich, dass auch in der Viehzucht einige meiner Methoden dem holistischen Ansatz stärker angepasst werden könnten. Weil ich mich auf die Leistung der Tiere konzentriert hatte, besaßen unsere ausgewachsenen Kühe mittlerweile eine groteske Größe. 2007 wogen sie im Durchschnitt 635 Kilogramm! Die Fütterung dieser Tiere verschlang Unsummen. Mir fiel auf, dass die wenigen ausgewachsenen zarter gebauten Kühe, die wir behalten hatten, immer in guter Verfassung waren und jedes Mal trächtig wurden. Diese Beobachtung veranlasste mich, mein Denken in einem wichtigen Punkt zu ändern (was, wie ich schon betont habe, wichtiger ist als die Tat): Die Maße unserer Kühe entsprachen nicht mehr den Umweltbedingungen. Die Tiere waren zu voluminös

Überlegungen zum Geschäft mit eingetragenen Rindern

Gut 20 Jahre lang ließ ich meine Rinder eintragen. Ein registriertes Tier muss mehrere Kriterien erfüllen, die sich je nach Zuchtverband ein wenig unterscheiden, doch im Allgemeinen beinhalten sie folgende Punkte:

- Das Tier muss zur Identifikation eine dauerhafte Tätowierung besitzen.
- Sowohl Mutter- als auch Vatertier müssen eingetragen sein.
- Das Gewicht bei der Geburt, das Absetzgewicht und das Gewicht des 1-jährigen Tieres müssen erfasst und dem entsprechenden Zuchtverband gemeldet werden.
- Die Zuchtverbände sammeln diese Daten und verwenden sie, um Prognosen über die Leistung eines Individuums und dessen Nachkommen – den sogenannten geschätzten Zuchtwert – zu entwickeln. Ausgearbeitet werden Zuchtwertschätzungen für Geburtsgewicht, Absetzgewicht, 365-Tagegewicht, Leichtkalbigkeit, Melkbarkeit, Schlachtkörpermerkmale und viele weitere Eigenschaften.

Auf dem College habe ich gelernt, dass es vorteilhafter sei, lediglich registrierte Bullen zu kaufen und einzusetzen, um mein Vieh zu »optimieren«. Es ist zweifellos richtig, dass man sich durch das Eintragen der Rinder und das Studieren der Zuchtwertschätzungen auf die Verbesserung einzelner Merkmale konzentrieren kann, doch die ausschließliche Fixierung der Viehwirtschaft auf die individuellen Leistungsmerkmale der Tiere ist problematisch. Dies hat dazu geführt, dass die ausgewachsenen Rinder immer größer geworden sind, weshalb die Züchter von Kühen und Kälbern mit Herden dastehen, deren Mitglieder im ausgewachsenen Zustand einfach zu muskelbepackt für ihre Umwelt sind (obwohl die Entwicklung für Verpacker und Mastbetriebe im Allgemeinen vorteilhaft ist). Sinkende Rentabilität ist die Folge.

20 Jahre lang richtete ich mich nach dem Mantra »Verwende ausschließlich eingetragene Stiere«. Ich vergeudete Zehntausende Dollar, als ich meine Rinder registrierte und meinen Bestand an Aufzuchtbetriebe (Kühe/Kälber) verkaufte. Wenn ich jetzt zurückblicke, wird mir klar, wie dumm ich damals war. Mir ist aufgegangen, dass ich den Reingewinn meiner Kunden in Wirklichkeit gar nicht gesteigert habe. Wenn die ausgewachsenen Kühe kleiner sind, kann ein Unternehmer mehr Tiere auf einer vorgegebenen Fläche halten; insofern liefern kleinere Kühe immer einen höheren Nettoertrag pro Hektar.

geworden. 26 Jahre lang hatte ich eingetragene Bullen gezüchtet und verkauft. Ich pries Zahlen an: Absetzgewicht, das Gewicht der 1-jährigen Rinder oder erwarteter Zuchterfolg. Inzwischen begriff ich, dass diese Zahlen im Grunde genommen bedeutungslos waren, wenn es darum ging, die Wirtschaftlichkeit zu ermitteln. Was zählte, waren Kühe, die auf meinem Betrieb Futter in Fleisch verwandeln konnten. Der Fokus des verwendeten Produktionsmodells, der auf Gewichtszunahme ausgerichtet war, hatte uns auf die falsche Fährte geführt. Wir mussten uns auf den *Profit pro Hektar* konzentrieren, nicht auf das Gewicht der erzeugten Tiere.

Wir begannen, Stiere und Ersatzfärsen von kleineren Mutterkühen auszuwählen, die der Herde mindestens 4 Jahre lang angehört hatten, und züchteten Bullen mit einer niedrigeren Rahmennote. Dadurch gelang es uns, die Rahmengröße der gesamten Herde zu verringern, und wir erreichten, dass der Tierbestand im Jahresverlauf länger grasen konnte und weniger »Lebensmittel« benötigte, um in Form zu bleiben. Die Lektüre von Walt Davis' *How to Not Go Broke Ranching* und Chip Hines' *How Did We Get It So Wrong – The Reality of Ignoring Nature* brachte mir einiges über die Fallstricke des herkömmlichen Modells der Rindfleischproduktion bei. Ich wünschte, ich hätte diese Bücher zu einem früheren Zeitpunkt in meiner Karriere als Viehzüchter gelesen.

Mit der »Gesundschrumpfung« der ausgewachsenen Kühe gingen weitere Veränderungen in der Betriebsführung einher. Wenn ich ein Tier einer Fleischrinderrasse geschlachtet habe, bin ich noch nie auf einen Kaumagen gestoßen. Daher fragte ich mich: *Warum verfüttere ich eigentlich Getreide an diese Tiere?* Das entspricht nicht der Evolution von Wiederkäuern. Wir zogen schon einige mit Gras gefütterte Rinder für den Eigenbedarf auf – das liegt an den gesundheitlichen Vorteilen, die mit dem Verzehr von Fleisch auf Grünfutterbasis verbunden sind –, warum also sollten wir den Rest der Herde mit Getreide ernähren? Diese Einsicht führte zu einer wichtigen Änderung in unserem Unternehmen: Im Februar 2009 verkauften wir zum letzten Mal Stiere. Unsere Kunden reagierten verwundert, als wir sie informierten, dass wir aus dem Bullengeschäft ausstiegen. Sie verstanden nicht, dass es unseren holistischen Zielsetzungen nicht entsprach; eines dieser Ziele lautete, Pflanzenbau und Viehzucht nach dem Vorbild der Natur zu betreiben.

Wir beschlossen außerdem, dass Schluss mit Entwurmungsmitteln, Ohrmarken gegen Insekten und der langen Liste an Impfstoffen sei. Diese Produkte waren Notlösungen, die lediglich Symptome behandelten. Gegen das wahre Problem – ein funktionsgestörtes Ökosystem – konnten sie nichts ausrichten. In diesem Sommer warteten wir bis Juli, um die Bullen mit den Kühen zusammenzubringen, damit sie im April und nicht während des extrem kalten Wetters im Februar oder März kalben würden. Anstatt sechs getrennte Herden zu halten, verringerten wir die Anzahl auf drei (jede mit mehreren Stieren) und verkürzten die Paarungszeit auf 60 Tage. Dank unseres neu aufgebauten Weidehaltungssystems führten wir von nun an häufigere Weidewechsel durch. Dadurch konnten wir zum einen die Besatzdichte erhöhen, zum anderen die Regenerationsphasen verlängern.

2010 verkürzten wir die Fortpflanzungsperiode noch weiter; wir warteten bis zur ersten Augustwoche, um die Bullen hinauszutreiben. Die Stiere durften nur 45 Tage lang mit den Kühen mitlaufen. Weil wir dabei alle Tiere zu einer einzigen Herde vereinten, war es uns möglich, unsere Probleme im Zusammenhang mit den natürlichen Ressourcen noch effektiver zu bewältigen.

Als die Kalbesaison des Jahres 2011 heranrückte, wusste ich, dass wir uns endlich im Einklang mit der Natur befanden. Die Kühe kalbten zu der Jahreszeit, in der die Rehe ihre Kitze bekamen. Dadurch, dass wir den Zeitpunkt des Kalbens verschoben hatten, mussten wir uns nicht länger über Schneestürme, Schlamm, Eis, kranke Kälber, schmutzige Euter, erfrorene Ohren, eingesperrtes Vieh, gestresste Tiere, gestresste Menschen, Einstreu im Gehege, Babysitting bei Erstkalbinnen und Angeberei über unser hartes Arbeitslos Gedanken machen. Die Kühe kalbten in einer netten, sauberen Umgebung bei ausgezeichneter Ernährung, und die Kälber waren sehr gesund. Dass wir diese Veränderungen durchführten, war eine der besten unternehmerischen Entscheidungen, die wir je auf unserer Ranch getroffen hatten.

Wenn eine Kuh eine Kuh sein darf

Unser Zeitplan für das Kälbermanagement leistet uns weiterhin gute Dienste. Während der Kalbesaison treibt Paul die Kühe täglich auf eine neue Koppel. Neugeborene Stierkälber werden bei der Geburt kastriert, es sei denn, das Kalb stammt von einer Mutterkuh mit gutem Euter sowie guten Füßen und Beinen ab, die leicht zunimmt. Diese Kälber lassen wir zu Bullen heranwachsen, um sie für unsere eigene Herde zu nutzen. Denn gibt es einen besseren Ort als den eigenen landwirtschaftlichen Betrieb, um Bullen für den Eigenbedarf aufzutreiben? Wir finden, dass dies eine ausgezeichnete Methode ist, eine leistungsfähige, ertragreiche Rinderherde aufzubauen.

In den Wintermonaten, also von Dezember bis Februar, ziehen wir es vor, die Mutterkuh-Kalb-Paare auf Zwischenfrüchten weiden zu lassen. Meine bevorzugten Arten sind: BMR-Sorghum/Sudangras zusammen mit Zottiger Wicke (die im Winter noch immer 18 Prozent Rohprotein enthält), Grünkohl und Blattkohl oder einige andere Kohlsorten, die sich zur Fütterung eignen. Die übrigen Futterpflanzen umfassen Arten, die meine jeweiligen Probleme im Zusammenhang mit den natürlichen Ressourcen angehen. 1-jähriges Weidelgras sorgt für eine gute Spätherbst- und Winterweide, Zottige Wicke ebenso. Weitere Informationen darüber, was ich den Tieren anbiete, finden Sie im Abschnitt »Flexibles Management« auf Seite 117.

Sobald die Zwischenfrüchte abfrieren und der Winter einsetzt, werden die Mutterkuh-Kalb-Paare nicht mehr täglich umgetrieben. Natürlich wäre die Nutzung effektiver, wenn wir es täten, doch weil ich zwischen Oktober und März zu Vortragsterminen reise, kann ich im Betrieb weniger leisten. Wenn Paul die Ranch allein führt, besitzt er nicht die Zeit, die Kühe häufiger als alle paar Tage auf eine neue Koppel zu führen. Die Welt ist nicht perfekt! Und vergessen Sie nicht, dass zur regenerativen Landwirtschaft auch die Regeneration unseres Geistes und Körpers gehört. Scheuen Sie sich nicht, eine Pause einzulegen und Ihre Arbeitslast ein wenig zu erleichtern.

Ich werde oft gefragt, welche Art von Einzäunung wir verwenden, wenn wir Ackerland beweiden. Wir haben Zeit und Geld investiert, um alle eigenen und gepachteten Grundstücke mit dauerhaften hochfesten Elektrozäunen abzugrenzen. Dadurch haben wir einerseits die Sicherheit, die ein dauerhafter Zaun bietet, andererseits aber auch die Möglichkeit, temporäre Zäune auf dem Ackerland mit Strom zu versorgen.

Wie in Kapitel 2 beschrieben, haben wir flach verlegte Wasserleitungen überall auf unserer Ranch eingegraben. An verschiedenen Stellen wurden Steigleitungen fest angeschlossen, die einen leichten Zugang zum Wasser ermöglichen. Neben die Steigleitung stellen wir einen Gummireifen als Tränke, hängen einen Gartenschlauch an, platzieren einen Schwimmer und schon haben wir Wasser. Die Steigleitungen positionieren wir vorzugsweise ungefähr in der Mitte eines Feldes und nicht am Rand, weil sich dadurch zuerst die eine Seite jenseits der Tränke und anschließend die andere beweiden lässt.

An der Tränke beginnend, führen wir eine Litze durch die Zaunstäbe mit Ringisolator, die wir auf dem Feld verteilt haben, und verbinden sie mit dem dauerhaften hochfesten Zaun. Die Litze bleibt an Ort und Stelle. In einer Distanz, die dem Vieh Futter für einen Tag und Wasserzugang bietet, stellen wir einen weiteren temporären Zaun auf. Innerhalb dieses Zauns befindet sich die erste Koppel, die beweidet werden soll. Sobald die Tiere die Koppel im gewünschten Ausmaß abgegrast haben, bespannen wir einen Zaun, der sich weiter entfernt von der Tränke befindet, um Futterpflanzen für einen neuen Tag zur Verfügung zu stellen. Den Zaun vom Vortag rollen wir auf, damit die Tiere an das frische Futter gelangen können. Und so geht es immer weiter, bis wir das Ende des Feldes erreichen. Um trinken zu können, müssen die Kühe über den Grund zurückmarschieren, den sie zuvor beweidet haben. Doch weil wir mit hoher Besatzdichte arbeiten, ist es nur eine Angelegenheit von Tagen, bis wir die Beweidung des halben Feldes beenden. Daher tritt nie das Problem auf, dass durch den Viehverkehr zur Wasserstelle die Pflanzen bis auf den blanken Boden niedergetrampelt werden könnten.

Sobald die Tiere am Ende des Feldes angekommen sind, machen wir uns daran, Koppeln auf der gegenüberliegenden Seite der Tränke anzulegen. Damit das Vieh nicht über diejenige Hälfte des Feldes, die schon abgegrast worden ist, zurückspaziert, stellen wir hinten einen Zaun auf.

Wie sieht es mit Regen aus? Entferne ich in solchen Fällen die Tiere vom Ackerland? Nein, keineswegs. Zum einen müssen sie irgendwo »aufbewahrt« werden, zum anderen lasse ich sie lieber die Diät fortsetzen, auf der sie gerade sind, anstatt sie auf eine Weide mit mehrjährigen Pflanzen zu treiben und ihre Futterrationen zu verändern. Schadet es dem Acker stark, wenn die Tiere auf feuchtem Untergrund gehalten werden? Nein, jedenfalls nicht auf meinem Land. Bei schweren Regenfällen bildet sich vielleicht ein wenig Matsch, doch nach 1, 2 Jahren ist der Boden normalerweise wieder im ursprünglich ebenen Zustand. Auf schweren Lehmböden kann das Ausmaß der Verschlämmung natürlich größer sein. Mein Ratschlag lautet: Was auch immer geschieht, lassen Sie sich nicht entmutigen und nehmen Sie nicht Zuflucht zu Egge und Pflug. Entspannen Sie sich einfach und beobachten Sie. Die Natur wird sich darum kümmern. Zieht man alle Faktoren in Betracht, so wird Sie etwas Matsch auf ihren Anbauflächen nicht umbringen.

Eine natürlichere Methode der Entwöhnung

Dass wir die Kälber nicht im Herbst absetzen, ist ein wesentlicher Aspekt unserer Betriebsführung. Die weiblichen Kälber müssen lernen, zu einer Kuh heranzuwachsen, die unter unseren Umweltbedingungen gedeihen kann. Wenn die Jungtiere während des ganzen Winters neben ihren Müttern grasen, eignen sie sich das Wissen an, welche Pflanzen essbar und welche zu meiden sind. Von ihren Müttern erfahren sie auch, woran man erkennt, ob ein Unwetter heraufzieht und wie man zum Bauernhof zurückfindet, um Schutz zu suchen. Sie lernen, Schnee als Wasserquelle zu nutzen. (Im Winter haben die Rinder Zugang zur winterlichen Wasserversorgung auf dem Hof, doch die meisten Kühe lehnen es ab, dorthin zu wandern, solange Schnee verfügbar ist.)

In den ersten Apriltagen entwöhnen wir die Jungtiere an der Zaunlinie – ein einfacher Vorgang, bei dem der Nachwuchs von den Muttertieren getrennt und durch einen Elektrozaun auf Distanz gehalten wird. Die Kälber können die Kühe sehen, sie können sogar ihre Nasen aneinanderreiben, doch der Zaun verhindert das Stillen. Das Kalb ist zufrieden, die Kuh ist zufrieden und

Epigenetik

Die Epigenetik befasst sich mit vererbbaren Änderungen der Aktivität von Genen, die nicht mit Veränderungen der DNS-Sequenz einhergehen. Dabei werden die biologischen Mechanismen untersucht, die das »Ein- und Ausschalten« von Genen ermöglichen. Was ein Tier (beim Menschen ist es übrigens nicht anders) frisst, wo es lebt, wie es behandelt wird, welchen Belastungen es während seines Lebens ausgesetzt ist, wie es aufwächst – all diese Faktoren können auf zellulärer Ebene chemische Veränderungen hervorrufen, die mit der Zeit möglicherweise dazu führen, dass Gene in den betroffenen Zellen ein- oder ausgeschaltet werden.

Viele Erfahrungen, die ein Tier während seines Lebens macht, könnten sich deshalb auf nachfolgende Generationen auswirken. Dies ist einer der Gründe dafür, dass wir unsere Kälber zusammen mit den Kühen den ganzen Winter über draußen auf der Weide lassen. Wir sind davon überzeugt, dass diese Kälber durch den Verzehr von Nahrung minderer Qualität die lebenslängliche Fähigkeit hervorbringen, auch dann zu gedeihen, wenn die Futterqualität zu wünschen übrig lässt. Der Umstand, dass sich unsere Kühe während der Trächtigkeit von minderwertigem Futter ernähren, trägt ebenfalls zur Anpassungsfähigkeit der Kälber bei. Indem wir uns dieses epigenetische Phänomen zunutze machen, erhöhen wir die Wahrscheinlichkeit, dass unsere Tiere Gewinn abwerfen.

das Leben ist schön. Wir richten es so ein, dass sich die Muttertiere ein Stück vom Zaun entfernen müssen, falls sie grasen möchten. Nach ein oder zwei Ausflügen zurück, um nach dem Kalb zu sehen, verlieren die Kühe die Lust am Spaziergang und bleiben fern, um einfach nur zu weiden. Nach 4 oder 5 Tagen treiben wir die Kälber auf eine Koppel, wo wir in der vorigen Vegetationsperiode Futter aufgestapelt haben. Der Rindernachwuchs ist an dieses Futter gewöhnt und startet gleich durch. Wir finden, dass die Jungtiere durch diese Strategie gesund bleiben. Kälberentwöhnung leicht gemacht!

Bis August grasen die Kälber auf Weiden mit mehrjährigen Pflanzen und werden einmal pro Tag umgetrieben. Zu diesem Zeitpunkt trennen wir die Ochsen von den Färsen und lassen die Stiere für 30 Tage in der »Damenherde« mitlaufen. Anschließend werden die Stiere abgezogen und die Ochsen erneut mit den Färsen zusammengebracht. So können wir einerseits Weidehaltung mit erhöhter Besatzdichte praktizieren, andererseits verringert sich die Arbeitslast. Oft werden wir gefragt, warum wir nicht alle Rinder – Kühe, Kälber und 1-Jährige – vereinen. Vom ökologischen Standpunkt aus betrachtet wäre das besser, weil aber unser Grundbesitz kein zusammenhängendes Stück bildet, wäre es zu zeit- und arbeitsaufwendig, alle Tiere auf Anhänger zu laden und sie während der Vegetationsperiode mehrmals zu befördern.

Anfang Dezember bestimmen wir mit Ultraschall, ob die Färsen trächtig sind. Die schwangeren Tiere werden mit den erwachsenen Kühen zusammengebracht, die anderen werden mit Gras gemästet. Ob die erwachsenen Kühe trächtig sind, überprüfen wir nicht. Welchen Vorteil hätte das? Selbst wenn manche Kühe nicht schwanger wären, würden wir sie zu diesem Zeitpunkt nicht keulen lassen, weil wir sonst auf die entwöhnten Kälber achten müssten. Zusatzarbeiten wie diese sind nicht das, wonach wir suchen. Stattdessen führen wir alle Kühe, ob unfruchtbar oder nicht, gemeinsam mit ihren Kälbern durch den ganzen Winter. Nach der Entwöhnungszeit lassen wir die Kühe auf frischem grünem Gras weiden. Sie legen rasch an Gewicht zu, und jede unfruchtbare Kuh wird so richtig fett. Ende Juni stellen wir ein paar tragbare Paneele auf die Weide und ziehen jede Kuh heraus, die kein Kalb stillt. Sie war entweder unfruchtbar oder hat ihr Kalb bei der Geburt verloren, aber wie dem auch sei: Es ist ein Zeichen, dass wir sie nicht in der Herde behalten sollten. Diese Kühe sind wohlgenährt, und wann boomt der Hamburger-Verkauf? Richtig, rund um den 4. Juli natürlich! Wir ersparen uns die Kosten einer Trächtigkeitsuntersuchung und können hervorragendes Hamburger-Fleisch zu einem lukrativen Zeitpunkt im Jahr vermarkten – anstatt im Dezember, wenn die Preise niedrig sind, unfruchtbare Kühe zu verkaufen. Unfruchtbaren Tieren geben wir nie eine zweite Chance. Sie werden verkauft, Punkt. Wir selektieren Individuen, die in unserer Umwelt Leistung erbringen, was dazu beiträgt, die Rentabilität zu garantieren.

Die Größe unserer Kuhherde halten wir vorzugsweise konstant bei ungefähr 300 Stück. Die 1-Jährigen sind dagegen unsere Variable. Ich betrachte sie gern als unsere Versicherung gegen Trockenheitsschäden: In Jahren, in denen die Futterpflanzen gut wachsen, ziehen wir mehr auf, in Jahren geringerer Futtermittelproduktion weniger, wodurch wir dafür sorgen, dass unser Grasland gesund bleibt. Darüber hinaus sind wir in der Lage, unsere Kuhherde in Zeiten geringer Futtermittelproduktion zu erhalten. Aus diesen Gründen schwankt die Anzahl der 1-Jährigen zwischen 200 und 400 hungrigen Mäulern. Zusätzlich befinden sich pro Jahr 150–300 Tiere, die mit Gras gefüttert werden, in der Endmast.

Flexibles Management

Wir praktizieren die sogenannte ganzheitlich geplante Beweidung (Holistic Planned Grazing, HPG); folgende Kernpunkte möchte ich hervorheben:

- Die Methode ist zielorientiert;
- sie geht von der Besatzdichte aus und nicht von der Besatzstärke;
- es handelt sich um kein starres System oder eine Vorschrift;
- Anwender haben die Möglichkeit, die Methode den Bedingungen anzupassen;
- das Verfahren stützt sich auf die Häufigkeit der Umtriebe und die Ruhezeiten;
- zwischen den Phasen der Beweidung kann sich das Wurzelsystem der Pflanzen vollständig erholen;
- die Tätigkeit erfolgt im Einklang mit der Natur, sie wirkt ihr nicht entgegen;
- Nutztiere lassen sich als Werkzeug zum Aufbau des Bodens einsetzen;
- die prüfende Beobachtung ist für den Erfolg ausschlaggebend.

Neben den fünf Prinzipien für ein gesundes Bodenökosystem (die ich in Kapitel 7 eingehend behandeln werde) sind diese Punkte entscheidend, wenn man gesundes Weideland aufbauen möchte.

Wir lassen die Rinder im Allgemeinen 30–40 Prozent der oberirdischen Biomasse verzehren. Beachten Sie, dass das Wurzelwachstum nicht beeinträchtigt wird, wenn man die Hälfte der oberirdischen Pflanzenteile entfernt. Steigt der Anteil dagegen auf

60 Prozent, halbiert sich das Wurzelwachstum! Alle Viehzüchter sollten sich über diese wichtige Tatsache unbedingt im Klaren sein. Ein Teil der erhalten gebliebenen Grasnarbe wird von dem Vieh niedergetrampelt – das Ausmaß variiert aber von Jahr zu Jahr und ist auch von der Nutztiergattung abhängig. Während der Vegetationsphase bringen wir die 300-köpfige Kuhherde durchschnittlich einmal am Tag auf eine neue Koppel, die Herde der 1-Jährigen (zwischen 200 und 400 Individuen) ein- bis siebenmal. Das klingt nach einer Menge Arbeit, aber wie in jeder Situation kann der menschliche Geist das Vorhaben so einfach oder so kompliziert erscheinen lassen, wie er möchte. Wir wählen den einfachen Weg. Die Mehrheit unserer Dauerweiden misst zwischen 6 und 16 Hektar. Einmal am Tag wird ein mobiler Zaun eingerichtet, um die Flächen noch weiter zu unterteilen. Die Größe dieser temporären Koppeln reicht von einem halben bis zu mehreren Hektar, je nach gewünschter Besatzdichte; bei uns schwankt sie zwischen 60 000 und 800 000 Kilogramm pro Hektar (siehe Abbildung 12, wenn Sie wissen möchten, wie das in der Praxis aussieht). In Zeiten, in denen wir mehr als einen Umtrieb am Tag durchführen wollen, setzen wir wie Neil Dennis solarbetriebene automatische Weidezaunöffner ein. An jedem Zaunöffner stellen wir vorab eine bestimmte Uhrzeit ein, und die Tiere wandern im Laufe des Tages selbstständig auf die nächste temporäre Koppel. So viel zum Thema »Umziehen ohne Stress für Tier und Mensch«.

Wichtig ist der Hinweis, dass unsere Viehumtriebe nicht immer so häufig stattfinden. Wenn wir Urlaub nehmen oder etwas Freizeit haben möchten, schicken wir die Tiere einfach auf eine größere Koppel, wo sie sich über einen längeren Zeitraum aufhalten dürfen. Auf diese Weise genießen wir die Lebensqualität, die wir uns wünschen.

Die meisten Viehzüchter lassen ihre Tiere erst *nach* der Ernte der Feldfrüchte auf Äckern weiden. Doch ich habe erkannt, dass wir bei der Verbesserung der Bodengesundheit schnellere Fortschritte erzielen würden, wenn wir die Zwischenfrucht dadurch zu Geld machten, dass unser Viehbestand sie *während* der Vegetationsperiode aberntete. Wir setzen dabei unterschiedliche Tiergattungen zu verschiedenen Zeitpunkten im Jahr ein, wobei die Einzelheiten von unseren jeweiligen Interessen im Zusammenhang mit den natürlichen Ressourcen abhängen.

Ich liefere Ihnen mehrere Beispiele: Wie ich schon an früherer Stelle erwähnt habe, baue ich gerne Roggen und Zottige Wicke wegen ihrer Vorteile für die Bodengesundheit an. Zusätzlich werfen sie zu Frühlingsbeginn ein ausgezeichnetes Futter für die Tiere ab. Fast jede Tierart legt gut an Gewicht zu, wenn sie diese Zwischenfrüchte beweidet. Darüber hinaus können Sie die Pflanzen nutzen, um den Boden mit einer dicken Schutzschicht (Mulch) zu versehen; dies ist eines der Grundprinzipien der Bodengesundheit. Zu diesem Zweck empfehle ich Ihnen, die Roggen-Wicke-Mischung wachsen und den Roggen reifen zu lassen, bis er mit der Pollenproduktion beginnt. Lassen Sie dann Tiere einer Fleischrinderrasse in hoher Besatzdichte anrücken. Ich setze vorzugsweise 1-jährige Färsen ein. Der Roggen ist zu weit entwickelt, um hochqualitatives Futter zu liefern, doch das ist in Ordnung. Schließlich wollen wir die Färsen nicht mästen. Zwar werden die Tiere den Roggen nicht besonders reizvoll finden, sie werden ihn aber verzehren und ein wenig zunehmen. Wir erlauben den Tieren nur ungefähr 25 Prozent der oberirdischen Biomasse zu verspeisen, der Rest wird niedergetrampelt. Für gewöhnlich ist eine Besatzdichte von 560 000 Kilogramm pro Hektar erforderlich, um den gewünschten Trampeleffekt zu erzielen.

Gehe ich nach dem zuvor erwähnten Schema vor, säe ich sofort eine weitere Zwischenfrucht in das Feld. Auf Herbizide verzichte ich dabei. Der allelopathische Effekt des Roggens und der Mulch, den er abgibt, genügen normalerweise, um das Wachstum von

Unkräutern zu regulieren. Auf meiner Farm haben sich Roggen und Sorghum/Sudangras als die geeignetsten Zwischenfrüchte erwiesen, wenn es darum geht, Unkraut in der Nachfolgekultur zu unterdrücken. Falls sich auf einem Feld eine schöne Schicht an Roggen- oder Sorghum/Sudangras-Rückständen befindet, müssen wir in der anschließenden Feldfrucht selten zu einem Herbizid greifen.

Welche Zwischenfrucht, die sich als Futterpflanze eignet, lasse ich nun auf die Roggen-Wicke-Mischung folgen? Das hängt natürlich von den jeweiligen Notwendigkeiten ab. Ich muss berücksichtigen, dass die Frucht während der heißesten Zeit im Jahr wächst, deswegen müssen die gewählten Arten etwas Hitze aushalten können. Für gewöhnlich säe ich eine Zwischenfrucht, die entweder für die Grasmast oder für die Winterbeweidung geeignet ist. Möchte ich Rinder mästen, verwende ich gern ein Gemenge, das 60–70 Prozent BMR-Sorghum/Sudangras enthält. Es handelt sich dabei um ein leicht verdauliches, energiereiches und wärmeliebendes Gras. Das Vieh wird in erster Linie nach dem Energiegehalt ausgewählt, falls ihm nicht ein bestimmter Nährstoff fehlt.

Ich ergänze mit Perlhirse und Leguminosen wie Augen-, Mung- oder Sojabohnen, mit einer als Viehfutter geeigneten Kohlsorte wie zum Beispiel Grünkohl und zumindest mit einer Art wie Buchweizen, deren Blüten von Insekten bestäubt werden. Falls möglich, strebe ich mindestens sieben oder acht Arten an, um von den Synergieeffekten einer Mischkultur zu profitieren.

Wir haben festgestellt, dass derartige Mischungen 1-jähriger wärmeliebender Zwischenfrüchte für Fleischrinderrassen die geradezu ideale Kost während der letzten Stadien der Grasmast sind. Wir lassen das Sorghum/Sudangras-Gemenge bis zu einer Höhe von mindestens 1 Meter wachsen und dann bei einer Besatzdichte von ungefähr 110 000–220 000 Kilogramm Lebendgewicht pro Hektar abgrasen. Die Besatzdichte ist nicht extrem hoch und sie ermöglicht den Tieren ein selektiveres Vorgehen, denn sie sollen ja an Gewicht zulegen.

Ein Umtrieb erfolgt nur ein- oder zweimal pro Tag, und das kostet uns mehr Anstrengung als alles andere. Wir führen die Tiere am Nachmittag auf eine neue Koppel. Warum? Wann ist der Energiegehalt einer Pflanze am höchsten? Natürlich am Nachmittag, wenn sie das meiste Sonnenlicht abfängt. Tiere wählen nach dem Energiegehalt. Sie streifen die Blätter von den Stängeln der Sorghum/Sudangras-Mischung und nehmen ein paar Bissen von Hülsenfrüchtlern und Kohlgewächsen. Dass die Masttiere im Durchschnitt 1,5–2 Kilogramm pro Tag zunehmen, ist für uns nicht ungewöhnlich, und daraus resultiert viel intramuskuläres Fett – gutes Fett, das reich an Omega-3-Fettsäuren, konjugierten Linolsäuren und all den anderen Nährstoffen ist, die dafür verantwortlich sind, dass Rindfleisch auf Grünfutterbasis so heiß begehrt ist.

Weil die Masttiere in erster Linie die Blätter der Pflanzen verspeisen, wachsen diese weiter, bis der Frost kommt. Während des Wachstums wird zusätzlicher Kohlenstoff in den Boden gepumpt. Vergessen Sie nicht: Auf den Kohlenstoff kommt es an!

Wie steht es mit Rübsen und Rettichen? Winterrettich baue ich als Maßnahme gegen Bodenverdichtung an und um Stickstoff zu ergattern, aber nicht zur Beweidung. Diese Pflanze hat einfach nicht viel zu bieten. Übrigens: Falls Sie Winterrettich vor der Sommersonnenwende anbauen, wird er rasch ins Kraut schießen und blühen. Werden diese Kreuzblütler hingegen bei abnehmender Tageslänge kultiviert, bilden sie unter günstigen Umständen die prächtigen Verdickungen aus, für die sie bekannt sind. Rübsen sind zur Beweidung ein wenig besser geeignet als Rettiche, doch bei Weitem nicht so gut wie die Futterkohlsorten – also Grünkohl oder Blattkohl.

Wie Sie sich bestimmt vom Beginn des Kapitels her erinnern, kommen meine Saaten völlig ohne Kunstdünger aus. Meine Böden sind gesund genug, um die Pflanzen mit den benötigten Nährstoffen zu versorgen. Falls Ihre Böden hingegen an Kunstdünger gewöhnt sind, müssen Sie Ihre Zwischenfrüchte eventuell düngen. Ich ermutige Sie jedoch nachdrücklich, die Menge zu reduzieren. Fangen Sie an, Ihre Böden zu heilen!

Oft werde ich gefragt, ob mein Vieh an irgendwelchen Gesundheitsproblemen aufgrund von Nitraten, Blausäure oder Blähsucht leidet. Ich kann ehrlich behaupten, dass wir noch nie ein Tier deshalb verloren oder behandelt hätten. Allerdings kann ich nicht garantieren, dass bei Ihren Tieren keine Probleme auftreten werden. Ich glaube, dass der ausgezeichnete Gesundheitszustand unseres Bodens und unsere Anbaumethoden dabei helfen, Schwierigkeiten vorzubeugen. Blähsucht ist wegen der Artenvielfalt in unseren Mischkulturen kein Thema. Und Nitrate sind kein Thema, weil wir Kunstdünger schon lange nicht mehr benutzen.

Häufig bittet man mich um ein exaktes »Rezept« für eine Zwischenfruchtmischung. Doch weil das, was auf meinem Betrieb funktioniert, auf Ihrem möglicherweise fehlschlägt, biete ich bewusst keine Rezepte an. Die Prinzipien, nach denen ich mich richte, kann ich selbstverständlich weitergeben; allerdings müssen Sie selbst Experimente wagen und herausfinden, welche Arten auf Ihren Böden und in Ihrer Umwelt gedeihen. (Die Prinzipien und Methoden, die ich bei der Kultivierung von Zwischenfrüchten verfolge, werden in Kapitel 8 ausführlicher behandelt.)

Seit wir das Konzept der ganzheitlich geplanten Beweidung integriert haben, sind wir weit flexibler geworden und haben viel mehr Möglichkeiten gewonnen, wenn es darum geht, wann und wohin der Viehumtrieb erfolgen soll. Auf diese Flexibilität sind wir bei der Fliegen- und Parasitenbekämpfung angewiesen; sie ist von entscheidender Bedeutung, da wir nicht mehr zu Insektiziden greifen.

Insektenschutzmittel sind überflüssig geworden, weil wir den Fortpflanzungszyklus der Fliegen dadurch unterbrechen, dass wir die Kühe von ihrem Dung entfernen; denn Dung ist für Fliegen selbstverständlich der bevorzugte Platz zur Eiablage. Darüber hinaus konnten wir feststellen, dass die Populationen der Mistkäfer und anderer Nützlinge stark gewachsen sind. Nachdem wir die Insektizide eingestellt hatten, dauerte es 2 Jahre, bis wir einen Mistkäfer erblickten. Bis zum heutigen Zeitpunkt hat Paul siebzehn Arten auf unserem Land nachgewiesen! Andere wild lebende Tierarten wie Kuhstärlinge, Sumpfschwalben, Großlibellen und eine Unzahl weiterer Beutegreifer halten Schädlinge unter Kontrolle. Zusätzlich züchten wir die Haarschafrassen Katahdin und Dorper, die ein Fehlwirt für rindsspezifische Parasiten sind (mehr über Schafe im Abschnitt »Jede Ranch braucht ein paar Schafe« auf Seite 141.) Die Natur hat es ausgetüftelt – wir müssen nur klug genug sein, unseren Nutzen daraus zu ziehen!

Ein weiterer der zahlreichen Vorteile der ganzheitlich geplanten Beweidung ist die Möglichkeit, unseren Viehbestand als Werkzeug einzusetzen, um Giftpflanzen zu regulieren. Ein Beispiel: Wir haben Weideland gepachtet, das mehr als 20 Jahre lang in das Conservation Reserve Program des US-Landwirtschaftsministeriums aufgenommen war und hauptsächlich von Wehrloser Trespe, einigen Luzernen und Unmengen giftiger Kräuter bewachsen war. Doch wir machten uns nicht die geringsten Sorgen: Bei höherer Besatzdichte ändert das Vieh sein Verhalten und verspeist bereitwillig auch weniger begehrenswerte Arten wie die Acker-Kratzdistel. Es gelang uns, die Plage der Giftpflanzen und der Neophyten stark einzuschränken und gleichzeitig die Vielfalt und den Gesundheitszustand anderer Gräser und Stauden zu erhöhen. Unser Vieh verkraftet neben Acker-Kratzdisteln auch Gemeinen Wermut und sogar Esels-Wolfsmilch.

Die Bilanz

Wie steht es um die Ergebnisse meiner Betriebsführung? Gelingt es mir tatsächlich, die Böden zu regenerieren? Wohin haben all unsere Bemühungen die Ranch gebracht?

Um meinen Glauben an die Leistungsfähigkeit der regenerativen Landwirtschaft zu rechtfertigen, habe ich beschlossen, die Unterschiede, die das regenerative Management auf unserer Ranch bewirkt hat, in Zahlen darzustellen. Meine Vorträge zum Thema regenerative Landwirtschaft führen mich rund um die Welt, und glücklicherweise besteht einer der Vorteile dieser Reisen darin, etliche Wissenschaftler und Forscher kennenzulernen. Dank dieser Kontakte konnten wir eine Präsentation zusammenstellen, die es uns ermöglicht, die Auswirkungen unserer Managementpraktiken zu untersuchen und sie mit anderen Bewirtschaftungsformen zu vergleichen.

Neben unserem Betrieb wurden drei weitere Farmen ausgewählt. Alle vier Betriebe verfügen über dieselbe Bodenart und befinden sich in unmittelbarer Nähe (um die Unterschiede aufgrund des Wetters so gering wie möglich zu halten). Es folgt eine kurze Erläuterung, wie jede Farm geführt wird:

Farm 1 kultiviert verschiedene Getreidearten:

Auf diesem landwirtschaftlichen Betrieb, der eine Vielzahl an Feldfrüchten erzeugt, wird der Boden bearbeitet, um das Erdreich für die Aussaat vorzubereiten und Unkräuter zu regulieren. Sollen Reihenkulturen angelegt werden, wird der Boden auch während der Vegetationsperiode umgepflügt. Es werden Sommerweizen, Gerste, Hafer, Lein, Sojabohnen, Ackerbohnen und Sonnenblumen angebaut. Zwischenfrüchte wie zum Beispiel Steinklee werden gezogen und anschließend untergepflügt, um der Folgekultur Nährstoffe zur Verfügung zu stellen. Natürliche Mittel zur Bodenverbesserung kommen zur Anwendung, auf Kunstdünger, Unkrautvernichter, Fungizide und andere Schädlingsbekämpfungsmittel wird verzichtet. Auf diesem Betrieb werden keinerlei Nutztiere gehalten.

Farm 2 bearbeitet den Boden so wenig wie möglich:

Dieser Erzeuger pflügt das Erdreich möglichst selten und kultiviert in erster Linie Lein und Sommerweizen. Sehr selten werden Sonnenblumen angebaut. Eine pneumatische Sämaschine mit Zinkenscharen kommt zum Einsatz, um bei der Aussaat wasserfreies Ammoniak zu verteilen. Sonstiger Kunstdünger wird nicht verwendet. Herbizide, Fungizide und andere Schädlingsbekämpfungsmittel werden bei Bedarf eingesetzt. Der Betrieb besitzt weder eigene Viehbestände noch werden Nutztiere in irgendeiner Weise eingebunden.

Farm 3 verzichtet auf Bodenbearbeitung, die Vielfalt ist durchschnittlich:

Dieser Betrieb praktiziert die Direktsaatmethode seit vielen Jahren; die Fruchtfolge, zu der Mais, Sonnenblumen, Braugerste, Sojabohnen und Sommerweizen zählen, ist durch mittlere Diversität gekennzeichnet. Um die Erträge zu maximieren, werden große Mengen an Kunstdünger, Herbiziden, Fungiziden und anderen Schädlingsbekämpfungsmitteln eingesetzt. Der Betrieb besitzt weder eigene Viehbestände noch werden Nutztiere in irgendeiner Weise eingebunden.

Bei Farm 4 handelt es sich um die Brown's Ranch:

Der vierte Betrieb gehört mir. Bodenbearbeitung findet nicht statt, die Vielfalt an Feldfrüchten und Zwischenfrüchten ist hoch; Kunstdünger, Fungizide und Mittel zur Bekämpfung tierischer Schädlinge werden nicht verwendet. Nutztiere dürfen auf dem Ackerland weiden.

Auf jeder Farm wurden an demselben Tag Bodenproben entnommen und Versickerungstests durchgeführt. Die Bodenproben wurden von Dr. Rick Haney am Grassland Soil and Water Research Laboratory in Temple (Texas) analysiert, einem Labor, das zum Agricultural Research Service des US-amerikanischen Landwirtschaftsministeriums gehört. Die Ergebnisse der Untersuchungen finden Sie in Tabelle 4.1. Der kaltwasserextrahierbare organische Kohlenstoff (WEOC) entspricht der Nahrung der Bodenlebewesen. Stellen Sie sich die Sache folgendermaßen vor: Organische Substanz ist das Haus, das von den Bodenlebewesen bewohnt wird, und WEOC ist der Inhalt des Kühlschranks.

Was springt Ihnen beim Betrachten der Testergebnisse ins Auge? Als Erstes wird Ihnen wahrscheinlich auffallen, dass sich Farm 4 (Brown's Ranch) von den anderen Betrieben durch mehr Nährstoffe im Boden und günstigere Werte für organische Substanz, Kohlenstoffgehalt und Versickerungsgeschwindigkeit abhebt. Aussagekräftig ist aber auch, wie wenig sich die Werte der drei anderen Farmen unterscheiden. Die Ergebnisse dieser Gegenüberstellung stützen mehrere Thesen:

- Bodenbearbeitung schadet der Bodengesundheit in jeglicher Hinsicht.
- Geringe Vielfalt ist der Bodengesundheit abträglich.

- Hoher Kunstdüngereinsatz wirkt sich nachteilig auf die Bodengesundheit aus.
- Die Integration von Nutztieren beeinflusst die Bodengesundheit in positiver Weise.

Die Daten zeigen, wie wichtig es ist, unsere Pflanzenbau- und Tierhaltungsbetriebe als Ökosysteme zu bewirtschaften. Um für einen guten Gesundheitszustand unserer Familien, Bauernhöfe, Gemeinschaften und des Planeten Erde zu sorgen, ist dies ganz entscheidend!

Tabelle 4.1.

Ergebnisse der Bodentests zum Zweck einer Vergleichsstudie landwirtschaftlicher Betriebe

Betrieb	**N** kg	**P** kg	**K** kg	**WEOC** ppm	**OS** Prozent	**INFIL** mm pro Hektar
Farm 1	1	71	43	233	1,7	12,7
Farm 2	12	111	62	239	1,7	17,8
Farm 3	17	98	90	262	1,5	11,4
Farm 4	127	456	793	1095	6,9	+760

N = Stickstoff; P = Phosphor; K = Kalium; WEOC = kaltwasserextrahierbarer organischer Kohlenstoff; OS = organische Substanz; INFIL = Versickerungsgeschwindigkeit

Welche Bedeutung dies hat, habe ich von dem kürzlich verstorbenen Jerry Brunetti gelernt. In seinem richtungsweisenden Buch *The Farm as Ecosystem* erläutert der Autor wortgewandt, wie sehr es darauf ankommt, unsere landwirtschaftlichen Betriebe als Ökosysteme aufzufassen und zu behandeln. Für das, was er mir beigebracht hat, werde ich ihm immer dankbar sein – besonders für seine Anleitung, die Natur zu beobachten. Lassen Sie die Natur, die sich in Pflanzen, Tieren und dem Boden manifestiert, Ihr Lehrmeister sein.

Kapitel 5

Die nächste Generation – Aufbauarbeit für die Zukunft

Unser Sohn Paul hat meine Liebe zur Viehwirtschaft geerbt. Shelly und ich wussten seit Jahren, dass er die Ranch übernehmen wollte. Tatsächlich bat er uns direkt nach der Highschool, ihn Vollzeit auf der Ranch arbeiten zu lassen. Wir lehnten ab, weil er seine eigenen Erfahrungen machen sollte, auch wenn es nur für kurze Zeit wäre. Widerstrebend willigte er ein und besuchte das College. Pauls Telefonanrufe zu spätnächtlicher Stunde werde ich nie vergessen. Regelmäßig beklagte er sich: »Dad, sie lehren uns die falschen Grundsätze. Alles, was sie uns beibringen möchten, haben wir auf der Ranch schon längst aufgegeben.« Verständnisvoll hörte ich zu, doch sobald er aufgelegt hatte, musste ich lachen. Diese Sichtweise war exakt der Grund, weshalb er aufs College gehen sollte. Nachdem Paul seinen Abschluss hatte, kehrte er auf die Ranch zurück und wurde im Betrieb mein gleichberechtigter Partner.

Vor einigen Jahren hatten wir das Glück, das restliche Land, das Shellys Tante Alice und Onkel Dan besaßen, erwerben zu können. Zu diesem Gebiet gehörte ein kleines, altes Bauernhaus, dessen Fenster, Türen, Dach, Heizungssystem, Teppichböden und Außenfassade wir erneuerten. Die perfekte Junggesellenbude für einen 22-Jährigen. Das Bauernhaus liegt 8 Kilometer von unserem Gehöft entfernt: aus den Augen, aus dem Sinn.

Mehrere befreundete Landwirte teilten mir mit, dass es ein großer Fehler wäre, Paul gleich nach seinem College-Abschluss auf die Ranch zurückkehren zu lassen. Sie beharrten darauf, dass es sowohl für uns als auch für ihn besser wäre, wenn er eine gewisse Zeit lang anderswo arbeiten würde. Sie meinten, junge Erwachsene müssten vor ihrer Rückkehr nach Hause eine andere Beschäftigung ausprobieren, um sicher zu sein, dass sie wirklich im Pflanzenbau oder in der Tierhaltung arbeiten wollten. Shelly und ich machten uns viele Gedanken über ihre Äußerungen. Allerdings sind wir fest davon überzeugt, dass ein junger Mensch, der in einem Umfeld aufgewachsen ist, in dem unabhängiges Denken gefördert wurde, und der gelernt hat, mit Verantwortung umzugehen, das Recht haben sollte, seine eigenen Karriereentscheidungen zu treffen. Wir bereuen es nicht, Paul nach seinem Studienabschluss die Rückkehr auf den Betrieb ermöglicht zu haben.

Ich finde es übrigens sehr vielsagend, dass keiner der Freunde, die mir damals rieten, Paul zu »zwingen«, einen Job außerhalb der Ranch anzunehmen, einen Sohn oder eine Tochter hat, der oder die auf den elterlichen Betrieb zurückgekehrt ist! Interessant ist auch, dass nur sehr wenige von Pauls Schulkameraden, die auf einem Bauernhof aufgewachsen sind, wieder zu Hause leben. Paul ist leider ein Ausnahmefall. Wie traurig! Vermutlich liegt das am gegenwärtig vorherrschenden Produktionsmodell in der Landwirtschaft, wie ich in Kapitel 10 ausführlicher erläutern werde.

Auf einer Konferenz, an der ich einmal teilnahm, stellte ein Redner die Frage: »Wer unter Ihnen hat jemanden in der Familie, der Ihren Betrieb übernehmen wird oder dies zumindest beabsichtigt?« Raten Sie einmal: Wie viele der fast 200 Menschen im Publikum hoben ihre Hand? Bloß zwei: Neben meiner Wenigkeit nur eine einzige Person. Ich war fassungslos, denn ich hatte mit mindestens dreißig gerechnet und auf viel mehr gehofft. Mir fällt es schwer zu glauben, dass es in nur zwei der über 120 Betriebe, die an diesem Tag vertreten waren, Töchter, Söhne, Nichten oder Neffen gab, die ihren Lebensunterhalt auf dem Bauernhof verdienen wollten. Verstehen Sie mich bitte nicht falsch. Mir ist klar, dass es für viele Kinder nicht erstrebenwert ist, Landwirt zu werden. Das ist völlig in Ordnung. Jeder sollte seine eigenen Träume verfolgen. Doch warum herrschte in nur zwei Betrieben ein Klima, das den Einstieg der Jugend ins Geschäft förderte? Nach der Konferenz dachte ich lange darüber nach und begann, so vielen Landwirten und Jugendlichen wie möglich diese Frage zu stellen. Dabei konnte ich zwei häufige Gründe in Erfahrung bringen: Erstens war das Betriebseinkommen nicht hoch genug, um zwei Familien zu unterhalten. Zweitens war es einfach zu teuer, in die Landwirtschaftsbranche zu gehen. Wie ich glaube, sind die Lösungen beider Probleme eng verknüpft.

Unser Plan für die Zukunft

Ich habe schon geschildert, wie meine Schwiegereltern Shelly und mich mit der plötzlichen Entscheidung überrascht hatten, das Anwesen zu dritteln und jeder Tochter ein Drittel zu verkaufen – und das 8 Jahre, nachdem sie uns gebeten hatten, in der Landwirtschaft mitzuarbeiten und den Betrieb zu übernehmen. Dieser Entschluss hatte im Wesentlichen zur Folge, dass Shelly und ich letztlich nicht nur ihr Drittel, sondern auch die Anteile ihrer Schwestern erwarben. Wir mussten ihnen Pacht zahlen, damit sie die Grundschuld löschen lassen konnten. Ich weiß es zu schätzen, dass Shellys Schwestern uns die Möglichkeit gaben, ihr Land zu pachten – es bildet einen wertvollen Bestandteil unseres Unternehmens. Doch dieses Szenario hatte großes Gewicht auf die Entscheidung, wie wir die Ranch an *unsere* Kinder übergeben würden.

Im Laufe der Jahre hatte ich zu oft miterlebt, dass eines der Kinder auf den Bauernhof zurückkehrte, während die Geschwister andere Karrieren verfolgten; die Eltern stellten jedoch keinen Nachlassplan auf. Die Zeit verging und plötzlich verschied ein Elternteil oder auch beide, und der Hof wurde unter allen Kindern aufgeteilt. Dadurch geriet das Kind, das sich für ein Leben auf dem Bauernhof entschieden hatte, in die schwierige Position, seine Geschwister auszahlen zu müssen, oder – was noch schlimmer war – es war gezwungen, den Betrieb aufzugeben. Wir beschlossen, Paul vor dieser Situation zu bewahren. Noch bevor er das College verlassen hatte, von seiner Rückkehr auf den Betrieb ganz zu schweigen, sollte er in unsere Nachlassplanung eingeweiht werden.

Wir setzten uns mit Paul und unserer Tochter Kelly zusammen, um die Dinge mit ihnen zu besprechen. Kelly hatte kein Interesse daran, auf die Ranch zurückzukehren. Wäre es anders gewesen, hätten wir es eingerichtet, dass sich beide am Betrieb hätten beteiligen können. Wir gaben das gesamte Land in einen Trust unter Lebenden mit Leibrente. Der Trust besitzt das Land; bis zu unserem Tod oder der Beendigung des Vertrags haben Shelly und ich einen Anspruch auf die Einnahmen aus dem Trust. Nach unserem Tod oder nachdem wir die Treuhandverwaltung aufgelöst haben, wird Paul die Urkunden über das Land erhalten. Er ist gleichzeitig der Nachlassverwalter des Trusts. In der Zwischenzeit bezahlen wir Paul ein Gehalt, und er kann darauf vertrauen, dass die Ranch eines Tages ihm gehören wird.

Denjenigen, die sich über die Vereinbarung mit Kelly Gedanken machen, sei gesagt, dass sie nach unserem Ableben unser gesamtes persönliches Vermögen, unsere Beteiligungen und die Lebensversicherungsverträge erhalten wird. Entspricht der monetäre Gegenwert Pauls Anteil? Nein. Ist die Vereinbarung gerecht? Absolut. Paul arbeitet schon seit Jahren hart mit uns zusammen und wird in Zukunft Eigenkapital in die Ranch investieren. Dafür verdient er eine Kompensation.

Mir ist klar, dass jetzt einige Leser fragen werden: »Wie sieht es mit eurem Ruhestand aus? Wovon wollt ihr dann leben?« Meine einfache Antwort lautet: Falls ich mit meiner landwirtschaftlichen Tätigkeit nicht genug verdienen kann, um etwas für den Ruhestand zurückzulegen, sollte ich die Finger davon lassen! Ich halte es für lächerlich, wenn die nächste Generation das Unternehmen kaufen muss – besonders dann, wenn sie geholfen hat, es aufzubauen. Falls wir unsere landwirtschaftlichen Betriebe wie Unternehmen führen, dürfte so etwas eigentlich nicht passieren.

Außerdem halte ich den Hinweis für wichtig, dass dieses Arrangement so gut wie möglich sicherstellt, dass im Fall einer Gesundheitskrise kein Krankenhaus oder Pflegeheim den Verkauf des Landes erzwingen kann. Angesichts der Art und Weise, wie die Kosten im Gesundheitswesen gedeckt werden, ist dies keine unbedeutende Überlegung.

200 Jahre Nachhaltigkeit

Ich bin der Ansicht, dass ein landwirtschaftlicher Betrieb erst dann wirklich nachhaltig ist, wenn er der nächsten Generation übergeben wurde, ob diese nun der eigenen Familie entstammt oder nicht. Eines der Probleme der modernen Landwirtschaft besteht in der zunehmenden Zersplitterung des Grundbesitzes. Die Kinder verlassen den Hof, und wenn die Eltern eines Tages nicht mehr sind, wird die Erbschaft verkauft – parzellenweise. Es ist zu einer schwierigen Angelegenheit geworden, einen landwirtschaftlichen Betrieb zusammenzuhalten, unabhängig davon, wie groß die Grundstücksfläche ist. Dies ist eines der Motive, weshalb wir für unsere Ranch einen 200-Jahres-Plan entwickelt haben.

Hier sind die einzelnen Punkte unseres Vorhabens:

- Der Grundbesitz wird in einen Trust überführt, um dafür zu sorgen, dass unser Land als Einheit erhalten bleibt und als solche auch an die nächste Generation übergeben werden kann.
- Gründung einer LLC (Limited Liability Company[4]), die mit der Vermarktung unserer Produkte betraut ist.
- Investitionen in einen Schlachthof, um zu gewährleisten, dass unsere Tiere verwertet werden können.

---

4 Anm. d. Übers.: amerikanisches Pendant der GmbH.

- Investitionen in die Bisman Food Co-op[5], die mit dem Verkauf unserer Produkte betraut ist.
- Mit aller Kraft darauf hinwirken, dass die Ökosystemfunktion wiederhergestellt wird, einschließlich des Wasser- und Mineralstoffkreislaufs. Die Maßnahmen tragen dazu bei, Produktivität und Rentabilität sicherzustellen.
- Intensive Kontrolle der Ökosystemfunktion durch die LandStream-Technologie.
- Anlegen von Obstgärten und Nussbaumplantagen, um zum Einkommen zukünftiger Generationen beizutragen.
- Kontinuierliche Auffächerung der Einkommensquellen, um die Tragfähigkeit des Geschäftsmodells zu gewährleisten.
- Ackerland, das sich in der Nähe von Siedlungsgebieten befindet, soll in Grünland mit mehrjährigen Pflanzenbeständen umgewandelt werden, sodass es beweidet werden kann. Eine städtische Umgebung ist dem Anbau von Feldfrüchten nicht zuträglich.
- Auch weiterhin sollen bestimmte Geschäftsbereiche an Praktikanten ausgegliedert werden, um einerseits mehr Menschen den Einstieg in die Landwirtschaft zu ermöglichen und andererseits mehr Produkte zu beziehen, die wir vermarkten können.

---

5 Anm. d. Übers.: amerikanische Genossenschaft für den Vertrieb von landwirtschaftlichen Produkten.

Diversifizierung unseres Tierbestands

Bereits als Paul noch aufs College ging, drängte er mich, über neue Entwicklungen in unserem Betrieb nachzudenken. Eines der nächtlichen Telefongespräche mit Paul sollte große Veränderungen auf der Ranch nach sich ziehen, denn unser Sohn hatte festgestellt: »Dad, du predigst immer Artenvielfalt, doch die einzigen Nutztiere, die wir halten, sind Fleischrinder. Ich hätte gerne Hühner, Schafe und vielleicht auch Schweine.« Donnerwetter! Hühner, Schafe, Schweine? Diese Möglichkeiten hatte ich nie erwogen, aber ich brauchte nur ein paar Sekunden, um zu antworten: »In meinen Ohren klingt das ausgezeichnet!« Denn schließlich hatte mein Sohn nicht Unrecht: Vielfalt ist überall am besten, nicht nur bei Kulturpflanzen. Als Paul nach seinem Abschluss wieder daheim auf der Ranch war, schmiedeten wir sofort Pläne für die Anschaffung von Legehennen.

Paul machte eine Dame ausfindig, die ihre Schar von 150 Leghorn-Hühnern verkaufen wollte. Man wurde handelseinig und Paul war nun offiziell im Eiergeschäft. Zuerst fand er heraus, wie man die Vögel unterbringen konnte: Er kam auf die Idee, einen 2 x 4,8 Meter messenden Viehanhänger zu einem mobilen Hühnerstall umzubauen, den man über die Weiden ziehen könnte. Nachdem wir einen Anhänger besorgt hatten, begann die Nachrüstung. Wir rissen den alten Holzboden heraus und setzten an dessen Stelle ein Streckmetallgitter ein, damit die Hinterlassenschaften der Hühner durch das Gitter fallen und den Untergrund düngen konnten. Anschließend bauten wir an jeder Seitenwand vier Reihen Schlafplätze für die Vögel ein. Wir befestigten eine 200-Liter-Tonne im Frontbereich, an die eine halbautomatische Tränke angeschlossen wurde. Wenn wir die Tonne füllen möchten, müssen wir lediglich vor einer der Steigleitungen unserer flach verlegten Wasserleitung anhalten, einen Gartenschlauch befestigen und Flüssigkeit einströmen lassen. Zu guter Letzt montierten wir eine Reihe Legenester an die Innenseite der Hintertür, was das Einsammeln der Eier zu einem Kinderspiel machte.

Mit zwei Erweiterungen des Anhängers haben wir das Unternehmen noch effizienter gemacht. Die erste ist ein Dolly – zwei durch eine Achse verbundene Räder. Mittig auf der Oberseite der Achse ist eine Metallkugel mit einem Durchmesser von 5 Zentimetern angeschweißt, an der wir die Anhängevorrichtung des mobilen Hühnerstalls einrasten lassen können. Zusätzlich haben wir eine Metalldeichsel mit Öse am Dolly angebracht; die Öse können wir über die Kugelkopfkupplung unseres Geländewagens legen (siehe Abbildung 31). Dadurch lässt sich der mobile Hühnerstall ohne Schwierigkeiten ziehen, und wir verschwenden unsere Zeit nicht damit, dass wir ihn mit dem Wagenheber anheben und absetzen müssen. Bei der zweiten Ergänzung handelt es sich um eine lichtempfindliche Tür, die sich morgens bei Sonnenaufgang automatisch öffnet und abends in der Dämmerung schließt. Abgesehen davon, dass Raubtiere nachts vor verschlossener Anhängertür stehen, erspart uns die Konstruktion Zeit und Mühe, denn wir müssen die Hühner nicht jeden Abend einsperren und sie morgens wieder herauslassen. Und wie taufte Paul diesen neumodischen Hühnerstall? Eier-mobil natürlich!

Aber wohin mit all den Eiern? Paul benachrichtigte Tanten, Onkel, Freunde und entfernte Verwandte, dass er Eier verkaufen würde. Die Nachricht verbreitete sich rasch, und bald überstieg die Nachfrage das Angebot. Paul rief bei einer örtlichen CSA[6] an, die Gemüse anbot, und fragte, ob es möglich sei, gemeinsam eine

---

6 Anm. d. Übers.: Community Supported Agriculture, im deutschen Sprachraum beispielsweise als solidarische Landwirtschaft oder regionale Vertragslandwirtschaft bezeichnet.

wöchentliche Übergabestelle in Bismarck einzurichten. Man war einverstanden. Jede Woche, wenn Paul die Eier verpackte, um sie nach Bismarck zu liefern, geriet er in hellste Aufregung. Es war mir ein Rätsel – bis zu der Woche, in der ich darauf beharrte, ihn zu begleiten. Nachdem er an der Übergabestelle angehalten hatte, tauchte innerhalb von Minuten ein Dutzend Fahrzeuge auf, aus denen junge Frauen stiegen – die meisten davon Singles –, die ihn umschwärmten! (Habe ich ihnen schon erzählt, dass Paul ebenfalls Single ist?) Gut gemacht, mein Sohn!

In Zusammenhang mit Pauls Eier-Business darf ich einen bedauerlichen Aspekt nicht unerwähnt lassen. Was Paul tat, war damals in North Dakota eigentlich illegal. Es verstieß gegen das Gesetz, Eier zu verkaufen, die nicht vom Bundesstaat North Dakota kontrolliert und zertifiziert worden waren – ein Fall überbordender Vorschriften. Menschen sollten das Recht besitzen, gesunde, nährstoffreiche Lebensmittel anzubieten, ohne dass sich die Regierung einmischt! Leider ist dies nur eines von vielen Beispielen für das verkorkste Nahrungsmittelsystem, das in diesem Land existiert. Es macht die harte Arbeit zahlreicher Landwirte und die aktive Unterstützung durch Konsumenten zunichte, die wie wir – und Sie – die Dinge zum Besseren hin verändern wollen.

Die Eierproduktion wird hochgefahren

Pauls Legehennen-Unternehmen expandierte von 150 auf über 1100 Hühner, die in einer Flotte von sieben Eiermobilen untergebracht waren. Jetzt konnten die Eier nicht mehr von Hand gewaschen werden. Wir mussten mit einer staatlich kontrollierten Eierwaschmaschine für die kommerzielle Nutzung aufrüsten, die uns den Arbeitsvorgang erleichterte. Ein Dutzend Eier aus einer

Agrarfabrik kostet etwa 60 US-Cent. Paul verlangt 4,50 Dollar je Dutzend – einen Preis, den die Leute bereitwillig bezahlen, weil sie an nahrhaften Lebensmitteln interessiert sind. Eier sind ein großartiges Einstiegsprodukt, um die Aufmerksamkeit der Kunden auf sich zu lenken; sobald sie die Qualität unserer Freilandeier sehen und schmecken, kaufen sie begeistert auch andere Erzeugnisse.

Wie »managen« wir all diese Legehennen? Sie bilden das Hygieneteam der Ranch. Im Frühling, Sommer und Herbst halten wir unser Geflügel auf Grünland und lassen es in einem Abstand von 3 Tagen der Mastrinderherde folgen. Das ist genau die Zeit, die Fliegenlarven benötigen, um sich in den Kuhfladen zu entwickeln. Das Dinner der Hennen ist serviert! Hühner sind wunderbare Lebewesen; als Omnivoren verschlingen sie fast alles: Klee, Gras, Fliegen und deren Larven, Heuschrecken, Mäuse und sogar Schlangen! Was genau, ist ihnen piepegal, Hauptsache, es gibt etwas zu fressen. Zusätzlich verfüttern wir ihnen einen Teil der Siebrückstände des Getreides (rissige und zerbrochene Getreidekörner sowie Samen der Unkräuter, die zusammen mit dem Korn abgemäht und gedroschen worden sind).

Eine sehr wichtige Maßnahme, in einem landwirtschaftlichen Betrieb einen echten Gewinn zu erzielen, besteht darin, den Abfall eines betrieblichen Teilbereichs in eine Rohstoffquelle zu verwandeln, die in einem anderen Teilbereich gewinnbringend genutzt werden kann. Dass wir die Siebrückstände, die andernfalls lediglich Abfall wären, den Hühnern verfüttern, illustriert dieses Prinzip recht schön. Austernschalen sind die einzige Nahrungsergänzung, die wir für unser Geflügel dazukaufen; sie liefern den Tieren zusätzliches Calcium, das für harte Schalen sorgt.

Wegen unserer strengen Winter können wir die Hühner in der kalten Jahreszeit nicht in den Eiermobilen beherbergen. Daher haben wir 2015 ein 11 Meter breites und 22 Meter langes

Gewächshaus errichtet. Bevor die Hennen im Winter einziehen dürfen, statten wir das Gebäude mit einer dicken Schicht an Holzschnitzeln aus, um das Kohlenstoff-Stickstoff-Verhältnis ihrer grandiosen Ausscheidungen auszubalancieren. Im nächsten Frühling wird der Stall ausgemistet, und wir lassen den ausgezeichneten Dünger 1 Jahr lang kompostieren. Der fertige Kompost wird anschließend auf unseren festen Gartenbeeten ausgebracht. Sonnenenergie und Körperwärme von 1100 Artgenossen halten die Hühner selbst an den eisigsten Wintertagen warm. Verköstigt werden die Tiere mit einer Winterration an Siebrückständen und Fleischabfällen. Lecker! Bei uns haben sie ein wirklich angenehmes Leben. Die Lebensspanne der meisten industriell gezüchteten Hühner beträgt ungefähr 1 Jahr; einige unserer Hennen sind hingegen 7 Jahre alt!

Als vor ein paar Jahren ein Fernsehteam des Senders National Geographic 3 Tage lang auf unserer Ranch filmte, fragte mich der Regisseur, ob sich Eier frei laufender Hühner, wie wir sie besitzen (unsere Tiere könnten bis nach Bismarck spazieren, falls ihnen der Sinn danach stünde), tatsächlich von handelsüblichen Eiern unterscheiden. Ich fasste die Frage als eine Gelegenheit zu etwas Praxisunterricht auf und bat den Regisseur, ein Dutzend Eier eines beliebigen Anbieters zu besorgen. Am nächsten Tag tauchte er mit zwölf biologischen Eiern aus Bodenhaltung auf. Wir fuhren zu den Eiermobilen, und ich ließ ihn nach Wunsch Eier aussuchen. Anschließend brachten wir die Auswahl ins Haus, und der Regisseur zerschlug ein Ei aus Bodenhaltung am Rand einer Gusseisenpfanne. Es handelte sich um ein typisches Exemplar: hellgelber Dotter und wässriges Eiweiß. Dann nahm er eines von unseren Produkten und brach es neben dem anderen Ei auf. Sein Gesichtsausdruck war unvergleichlich! Der Dotter unseres Eis war leuchtend orange, das Eiweiß fest. Aufgeregt öffnete er ein weiteres Ei aus Bodenhaltung: dieselbe blasse Farbe. Jetzt wieder eines von uns, und wieder leuchtete ihm der Dotter orange entgegen. Er war überzeugt. Lektion gelehrt, Lektion verstanden.

Jede Ranch braucht ein paar Schafe

Nachdem er mit Hühnern den Anfang gemacht hatte, wollte sich Paul Schafe zulegen. In froher Erwartung umgrenzte er 130 Hektar Weideland mit einem hochfesten elektrischen Zaun, der drei Litzen besaß. Wir glaubten, dies würde reichen, um die Herausforderung »Schaf« angemessen zu bewältigen. Zu behaupten, wir hätten über wenig Erfahrung mit Schafen verfügt, wäre noch milde ausgedrückt. Keiner von uns beiden hatte je zuvor mit dieser Tiergattung gearbeitet. Nach einigen Recherchen urteilte Paul, dass sich Haarschafe der Rasse »Katahdin« am besten für unseren Betrieb eignen würden; diese Tiere entledigten sich im Frühling ihres Winterfells und waren für gute Fleischqualität bekannt. Bei der Entscheidungsfindung hatte die Fleischqualität oberste Priorität. Dass es sich um Haarschafe handelte, war für uns einerseits ein zusätzlicher Vorteil, weil wir dadurch keine Scherereien mit der Wolle hatten. Andererseits entging uns eine mögliche Einnahmequelle, weil wir keine Wolle vermarkten konnten.

Ein paar Hundert Kilometer nördlich fand Paul einen Viehzüchter, der bereit war, uns zwanzig weibliche und ein männliches Lamm zu verkaufen. Paul hatte sich für diesen Züchter entschieden, weil er seine Tiere weder mit Entwurmungsmitteln behandelte noch impfte; außerdem waren die Umweltbedingungen vergleichbar. Daher würden sich die Schafe für die Haltungsweise, die wir für sie geplant hatten, gut eignen und wären schon an unser Klima angepasst. Wir brachten den Widder im Dezember mit den Mutterschafen in Kontakt, damit diese im Mai –

in Harmonie mit der Natur – ihre Lämmer bekämen. Ich behaupte häufig, dass wir jede Lektion auf die harte Tour lernen müssen, und wir lernten mit Sicherheit dazu, als wir die Schafe draußen auf der Weide Lämmer werfen ließen. Ich sage nur: Kojoten! Zum Abendessen holten sie sich einen ordentlichen Anteil Lammfleisch. Ein Herdenschutzhund wurde angeschafft, und dieses Problem war gelöst.

Schon früh erzählte ich gerne, dass für unsere Schafe eine Weidestrategie existierte – welche Ausflugspläne auch immer die Tiere ausheckten, sie ließen sich nicht aufhalten. Rasch begriffen wir, dass die drei Litzen hochfesten Drahts ihren Zweck nicht erfüllten, weshalb wir ein paar zusätzliche Drähte aufspannten. Im Laufe der Zeit haben wir weitere Erfahrungen gesammelt, wie man Schafe einzäunt und mit ihnen umgeht.

Um das Körpergewicht und die Leistungsfähigkeit des Nachwuchses zu erhöhen, führten wir Dorper-Widder in die Herde ein. Die Kreuzung aus Katahdin und Dorper hat sich bewährt, für gewöhnlich wiegt der Schlachtkörper eines 1-jährigen Tieres circa 30 Kilogramm. Was Fütterung und Gesundheitspflege angeht, so machen wir keine Unterschiede zwischen den Schafen und unserer Kuhherde: keine Impfstoffe, keine Entwurmungsmittel und auch kein Getreide. Wenn die Schafe eigenständig lammen und wieder trächtig werden, behalten wir sie, andernfalls werden sie verkauft – Ausnahmen sind nicht vorgesehen. Die Tiere haben sich gut angepasst, und wir konnten feststellen, dass der Spruch »Schafe suchen nur nach einem Vorwand, um einzugehen« überhaupt nicht stimmt!

Zu den wunderbaren Dingen an der Schafhaltung zählt, dass die Tiere normalerweise nicht dieselben Pflanzenarten fressen wie unsere Rinder. Dadurch können wir Schafe halten, ohne deshalb die Rinderherde verkleinern zu müssen. Auf einem landwirtschaftlichen Betrieb unserer Größenordnung könnten leicht mehrere Tausend Mutterschafe und einige Hundert Kühe leben. Wir haben jedoch beschlossen, die Aufstockung unserer Herde von der Nachfrage nach Lammfleisch auf Grünfutterbasis abhängig zu machen.

Im Schweinehimmel

Shelly brachte an unserem Kühlschrank einen Magneten an, auf dem zu lesen ist: »Wenn dir Schinken nichts bedeutet, irrst du dich!« Was mich angeht, so widerspreche ich dieser Aussage selbstverständlich nicht. Als unser Fleischgeschäft weiter expandierte, baten uns Kunden immer wieder, auch Schweinefleisch aus Weidehaltung anzubieten. Nachdem wir etwas recherchiert hatten, welche Schweinerassen auf unserem Weideland gute Leistung erbrachten, wählten wir Tamworth wegen ihres Futteraufnahmevermögens und Berkshire wegen der Fleischqualität. 2014 erwarben wir vier Berkshire-Sauen, zwei Tamworth-Jungsauen und einen Tamworth-Eber, und die harte Schule der Schweinefleischproduktion konnte beginnen.

Die industrielle Schweinezucht ist ein weiteres Beispiel für die Fehler des gegenwärtigen Produktionsmodells. Die Schweine werden in Gefangenschaft aufgezogen und verlieren rasch ihre natürlichen Instinkte, beispielsweise wie man sich um den Nachwuchs kümmert. Da unser ursprünglicher Bestand von Eltern abstammte, die in Gefangenschaft gehalten worden waren, mussten wir wiederholt Tiere keulen, wie wir es auch mit unseren Rindern und Schafen gehalten hatten, damit sich Schweine entwickelten, die mit unseren Umweltbedingungen zurechtkamen. Ich glaube, wir hätten besser daran getan, nach Texas zu reisen, ein paar Wildschweine einzufangen und sie als Zuchteber auf unsere Ranch zu bringen. Futteraufnahmevermögen, Mütterlichkeit und

Wurfgröße verbesserten sich im Laufe der Zeit, was zum Teil daran liegt, dass wir einige Gloucestershire Old Spots hinzugekauft haben.

Unsere Sauen werfen zwischen April und Oktober ungefähr zwanzig Ferkel. In North Dakota ist das Abferkeln im Winter nicht sinnvoll – besonders, wenn man bedenkt, dass unsere Schweine nicht eingesperrt sind. Im Winter stellen wir den Tieren lediglich ein paar Rundballen Stroh zur Verfügung. Sie wühlen sich gleich hinein und bleiben warm!

Im Frühling, Sommer und Herbst werden die Tiere, die sich in der Aufzuchtphase befinden, sowie die Endmastschweine auf Weiden mit mehrjährigen Pflanzen gehalten, wobei wir Grünland mit einem ordentlichen Anteil an Hülsenfrüchtlern bevorzugen. Zur Ergänzung versorgen wir unsere Schweine mit Maisschrot, Gerste, Erbsen, Hafer und Siebrückständen – alles aus eigenem Anbau. Wir lassen die Schweine auch dort auf Futtersuche gehen, wo die Kühe im Winter an Heuballen geweidet haben: Wie sich herausgestellt hat, ist das eine hervorragende Methode, die Überreste zu verteilen. Die Schweine lieben es, sich durch die Rückstände zu wühlen und dabei Pilze und Insekten zu fressen, die es sich in diesen Kohlenstoffhaufen (übrig gebliebenes Heu) gemütlich gemacht haben. Warum sollten wir diese Haufen von Heu und Dung mit der Egge zerteilen, wenn die Schweine das für uns erledigen können? Darüber hinaus setzen wir die Schweine ein, um den Gehölzbestand von älteren Windschutzgürteln zu pflegen. Die Tiere graben sich durch das bejahrte verfaulende Holz und wühlen den Boden auf. Ihre Wühltätigkeit regt Gräser, Hülsenfrüchtler und andere krautige Pflanzen zur Keimung an und fördert die Gesundheit des Ökosystems.

Oft wird mir die Frage gestellt, ob wir unsere Schweine auf Zwischenfrüchten weiden lassen. Wir haben es ausprobiert, und die Tiere schätzen die Bestände sehr, doch können Schweine auf

Feldern großen Schaden anrichten. Selbst wenn wir genügend Arbeitskräfte für die Umtriebe (zumindest jeden zweiten Tag) besäßen, können sie dennoch mit ihrem Wühlverhalten Bereiche so stark zerfurchen, dass sich dort im Folgejahr nur schwer eine Saat ausbringen lässt. Aus diesem Grund haben wir beschlossen, dieses Verfahren einzustellen.

Das Beste an der Schweinezucht – abgesehen von Schinken und Koteletts – ist der wirtschaftliche Aspekt. Unsere Schweine sind nach 7 Monaten schlachtreif und liefern überragende Fleischqualität. Was die Erzeugnisse unseres Betriebes angeht, so erhalten wir pro investierten Dollar nur für den Honig mehr als für die Schweine. Shellys Kühlschrankmagnet hat recht!

Anlernen der jüngeren Generation

Die Geschäftspartnerschaft mit Paul hat einen wesentlichen Anteil zur Erfolgsgeschichte unserer Ranch beigetragen, und meine Familie und ich halten es für wichtig, der nächsten Generation den Start in die landwirtschaftliche Tätigkeit, sei es Pflanzenbau oder Tierhaltung, zu erleichtern. Es verärgert und enttäuscht mich immer wieder, wenn ich Landwirte sehe, die der Jugend nicht weiterhelfen. Dies lässt sich bei fast jeder Versteigerung eines Hofes beobachten. Jungbauern geben ein Gebot für einen Gegenstand ab und erreichen damit nur, dass sie von einem fest etablierten Bauern überboten werden. Bei Grundstücksversteigerungen geschieht dasselbe. Für gewöhnlich besitzt der wohletablierte Landwirt bereits jede Menge Land und Arbeitsgeräte. Was für ein Jammer!

Das Praktikumsprogramm der Brown's Ranch ist einer der Wege, wie wir der nächsten Generation bei ihrem Start behilflich sind. Bereits seit 25 Jahren arbeiten junge Leute im Sommer für und mit uns, und vor langer Zeit entstand daraus ein Praktikumsprogramm. Jedes Jahr nehmen wir Bewerbungen entgegen, führen Interviews durch und vergeben die Praktikumsplätze an junge Leute, von denen wir glauben, dass sie den leidenschaftlichen Wunsch besitzen, regenerative Landwirtschaft zu ihrem Beruf zu machen. In den meisten Jahren müssen wir ausgesprochen viele Bewerberinnen und Bewerber berücksichtigen.

Bewerbungen empfangen wir für gewöhnlich zwischen dem 1. Dezember und dem 15. Januar. Shelly, Paul und ich sehen die Unterlagen unabhängig voneinander durch und bewerten jede mit 1, 2 oder 3. Interessenten, die von uns dreien mit »1« eingestuft worden sind, werden zu einem Gespräch eingeladen. Wir befragen häufig dreimal so viele Bewerber, wie offene Plätze zur Verfügung stehen. Während des Interviews rege ich die Gesprächspartner mit meinen Fragen gerne zum Nachdenken an. Meine Lieblingsfrage lautet: Würden Sie lieber etwas gut und pünktlich ausführen oder perfekt, aber mit Verspätung? Wer mich kennt, kann ein Lied davon singen, dass für mich jemand, der gerade noch rechtzeitig erscheint, bereits Verspätung hat. Menschen, die nicht pünktlich sind, verkrafte ich einfach nicht. Praktikanten werden nach ihrem Enthusiasmus, Tatendrang und Interesse ausgewählt. Wir können zwar Grundsätze lehren und wie man Aufgaben durchführt, doch ist es uns nicht möglich, diese Charaktereigenschaften zu vermitteln.

Die Praktika laufen normalerweise von Mitte April bis Mitte Oktober. Wir stellen ein geringes Gehalt sowie Unterkünfte zur Verfügung. Unsere Praktikanten dürfen alles essen, was wir auf der Ranch produzieren – obwohl ich zugegebenermaßen die Stirn runzle, wenn ich sie jeden Tag bei einem Filet überrasche.

Weil wir der jungen Generation aus Überzeugung beim Start in den Beruf helfen, bieten wir unseren Praktikanten eine Möglichkeit, über die viele andere Programme nicht verfügen. Wer uns seinen Tatendrang, seine Entschlossenheit und den Wunsch, in die landwirtschaftliche Produktion zu gehen, bewiesen hat, an den geben wir nach Absolvierung des Praktikums einen Unternehmensbereich ab. Mit anderen Worten: Wir verkaufen Praktikanten einen Unternehmensteil ihrer Wahl, seien es Hühner, Rinder, Schweine, Schafe oder Gemüsesorten. Wir finanzieren sie, stellen ihnen den Grund und Boden für ihre unternehmerische Tätigkeit zu einem vernünftigen Tarif zur Verfügung und kaufen ihnen Produkte oder Tiere zu einem vorher festgelegten Preis ab, um diese anschließend über unsere Marketingfirma weiterzuverkaufen. Solange sich die Praktikantinnen und Praktikanten um den Betrieb kümmern, erwirtschaften sie anständige Profite. Als Auszubildende können sie für uns weiterarbeiten, während sie ihr Unternehmen aufbauen und Profite erwirtschaften. Dadurch lernen sie Geschäftsprinzipien und besitzen eine solide Grundlage, wenn sie ihrer Wege gehen.

Sobald unsere Praktikanten durchstarten, versuche ich ihnen beizubringen, dass es klug sei, einen mobilen Betrieb aufzubauen. Mit *mobil* meine ich, kein Land zu kaufen oder in Infrastruktur zu investieren: Beginnen Sie mit einem Unternehmen, das seinen Standort leicht verlagern kann. Erweitern Sie Ihren Betrieb mit den erwirtschafteten Profiten. Bauen Sie Ihren Kundenstamm auf. Expandieren Sie, wenn Ihr Kundenstamm größer wird. Dadurch können Sie Gesamtsituation und Standort Ihren Wünschen entsprechend verbessern, sobald sich die Möglichkeit dazu bietet. Darüber schreibt auch Joel Salatin in *Fields of Farmers,* ein Buch, das ich jedem empfehle, der an der Gründung eines landwirtschaftlichen Betriebes interessiert ist. Die Lektüre lohnt sich wirklich.

Ich gebe mir große Mühe, unseren Praktikanten beizubringen, wie wichtig es ist, sein Ziel vor Augen zu haben und jederzeit daran festzuhalten. In der Direktvermarktung – und eigentlich auch in jedem anderen Geschäftszweig – ist das von grundlegender Bedeutung. In seinem großartigen Buch *Finde dein Warum* beschäftigt sich Simon Sinek ausführlich mit diesem Thema. Unser »Warum« auf der Brown's Ranch besteht darin, Nahrung mit hoher Nährstoffdichte zu erzeugen und dabei unsere Ökosysteme zu regenerieren. Bevor wir auf unserer Ranch eine Entscheidung treffen, fragen wir uns: »Wird diese Entscheidung unserem ›Warum‹ gerecht«? Diese Frage erleichtert die Entscheidungsfindung ungemein.

Erlebnisse mit Praktikanten gehören zu den erfreulichsten Aspekten meiner Tätigkeit, gleichzeitig aber auch zu den frustrierendsten. Die Praktikanten auf der Browns-Ranch haben mich im Laufe der Jahre mit ihrem Einfallsreichtum, ihrer Sorglosigkeit und ihrer vor nichts zurückschreckenden Fähigkeit, die Dinge in einer Weise durcheinanderzubringen, die ich niemals für möglich gehalten hätte, überrascht. Dieses Buch wäre unvollständig, wenn ich meine Lieblingsgeschichten über Praktikanten für mich behalten würde.

Eines Morgens, es ist schon viele Jahre her, rief mich ein Praktikant an, um mich zu fragen: »Wie dreht man denn das Wasser auf der Weide ab?« Er hegte die Vermutung, dass sich ein Jungrind mit einer Klaue an einer Steigleitung unserer Wasserversorgung verfangen und sie abgeknickt hätte, sodass die Flüssigkeit nur so herausschoss. Es wäre zu umständlich gewesen, dies am Telefon zu erklären, also teilte ich dem Praktikanten mit, dass ich mich darum kümmern würde und er sich keine Gedanken machen sollte. Als ich später die Weide aufsuchte, um den Schaden zu beheben, musste ich feststellen, dass er auf ungewöhnliche Weise versucht hatte, das Wasser am Austreten zu hindern: Er hatte eine kleine Zucchini in das Loch im Rohr gestopft! Ich lachte mich kaputt. Aber immerhin hatte er sich an einer Lösung versucht, das musste man ihm hoch anrechnen!

Eines schönen Sommertages fuhr ich mit einer Praktikantin auf eine 60 Hektar große Heuwiese, um ihr zu zeigen, wie man Rundballen aufstapelt. Später sollten die Ballen mit einem Heulader dorthin transportiert werden, wo wir das Vieh im Winter damit füttern wollten. Ich überließ ihr zu diesem Zweck meinen John Deere 7220, der mit einer klimatisierten Kabine ausgestattet ist. Der Job schien recht unkompliziert zu sein, und es dauerte nicht lange, bis sie mit der Aufgabe vertraut war, also machte ich mich vom Acker. Als sie mich später anrief, weinte sie so bitterlich, dass sie kaum in Worte fassen konnte, was sich zugetragen hatte. Zwischen den Schluchzern versuchte sie mir beizubringen, dass sie die Traktortüre abgerissen hatte! Wie bitte? Die Landschaft war offen, es standen keine Bäume herum, nicht einmal Pfosten. Und da der Traktor über eine Klimaanlage verfügt, fragte ich mich, warum um alles in der Welt sie bei geöffneter Tür herumfahren sollte. Ich werde wohl niemals erfahren, weshalb die Traktortüre offenstand, aber es war so. Sie wollte an einem Ballen vorbeifahren, stieß an, und die Tür riss ab. Das war ein schwerer Schlag, dem ich keine heitere Seite abgewinnen konnte.

Eine Woche nach Beginn der neuen Praktikantensaison kam eine Mitarbeiterin in das Geschäft gelaufen, in dem Paul und ich arbeiteten. »Sie haben sich mit dem Pick-up überschlagen!«, schrie sie. »Gibt es Verletzte?«, wollte ich wissen. »Einer der Praktikanten blutet, aber beide sind bei Bewusstsein«, antwortete sie. Als ich in der Notaufnahme eintraf, stellte ich erleichtert fest, dass niemand ernsthafte Verletzungen erlitten hatte. Das war ein großes Glück, wenn man bedenkt, dass sie den Sicherheitsgurt wahrscheinlich nicht angelegt hatten. Der Pick-up hingegen war völlig hinüber. Vergessen Sie bitte nie: Wenn Sie Praktikanten aufnehmen, die aus der Stadt kommen, sollten Sie sich die Zeit nehmen, um ihnen beizubringen, wie man auf Schotterwegen fährt. Shelly sagt immer: »Man muss ihnen *alles* erklären.«

Manchmal fruchten jedoch auch die ausführlichsten Erklärungen nicht. Ich erinnere mich an einen Sommer, in dem ich auf einem Stückchen von einem halben Hektar Zuckermais anbaute, der sich inmitten eines 25 Hektar großen Futtermaisfeldes befand. Ich zeigte einer Praktikantin den Zuckermaisbestand; die Grenzen waren mithilfe orange leuchtender Fahnen deutlich gekennzeichnet. Wir begannen damit, das Stück von Hand zu jäten. (Ich lehne es ab, Herbizide auf Feldern einzusetzen, auf denen Pflanzen wachsen, die Mensch oder Tier als Nahrung dienen sollen.) Nach einer Weile ließen wir es für diesen Tag gut sein und fuhren nach Hause. Am nächsten Tag schickte ich sie wieder hinaus, um die Arbeit zu Ende zu bringen. Aus mir vorerst unerfindlichen Gründen kehrte sie erst zum Abendessen zurück. *Wie langsam sie doch arbeitet,* dachte ich kopfschüttelnd. An diesem Abend postete sie ein Foto auf Facebook und schrieb, dass sie entsetzlich schuften müsse und eine Ewigkeit brauchen würde, um den Mais vom Unkraut zu befreien. Ich war wohl der Einzige, dem auffiel, dass sie mitten im Futtermais stand. Sie hatte vergessen, dass sie eigentlich nur das kleine Stück Zuckermais hätte jäten sollen. Auf so etwas muss man erst einmal kommen.

Eine letzte Geschichte noch: Ich half einem Praktikanten dabei, die Drillmaschine mit einer Zwischenfruchtsaatmischung zu befüllen und ließ ihn dann auf dem Acker zurück, wo er die Samen ausbringen sollte. Vorher bat ich ihn, mich anzurufen, sobald er fertig wäre, damit wir uns am nächsten Einsatzort treffen könnten. Wie vereinbart meldete er sich später bei mir, meinte, er hätte die Aufgabe erledigt und wäre unterwegs zum nächsten Feld. Ich stellte das Saatgut auf die Ladefläche meines Pick-ups und fuhr ebenfalls in Richtung des besagten Feldes. Als ich dort eintraf, konnte ich ihn nirgendwo erblicken. Ich wartete und wartete. Dieses Feld lag nur 3 Kilometer von demjenigen entfernt, das er gerade besät hatte. Ich wartete weiter. Schließlich erblickte ich den

Traktor auf der Straße, der mir im Schneckentempo entgegenfuhr: Der Praktikant war im Ackergang unterwegs! Offensichtlich wusste er nicht, wie man in einen höheren Gang schaltet.

Nach seinem feierlichen Einzug sprang ich auf die Drillmaschine, um Samen einzufüllen. Entgeistert musste ich feststellen, dass im Saatguttank gähnende Leere herrschte! »Dieser Tank ist ziemlich leer«, stellte ich nachdrücklich fest. »Mach Dir keine Sorgen«, sagte er, »es waren genügend Samen drin, als ich anfing.« Meine Güte! Mir dämmerte bereits, was das bedeuten musste, und als die ersten Pflänzchen aus dem Boden schauten, war eindeutig klar, dass ihm die Samen um etwa 6 Hektar zu früh ausgegangen waren. Hoffentlich hat er daraus gelernt. Oft denke ich, dass Praktikanten Gottes Weg sind, um mir Geduld beizubringen.

Kapitel 6

»Nourished by Nature«

Aus Erfahrung weiß ich – und so mancher andere Landwirt würde mir wohl zustimmen –, dass sich mit der Erzeugung landwirtschaftlicher Produkte kein Geld verdienen lässt, wenn man nicht Subventionen, die letztlich vom Steuerzahler stammen, entgegennimmt. Primärproduzenten erhalten in der Regel nur 14 Cent für jeden Dollar, den Endverbraucher für Nahrungsmittel lockermachen. Warum, frage ich mich, sollte ich mich mit 14 Cent für meine Produkte zufriedengeben, wenn im Dickicht zwischen mir und den Kunden weitere 86 Cent locken? Ja, ich bin Kapitalist! Und sobald Paul in unseren Betrieb eingestiegen war, wurde uns klar, dass die Zielsetzungen für unsere Ranch ein neues Geschäftsmodell erforderten: Wir mussten die besagten 86 Cent zu fassen kriegen, die herkömmlich wirtschaftenden Bauern durch die Lappen gingen. Mit anderen Worten hieß das: Direktvermarktung unserer pflanzlichen und tierischen Erzeugnisse.

Die größte Herausforderung für Viehzüchter, die in die Direktvermarktung einsteigen möchten, ist die Verarbeitung. Bei uns war das nicht anders. Als wir mit der Aufzucht von Weiderindern begannen, gab es im gesamten Bundesstaat North Dakota ganze vier Schlachthöfe, die dazu berechtigt waren, Tiere für den Einzelhandel zu verarbeiten. Wollte man Tiere in diesen Anlagen verarbeiten lassen, so betrug die Wartezeit 13 Monate.

Wir erkannten, dass wir uns mit diesen Einschränkungen nicht arrangieren konnten, also schlossen wir uns im Jahr 2012 einer Gruppe von Viehzüchtern und weiteren Investoren an, um Bowdon Meat Processing (BMP) zu gründen; die Genossenschaft wird vom Landwirtschaftsministerium kontrolliert und ist daher für den Fleischverkauf an Endverbraucher zugelassen. Ansässig ist BMP in Bowdon (North Dakota), einem Städtchen, das rund 150 Kilometer von unserer Ranch entfernt liegt.

Die Wahl fiel auf Bowdon, weil der Ort einst einen fleischverarbeitenden Betrieb besessen hatte. Doch nachdem der Besitzer unerwartet verstorben war und das Gebäude nicht länger den Vorschriften entsprach, hatte die Einrichtung schließen müssen. Sobald es uns gelungen war, 1,3 Millionen Dollar durch Eigenkapital, öffentliche Förderungen und Darlehen aufzubringen, wurde das alte Gebäude abgerissen und an seiner Stelle ein neues errichtet. Im April 2014 öffnete BMP seine Pforten. Für den Standort Bowdon gab es weitere gute Gründe: Die Gemeindeverwaltung sprach sich für das Projekt aus und signalisierte Bereitschaft, mit der Genossenschaft zusammenzuarbeiten, damit diese die notwendigen bauplanungsrechtlichen Bewilligungen erhielt – etwas, das in einer größeren Gemeinde möglicherweise nicht so reibungslos funktionieren würde. Darüber hinaus konnten sich viele Bewohner des Städtchens vorstellen, in eine ortsansässige Fleischverarbeitungsgenossenschaft zu investieren.

In der BMP-Anlage werden Büffel, Rinder, Schafe, Schweine und Ziegen unter staatlicher Kontrolle geschlachtet und verarbeitet. Es handelt sich um eine recht kleine Einrichtung mit einer Wochenkapazität von rund 25 Tieren. Wie in jeder kleinen Anlage üblich, liegen die Pro-Kopf-Gebühren höher, weil BMP anders als größere Verarbeitungsbetriebe nicht von einer Kostenersparnis durch Massenproduktion profitieren kann. Um unsere höheren Verarbeitungskosten auszugleichen, müssen wir mehr für unsere Produkte berechnen. Das ist ein gangbarer Weg, weil wir nahrhafte Lebensmittel verkaufen und keine Massenware.

Wie wir langfristig vereinbart haben, werden unsere Tiere alle 2 Wochen bei BMP verarbeitet. Dadurch können wir die Entscheidung, welche Tiere an der Reihe sind, laufend mit Rücksicht auf unsere Lagerbestände treffen. Wir haben bemerkt, dass es unerlässlich ist, genaue Aufzeichnungen über unsere Fleischvorräte zu führen, um zu verhindern, dass uns bestimmte Produkte ausgehen. Wenn wir Tiere nach Bowdon transportieren, bringen wir bei dieser Gelegenheit gleich das Fleisch mit nach Hause, das von den Tieren stammt, die wir 2 Wochen zuvor geliefert haben. Das funktioniert ziemlich gut.

Als BMP 2013 ins Leben gerufen wurde, gründeten wir zeitgleich unter Anleitung unseres Rechtsberaters eine unabhängige Geschäftseinheit, Browns Marketing LLC. Der Zweck dieses Unternehmens besteht darin, die auf unserer Ranch hergestellten Produkte en gros oder en détail zu verkaufen. Browns Marketing LLC erwirbt die Tiere oder landwirtschaftlichen Produkte von Brown's Ranch zu einem vorher festgelegten Preis, lässt sie verarbeiten und verkauft die Endprodukte dann im Einzelhandel. Diese Geschäftsstruktur ist wichtig, weil sie das Haftungsrisiko von der viehwirtschaftlichen Einheit trennt. Ich bin nicht bereit, unsere Ranch in einem Gerichtsverfahren aufs Spiel zu setzen, wenn etwa ein Kunde krank wird, weil jemand im Umgang mit Fleisch schlampig war und bei der Zubereitung eines unserer Produkte beispielsweise das Sicherheitsprotokoll missachtet hat.

Bei Gründung dieser LLC erhielt Paul 60 Prozent der Anteile, Shelly und ich waren mit 40 Prozent beteiligt. Paul ist Geschäftsführer und trifft alle unternehmerischen Entscheidungen. Wir haben uns bewusst für diese Struktur entschieden, um ihm sowohl die finanziellen als auch die marketingtechnischen Aspekte der Betriebsführung beizubringen. Ich habe viel zu viele Bauernfamilien erlebt, in denen ein Elternteil oder auch beide alle Entscheidungen treffen und sich um die Finanzen kümmern. Es ist keine Seltenheit, dass sie einen 50-jährigen Sohn oder eine Tochter dieses Alters besitzen, die nicht den blassesten Schimmer von Geschäftsführung haben. Solche Eltern sollten sich schämen.

Sobald die LLC gegründet war, konzentrierten wir uns auf die Erweiterung unserer Marketingstrategien und die Expansion unseres Geschäfts. Wir kamen darin überein, dass die LLC eine Handelsmarke benötigte, die attraktiv auf unsere Kunden wirkte und unsere Botschaft transportierte. Nach einiger Überlegung einigten wir uns auf »Nourished by Nature«, eine Formulierung, die trotz ihrer Einfachheit unsere Ziele erfasste. Nachdem wir die Marke erfolgreich beantragt hatten, konnten wir unsere Produkte fortan unter der Bezeichnung »Nourished by Nature« vermarkten.

Die notwendige Infrastruktur für die Direktvermarktung

Wegen des Verarbeitungsvolumens, das wir im Frühjahr 2014 mit BMP vereinbart hatten, wurde ein Lager für die verarbeiteten Produkte notwendig, die wir aus Bowdon abholen würden. Wir entschieden uns für ein altes Gebäude auf unserem Bauernhof, das Shellys Eltern in den späten 1950er-Jahren errichtet hatten, um Legehennen darin unterzubringen. (Dieses Projekt hatte nur wenige Jahre Bestand gehabt, bis es aufgrund der Vorschriften und der Heimsuchungen von Fuchs und Koyote eingestellt werden musste.) Im Laufe der nächsten Jahrzehnte war der ehemalige Stall als Lager verwendet worden. Zuerst entkernten wir das Gebäude, erneuerten die Elektrizität, montierten jede Menge

Steckdosen und Lampen und sprühten eine 7,5 Zentimeter dicke Schicht Schaumisolierung auf die Innenwände und die Decke. Dann besorgten wir ein paar Tiefkühltruhen und Kühlschränke, die wir im neuen Lager aufstellten.

Somit verfügte Paul über die notwendigen Räumlichkeiten, um den Lagerbestand unterzubringen und den Kleinverkauf abzuwickeln. Die Anfangsinvestitionen beliefen sich auf 10 000 Dollar, doch seit dieser Zeit verfügt die Firma über ausreichend flüssige Mittel und musste noch keinen einzigen Cent leihen. Daraus kann man wirklich etwas lernen: Ein Geschäft sollte durch Gewinne wachsen und nicht, indem man Schulden macht!

Als Nächstes erwarb Brown's Marketing LLC einen Verkaufsanhänger, mit dem wir auf Bauernmärkte und zu der Lieferstelle für CSA-Gemüse und Eier fahren wollten. Bei dem Anhänger handelte es sich um eine Sonderanfertigung, in der wir zwei große Tiefkühltruhen für Fleisch und einen Kühlschrank für Eier und andere Produkte unterbringen konnten. Ausgestattet ist er außerdem mit einem Generatorraum und einem Ladentisch, über den wir die Kundengeschäfte abwickeln (siehe Abbildung 28). Im Juni 2014 steuerten wir unseren allerersten Bauernmarkt in Bismarck mit großen Erwartungen an und wussten nicht so recht, was uns erwarten würde. Wir hatten einen Riesenerfolg! Unsere Produkte waren beliebter als erwartet. Wir durchschauten rasch, dass wir eine Marktnische in unserer Region besetzt hatten. Die Unterstützung, die man uns entgegenbrachte, war überaus ermutigend und bewies, dass Kunden tatsächlich an nahrhaften Lebensmitteln und nicht an Massenware interessiert sind.

Im Laufe des Sommers 2014 begann sich Paul Gedanken über Geschäftsmöglichkeiten im bevorstehenden Winter zu machen. Bauernmärkte und CSA-Gemüse sind in North Dakota lediglich 5 Monate im Jahr ein Thema, sodass die »Nebensaison« recht lange dauert. Zum Glück hatten wir bereits eine ungefähre Vorstellung, wie wir den Verkauf während dieser langen Zeit ohne Bauernmärkte weiterführen konnten; denn im Jahr zuvor hatten wir Blaine Hitzfield und seinen Vater Lee kennengelernt, als sie ihr Geschäftsmodell auf der Grassfed Exchange Conference in Bismarck vorstellten. Was die beiden präsentierten, war exakt die Lösung, um unsere Lücke zu füllen. Daher kontaktierten wir Blaine, um in Erfahrung zu bringen, ob er uns nicht aus den Startlöchern helfen könnte. Die Bekanntschaft mit Blaine sollte sich als ausschlaggebend für den Erfolg unseres Direktvermarktungsgeschäfts erweisen.

Blaine bewirtschaftet gemeinsam mit seinen sechs Brüdern die Seven-Sons-Farm außerhalb von Roanoke, Indiana. Ihr Werdegang ähnelt dem unsrigen: Lee war konventioneller Landwirt und fasste Anfang des neuen Jahrtausends den Entschluss, seinen Betrieb umzustellen. Heutzutage werden die Erzeugnisse aus Weidehaltung direkt an über 5000 Familien im gesamten Mittleren Westen verkauft und nach einem festen Zeitplan ausgeliefert. Blaine hatte uns von der Online-Plattform »GraceCart« erzählt, die sie für ihren Betrieb entwickelt hatten, und erwähnt, dass sie gerade dabei waren, das Verkaufsportal zu erweitern, sodass es andere Direktvermarkter gegen eine monatliche Gebühr nutzen konnten. Was will man mehr? Paul entwarf mithilfe der GraceCart-Benutzeroberfläche eine Homepage, über die wir Lieferzeitpläne veröffentlichen wollten, damit die Kunden das ganze Jahr über Lebensmittel von uns beziehen konnten. Unsere Website *www.nourishedbynature.us* wurde im Herbst 2014 online gestellt.

Die Internetanwendung besitzt eine benutzerfreundliche Oberfläche, über die wir Produkte und Produktkategorien hinzufügen, den Lagerbestand verfolgen sowie Zustellungsorte und Versandbedingungen eingeben können. Eine gut strukturierte und unkomplizierte Website, über die Verkäufe bequem abgewickelt werden können, ist äußerst wichtig. Schließlich surft heutzutage die ganze Welt im Internet. Besuchen neue Kunden unsere Website zum ersten Mal, werden sie aufgefordert, ihre Daten einzugeben und einen Account anzulegen. Anschließend können sie den Ort auswählen, wo sie die bestellten Produkte an einem bestimmten Tag zu einer festgelegten Zeit abholen können. Nachdem der Zustellort also feststeht, können die Kunden ihren Einkaufswagen mit den Produkten ihrer Wahl füllen und die Bestellung abschicken. Bestellt werden kann bis zu 48 Stunden vor dem vereinbarten Liefertermin. In diesen 2 Tagen bleibt uns genug Zeit, um die bestellten Waren einzupacken, bevor wir uns auf den Weg machen. Wenn wir einen Auftrag bearbeitet und die Bestellung verpackt haben, belasten wir die Kreditkarte der Kunden und schicken ihnen eine Erinnerungs-E-Mail, damit sie nicht vergessen, ihre Waren zur richtigen Zeit am richtigen Ort abzuholen. Wegen dieses einfachen Verfahrens wissen wir bereits im Voraus, wie viel Umsatz wir auf jeder Liefertour machen werden. Wenn wir am Ort der Übergabe eintreffen, strömen die Kunden herbei, nehmen die bestellte Ware an sich und fahren mit nahrhaften landwirtschaftlichen Erzeugnissen im Gepäck vergnügt nach Hause. Das alles dauert nicht mehr als eine halbe Stunde!

Der Kunde hat immer recht

Wir aktualisieren die Website und unser Warenangebot laufend, denn es ist uns wichtig, Rückmeldungen unserer Kunden zu berücksichtigen. Dieses Feedback stützt die Beziehung, die wir zu unserem Kundenstamm aufbauen, möglicherweise am stärksten. Wenn man die Gedanken und Wünsche der Kunden erfahren will, geht nichts über den direkten Kontakt. Es ist ziemlich interessant, sich die Fragen anzusehen, mit denen wir am häufigsten konfrontiert werden. In 95 Prozent der Fälle lautet die erste Frage, die von unseren Kunden gestellt wird: »Woher kommen Sie?« Die Konsumenten sind einfach neugierig, wo unsere Feldfrüchte angebaut und die Tiere gehalten werden, aber auch, wo sie uns finden können. Wir sagen ihnen dann: »Etwa 10 Kilometer von Bismarck entfernt, geradewegs Richtung Osten« oder »Ist Ihnen der Felsbrocken mit dem Smiley-Gesicht außerhalb von Bismarck an der I-94 schon einmal aufgefallen? Wunderbar! Da sind wir nämlich zu Hause!« Eine Ranch sollte einladend auf die Kunden wirken, sodass sie sich willkommen fühlen.

Die zweite Frage (in mehr als 80 Prozent der Fälle) lautet: »Kultivieren oder verfüttern Sie gentechnisch veränderte Organismen?« Ich muss bekennen, dass wir wirklich überrascht sind, wie oft diese Frage auftaucht, noch dazu in einem ländlich geprägten Bundesstaat wie North Dakota. Selbstverständlich kann man über das Für und Wider der »Grünen Gentechnik« endlos diskutieren, aber wenn die Kunden einfach keine gentechnisch veränderten Organismen in ihrem Einkaufskorb dulden, warum sollte man dann welche anbauen oder verfüttern? Die nächsten drei Fragen, die häufig gestellt werden (nicht immer in der angegebenen Reihenfolge), lauten: »Setzen Sie Antibiotika ein?«, »Verabreichen Sie irgendwelche Hormone?« und »Wie werden die Tiere gehalten?« Paul beantwortet die letztgenannte Frage folgendermaßen: »Wenn ich ein Tier wäre, dann würde ich am liebsten auf der Brown's Ranch leben.« Ich formuliere es ein bisschen anders: »Unsere Tiere haben ein großartiges Leben und einen schlechten Moment!«

Die Fragen unserer Kunden sind für uns in jeder Hinsicht Gold wert, weil wir die Antworten in unser Werbematerial einfließen lassen können. Auf diese Weise können wir gezielt Personengruppen ansprechen, denen diese Fragen am Herzen liegen, wenn sie sich entscheiden, woher sie die Lebensmittel beziehen, mit denen sie ihre Familie ernähren möchten. Interessanterweise taucht die

Frage, ob unsere Produkte aus biologischem Anbau stammen, recht selten auf. Meines Wissens ist uns noch nie ein Auftrag durch die Lappen gegangen, weil unser Betrieb nicht biozertifiziert ist. Wir nehmen uns die Zeit und erklären, warum das so ist, veranschaulichen unsere Ziele und Methoden und stellen so unsere Kunden zufrieden. Auf jeden Fall sind sie bereit, für unsere Produkte genauso viel zu bezahlen wie für Erzeugnisse aus kontrolliert biologischem Anbau – oder noch mehr.

Um eine angesehene Marke ins Leben zu rufen, müssen Sie Vertrauen schaffen, Transparenz erzeugen und ein sicheres Produkt herstellen, das den Kundenerwartungen entspricht – Sie müssen für Produktintegrität sorgen. Bereits an früherer Stelle habe ich erwähnt, dass man sein »Warum« kennen und die Fähigkeit besitzen muss, es in jedem Bereich seines Unternehmens authentisch zu verkörpern. Wenn Sie eine klare Botschaft aussenden, können bestehende und potenzielle Kunden genau erkennen, was Sie tun und wofür Sie stehen. Auf diese Weise werden Ihrer Produktlinie und Ihrem Unternehmen hohe Ansprüche zugeschrieben, woraus schließlich Vertrauen erwächst.

Alle drei genannten Prinzipien bauen aufeinander auf. Beispielsweise listen wir alle Inhaltsstoffe übersichtlich auf unseren Produktetiketten auf und sorgen so für *Transparenz*. Wenn wir Gewürzmischungen anbieten, zählen wir genau auf, welche Gewürze darin enthalten sind. Die Gesundheit unserer Kunden ist uns ein Anliegen, und um deren hohen Ansprüchen zu genügen, führen wir bewusst keine Produkte, die Natriumglutamat, künstliche Nitrate, Maltodextrin, Fruktose-Glukose-Sirup, Dextrose oder irgendwelche anderen Zusatzstoffe enthalten. Bei der Aufzucht unserer Tiere erfüllen wir die höchsten Kriterien – weshalb sollten wir bei der erzielten Produktintegrität Abstriche machen, indem wir eine Menge unnötiger Zusatzstoffe ergänzen? Wenn unsere Kunden dies erkennen, wird ihnen klar, dass wir uns bemühen, ihre Wünsche und Bedürfnisse zu erfüllen. Dadurch schaffen wir Vertrauen. Es macht mich immer stutzig, wenn ich höre, wie Landwirte Werbung für ihr ach so gesundes Fleisch aus Weidehaltung machen, und dann bemerke, dass ihre Produkte genau denselben Mist enthalten, von dem sie sich distanzieren möchten.

Unsere »Politik der offenen Tür« ist eine weitere großartige Möglichkeit, Kundenvertrauen zu gewinnen (auch darin äußert sich Transparenz). Unsere Kunden wissen, dass sie uns besuchen können, wann immer sie wollen. Wir bitten sie nur, uns vorher zu benachrichtigen, damit wir sie herumführen oder ihnen sagen können, wo sich die Tiere gerade befinden, sodass sie hinausspazieren und sich selbst ein Bild machen können. Es gibt nichts Lohnenswerteres, als die Reaktion einer Familie zu erleben, die unsere Ranch besichtigt und dadurch die Gelegenheit erhält, unser »Warum« kennenzulernen. Darüber hinaus endet die kleine Landpartie für gewöhnlich damit, dass die Besucher eine Schachtel mit »Nourished by Nature«-Produkten im Kofferraum verstauen. Wenn Sie Vertrauen aufbauen, werden Ihre Kunden Sie auch in Zukunft mit dem Geld ihrer Haushaltskasse beglücken. Diese einzigartige Bindung kann weder ein Großmarkt noch eine Supermarktkette herstellen. Uns ist es ein sehr großes Anliegen, die Kluft zwischen Erzeugern und Konsumenten zu überwinden.

Ich möchte hier kein falsches Bild vermitteln. Direktvermarktung nimmt viel Arbeit in Anspruch: Ein Produkt mit hoher Qualität zu liefern und dabei den Dienst am Kunden großzuschreiben ist ausschlaggebend. Es gibt ein paar Punkte, in denen sich die Brown's Ranch von den meisten anderen regionalen Direktvermarktern unterscheidet. Erstens verbringen unsere Tiere (mit Ausnahme der Hühner) ihr ganzes Leben auf unserem Hof. Zweitens bauen wir das Getreide, das wir für die Fütterung der Hühner und der Schweine benötigen, sowie selbstverständlich auch das Grünfutter für unsere Weiderinder und -schafe, selbst an. Deshalb wissen wir ganz genau, was unsere Tiere fressen – und zwar vom ersten Tag an. In dem Maße, wie sich bei uns gesunder Boden aufbaut, erhöht sich auch die Nährstoffdichte unserer Pflanzen. Wir ermitteln die Brixwerte von Getreide, Gemüse und Futterpflanzen. Diese Messung der gelösten Feststoffe (im Falle von Getreide normalerweise Zucker) in einer Flüssigkeit ist ein guter Anhaltspunkt für die Nährstoffdichte (die Menge an Bionährstoffen in pflanzlichem Gewebe). In der Weinbranche ist die Brixwertmessung seit Jahren gängige Praxis, um zu ermitteln, wann die Trauben den höchsten Zuckergehalt erreicht haben und bereit für die Weinlese sind. Die Brixwerte unserer Getreide-, Gemüse- und Futterpflanzen haben sich im Laufe der vergangenen 10 Jahre erheblich gesteigert, wodurch ein weiteres Mal bestätigt wird, dass wir Lebensmittel mit hoher Nährstoffdichte erzeugen und keine Massenprodukte.

Gewiss, wir müssen noch jede Menge lernen, aber wir machen ständig neue Wege ausfindig, um unseren Kundenstamm zu erweitern. Bauernmärkte haben sich als hervorragende Gelegenheit erwiesen, Präsenz zu zeigen und Neukunden zu gewinnen. 2016 haben wir zusätzlich zu unserem Verkaufsanhänger einen Lieferwagen angeschafft, in dem einige Tiefkühltruhen und ein Kühlschrank untergebracht sind. Dieser Van ist eine großartige Ergänzung, weil wir mitunter mehr als 300 Kilometer zurücklegen, um an einem Bauernmarkt teilzunehmen. Die Märkte nutzen wir auch gern als Lieferorte für vorbestellte Waren, sodass wir während der Sommer- und Herbstmonate zwei Fliegen mit einer Klappe schlagen können. Wir haben nicht nur unser Liefergebiet ausgedehnt, sondern auch unseren Kundenstamm vergrößert und beliefern zum Zeitpunkt der Abfassung dieses Buches über 1200 Familien in ganz North Dakota. Um mit der Absatzsteigerung Schritt zu halten, haben wir eine begehbare Kühlkammer angeschafft. Erinnern Sie sich noch an den ehemaligen Hühnerstall, den wir renoviert haben, um Kühltruhen und Kühlschränke darin unterzubringen? Inzwischen schnurren elf Kühltruhen und drei Kühlschränke in dem Gebäude vor sich hin – auch das ist ein Beleg dafür, dass sich die Menschen nach gesundem und nahrhaftem Essen sehnen.

Auf den Erfolg der Brown's Ranch bin ich zwar stolz, aber ganz zufrieden bin ich nie, weshalb ich regelmäßig nach Wegen Ausschau halte, um alles noch besser zu machen. Beispielsweise bemühen wir uns weiterhin, neue Marktsegmente zu erschließen. Während der gesamten Vegetationsperiode blühen bei uns immer irgendwelche Pflanzen; daher tummeln sich unzählige Bestäuber auf unserem Grundstück, die das Pollen- und Nektarangebot nutzen. Liegt es da nicht nahe, Honig zu produzieren? Wir hörten uns ein bisschen um und fanden eine Imkerei, die bereit war, mit uns zusammenzuarbeiten. Die Imkerei stellt Bienenstöcke auf unserem Gelände auf, und schon schwärmen Bienen aus, bestäuben die Blüten auf unseren Äckern und Wiesen und erzeugen gesunden Honig. Der Honig wird von der Imkerei geerntet und roh und ungefiltert in einer Menge von 0,5 Kilogramm, 1 Kilogramm, 1,5 Kilogramm und 5 Kilogramm abgefüllt. Die Gläser stellen wir zur Verfügung. Der Eigentümer der Imkerei verriet uns, dass die Bienenstöcke auf unserem Anwesen 19 Prozent mehr Honig abwerfen als die Stöcke auf anderen Ländereien. Ich erachte diese hohe Ausbeute als einen Beweis für die Artenvielfalt und den guten Gesundheitszustand unseres Ökosystems. Wir bezahlen der Imkerei einen angemessenen Preis, durch den wir die regionale Wirtschaft unterstützen. Anschließend verkaufen wir den Honig an unsere Kunden weiter und erzielen dabei einen geringfügigen Gewinn. Eine Win-win-Situation für alle, auch für die Bienen!

Weiter oben habe ich erwähnt, dass wir als Teil unseres 200-Jahres-Plans kürzlich Obstbäume gepflanzt haben: über 1500 Bäume und Sträucher, darunter Äpfel, Birnen, Pfirsiche, Pflaumen, Aprikosen, Kupfer- und Erlen-Felsenbirnen, Kirschen, Johannisbeeren, Apfelbeeren, Brombeeren, Heidelbeeren und Maulbeeren (siehe Abbildung 34). Obstbäume sind in North Dakota kein alltäglicher Anblick. Zu den Sprüchen, mit denen ich gerne meine Gespräche würze, gehört: »Die Leute lachen über mich, weil ich anders bin, aber ich lache über sie, weil sie alle gleich sind.« Diese Obstbäume werden auf die ein oder andere Weise für eine erhöhte Wertschöpfung sorgen. Natürlich bietet es sich an, die erntefrischen Früchte zu verkaufen, weil regionales Obst kaum angeboten wird, aber wir könnten auch naturtrüben Apfelsaft, Apfelwein, Marmelade, Gelee, Kuchen und Wein herstellen. Darüber hinaus haben wir Edelkastanien, Gemeine Hasel, Lambertshasel und Walnussbäume gepflanzt. Es kann zwar bis zu 30 Jahren dauern, bis die Gehölze voll tragen, doch zukünftige Generationen werden von einer weiteren lebhaft sprudelnden Einkommensquelle profitieren können.

Uns schweben noch mehr Geschäftszweige vor: Enten, Truthühner, Kaninchen, Milchkühe – um nur einige zu nennen. Ein Mensch wird allein durch seine Vorstellungskraft beschränkt. Zu viele Landwirte übersehen mögliche Einkommensquellen einfach. Aber nicht immer ist Geld das Wichtigste: Einer der Geschäftszweige, denen wir nicht nachgehen wollen, ist die kommerzielle Jagd. Unsere Zwischenfrüchte und unser artenreiches Dauergrünland locken zahlreiche Wildtiere an. Viele Leute sind bereit, eine hübsche Summe locker zu machen, um diesen Tieren nachzujagen – ob mit dem Gewehr oder der Kamera. Wir haben uns dazu entschieden, unser Land nicht für die traditionelle Jagd zu öffnen. Stattdessen stellen wir unser Gelände Sporting Chance zur Verfügung, einer Organisation, die es Behinderten ermöglicht, auf die Jagd zu gehen. Das Angebot gilt auch für Strafverfolgungsbeamte und ehemalige Angehörige der Streitkräfte.

Ist es mir gelungen, in den Besitz der fehlenden 86 Cent jedes Dollars zu kommen, der für Nahrungsmittel ausgegeben wird? Noch nicht, aber wir sind auf einem guten Weg. An einem ist allerdings nicht zu rütteln: Eine Farm kann nicht nachhaltig sein, geschweige denn regenerativ, solange sie nicht rentabel ist. Die Profite gehören den Bauern!

Teil 2

Das große Ganze

Kapitel 7

Die fünf Säulen der Bodengesundheit

Die Prinzipien der Bodengesundheit, die ich bereits am Anfang dieses Buches angesprochen habe, ziehen sich wie ein roter Faden durch die im ersten Teil erzählte Geschichte der Brown's Ranch. Weil sie für die regenerative Landwirtschaft von grundlegender Bedeutung sind, komme ich an dieser Stelle auf sie zurück, um ausführlicher zu erläutern, weshalb jedes Prinzip so wichtig ist, was passiert, wenn die Grundsätze missachtet werden, und wie man sie für Tierzucht, Acker- und Gartenbau nutzbar machen kann.

Die Natur selbst hat die fünf Prinzipien der Bodengesundheit während vieler Zeitalter entwickelt. Sie haben weltweit Gültigkeit – überall dort, wo das Licht der Sonne auf die Erde trifft und Pflanzen gedeihen, sind sie am Werk. Gärtner, Landwirte und Viehzüchter auf der ganzen Welt wenden diese Prinzipien an, um eine fruchtbare, mächtige Humusschicht hervorzubringen, in der die Niederschläge gut versickern. Jon Stika (Autor von *A Soil Owner's Manual*), Jay Fuhrer und Ray Archuleta haben meines Wissens als Erste von den »fünf Prinzipien der Bodengesundheit« gesprochen.

Alle Landwirte und Tierhalter sollten diese Prinzipien unbedingt verstehen, denn wenn sie missachtet werden, setzt sich die Zerstörung unserer natürlichen Ressourcen – und nicht nur unserer Böden – bis zum bitteren Ende fort. Intakte Böden sind die Voraussetzung für gesunde Pflanzen, Tiere und Menschen. Wir dürfen nichts unversucht lassen, um die Gesundheit und die Funktionsfähigkeit der Ökosysteme, die unsere Nahrung hervorbringen, wiederherzustellen. Wie den Menschen, so gelingt es auch der Natur, mit gelegentlichen Störungen und Belastungen fertigzuwerden, doch bei lang anhaltendem oder akutem Stress stehen menschliche Gesundheit und Funktionsfähigkeit der Ökosysteme gleichermaßen auf dem Spiel.

Erstes Prinzip: Entlastung des Bodens

Dem ersten Prinzip zufolge sollten mechanische, chemische und physikalische Störungen des Bodens auf ein Minimum beschränkt werden. Wo in der Natur findet mechanische Bodenbearbeitung statt? Selbstverständlich nirgends.

Menschen bearbeiten seit Jahrtausenden das Erdreich, und da moderne Technologien unsere Möglichkeiten gesteigert haben, größere Anbauflächen noch schneller, gründlicher und in größerer Tiefe zu bearbeiten, wird der angerichtete Schaden immer verheerender. Das weitverbreitete Pflügen erleichtert Landwirten vielleicht die eine oder andere Aufgabe, doch zerstört sie die Struktur und Funktion des Bodens. In seinem Buch *Dreck: Warum unsere Zivilisation den Boden unter den Füßen verliert* weist Dr. David Montgomery darauf hin, dass in der gesamten Menschheitsgeschichte der Niedergang von Zivilisationen mit der Zerstörung ihrer Bodenfruchtbarkeit in Zusammenhang steht. In erster Linie war dafür – wie könnte es anders sein? – die Praxis des Pflügens verantwortlich.

Viele Landwirte sind der Meinung, sie könnten durch Bodenbearbeitung die Qualität ihrer Böden verbessern. Nichts ist von der Wahrheit weiter entfernt. Durch Bodenbearbeitung werden unter anderem das Krümelgefüge zerstört, die Versickerungsgeschwindigkeit erheblich verringert und der Abbau von organischem Material beschleunigt. Während dieses aggressiven Eingriffes wird der Boden mit Sauerstoff angereichert, der bestimmte opportunistische Bakterienformen stimuliert. Diese vermehren sich rasch und konsumieren die hochlöslichen biogenen Klebstoffe, die auf Kohlenstoff basieren. Diese hochkomplexen natürlichen Kittsubstanzen halten die Mikro- und Makroaggregate zusammen (die aus Sand, Schluff und Ton bestehen). Sobald die Klebematerialien verschwunden sind, wird die entstandene Lücke mit Schluff- und Tonteilchen aufgefüllt, und der Porenraum verringert sich. Diese Einschränkung der Durchlüftung führt zu anaeroben Bedingungen im Boden, und dadurch wiederum ändert sich die Zusammensetzung der Bodenlebewesen: Pathogene Mikroben kommen möglicherweise auf, und Stickstoff wird dem Kreislauf entnommen, weil sich die denitrifizierenden Bakterien vermehren. Kohlendioxid wird an die Atmosphäre abgegeben. Wenn Mikroorganismen absterben, setzen sie lösliche Nitrate in die Bodenlösung frei, die das Unkrautwachstum fördern. Die Bearbeitung des Bodens beeinträchtigt darüber hinaus das komplexe Mykorrhiza-Netzwerk.

Das durchtrennte Netzwerk kann nicht länger komplexe Aminosäuren und andere organische oder anorganische Moleküle befördern; dies wirkt sich auf Pflanzen, Tiere und Menschen aus: Sind Pflanzen schlechter mit Nährstoffen versorgt, so sind sie für Tiere und Menschen weniger wertvoll, wie ich in Kapitel 10 ausführen werde.

Als wir Shellys Eltern die Ranch abkauften, konnte der Boden nur noch mit 2 Prozent Humusanteil aufwarten, während er Schätzungen zufolge in der Zeit vor der Besiedelung durch europäische Einwanderer 7 Prozent besessen hatte – das Pflügen ist der Hauptgrund für diesen Verlust. Wenn Sie berücksichtigen, dass organisches Material (Kohlenstoff) 90 Prozent der Bodeneigenschaften beeinflusst, die für das Wachstum der Pflanzen wichtig sind, werden Sie verstehen, warum Bodenbearbeitung so abträglich ist.

Ich hatte das große Glück, Hunderte landwirtschaftlicher Betriebe auf der ganzen Welt besuchen zu dürfen. Dabei war ich immer aufs Neue entsetzt, wie sehr Bodenbearbeitung das Erdreich schädigt. Selbst der Rundgang auf einer Farm, von der viele behaupten, sie hätte die besten Böden ganz Australiens, verlief für mich enttäuschend. Dr. Christine Jones verriet mir, dass ich eigentlich auf Unterboden stand, weil auf dieser Fläche mehr als 1 Meter Oberboden durch häufiges Pflügen verlorengegangen war! In Illinois, Indiana und Iowa konnte ich zahlreiche Felder besichtigen, die als die produktivsten der Welt gerühmt werden; mich betrübte allerdings, dass sich diese Flächen nur mehr durch einen Bruchteil des einst mächtigen, fruchtbaren Erdreichs auszeichnen.

Chemische Störfaktoren, die über längere Zeiträume wirken, sind genauso verheerend. Werden große Mengen an Dünger und Herbiziden ausgebracht, so kann dies Bodenstruktur und Ökosystemfunktion zerstören. Die Morrow Plots, ein experimentelles landschaftliches Gebiet auf dem Urbana-Champaign-Campus der University of Illinois, werden schon seit über 100 Jahren ununterbrochen als Versuchsfläche für den Anbau von Mais, Sojabohnen und zur Heugewinnung genutzt. Im Jahr 2009 veröffentlichten die Forscher, die für die Versuchsflächen verantwortlich sind, einen Artikel mit dem Titel »The Browning of the Green Revolution«, in dem sie feststellten, dass der Boden eigentlich stickstoffreicher werden müsse, wenn die Düngergaben die Getreideernte überträfen. Auf den Morrow Plots jedoch sei im Laufe der Zeit eine Verringerung des Gesamtstickstoffs im Boden um 710–1810 Kilogramm pro Hektar beobachtet worden. Die Gründe dafür sind nicht nachvollziehbar, und eigentlich kann das gar nicht sein.

Die Autoren erklären: »Obwohl 5 Jahrzehnte lang ungefähr die doppelte Menge an synthetischem Stickstoffdünger eingesetzt wurde, ist die Maisernte beim Anbau in Monokultur niedriger als auf den beiden Feldern mit Fruchtfolge. Dieses Missverhältnis stimmt mit der Tatsache überein, dass die Mengen an potenziell verfügbarem Bodenstickstoff voneinander abweichen; Bodenstickstoff ist ein wesentlicher Garant der Fruchtbarkeit. Es ergibt sich folgender zwingender Schluss: Das vorherrschende landwirtschaftliche System ist nicht dazu fähig, die Erzeugung von Nahrung und Fasern zu intensivieren, ohne die Bodensubstanz zu schädigen.«

Der letzte Satz, »Das vorherrschende landwirtschaftliche System ist nicht dazu fähig, die Erzeugung von Nahrung und Fasern zu intensivieren, *ohne die Bodensubstanz zu schädigen*«, ist ein schwerer Schlag. Wenn die chemisch-synthetische Landwirtschaft die Bodensubstanz zerstört, inwiefern ist es dann gerechtfertigt, so wie bisher weiterzumachen?

Sie werden sich vielleicht wundern, wie die Wissenschaftler zu ihren Ergebnissen gelangt sind. Des Rätsels Lösung ist in der Beziehung zwischen Pflanzen und Bodenmikroben zu suchen, die wir in Kapitel 3 besprochen haben. Wenn wir eine Pflanze mit wasserlöslichem Kunstdünger ernähren, wird diese Pflanze mehr oder weniger träge. Sie ist nicht mehr darauf angewiesen, Mikroorganismen anzulocken und setzt dementsprechend weniger Kohlenstoffverbindungen in den Boden frei, was letztlich zur Abnahme der nützlichen Mikroben und Pilze führt. Und das wiederum bedeutet, dass weniger Bodenkrümel gebildet werden, der

Porenraum schrumpft und die Versickerungsgeschwindigkeit sinkt. Mit diesem Teufelskreis ist auch ein Rückgang der stickstofffixierenden Bakterien wie *Azotobacter* verbunden. Alles zusammen zerstört die Funktionsweise des Bodenökosystems.

Ebenso schädlich kann sich der Einsatz von Herbiziden auswirken. Dr. Don Huber, emeritierter Professor an der Purdue University und einer der weltweit führenden Experten für die Wechselwirkungen zwischen Chemikalien, Böden und Pflanzen, verfügt über immense Kenntnisse darüber, wie sich Herbizide auf die Umwelt auswirken. Er findet es nicht nur erschreckend, wie viele verschiedene Herbizide in welch riesigen Mengen eingesetzt werden, sondern auch, wie sich diese Pflanzen»schutz«mittel auf die Ökosysteme und die menschliche Gesundheit auswirken. Hier eine ernüchternde Statistik: Die im Jahr 2017 in den Vereinigten Staaten ausgebrachte Menge Glyphosat hätte ausgereicht, um auf jedem abgeernteten Hektar Ackerland eine Standarddosis von 0,84 Kilogramm auszubringen. (Die weltweit eingesetzte Menge Glyphosat entspräche ungefähr 0,75 Kilogramm pro abgeerntetem Hektar.)

Glyphosat wird als chelatbildende Verbindung geführt. Das bedeutet, dass sie sich mit Metallen verbindet. Kann es sein, dass Glyphosat Nährstoffe im Boden bindet, die von Pflanzen genutzt werden könnten? Glyphosat ist darüber hinaus als Biozid registriert – das bedeutet, dass es Lebewesen tötet. Kann man daraus schließen, dass es auch Bodenlebewesen gefährdet? Ich möchte damit keineswegs sagen, dass Glyphosat die Alleinschuld trägt. *Jedes* Herbizid, Fungizid oder Insektizid wirkt sich auf die eine oder andere Weise negativ auf die Umwelt aus. Wenn Sie konventionell wirtschaften, nehmen Sie sich bitte einen Augenblick Zeit, um alles durchzudenken, bevor Sie sauer werden und das Buch weglegen. Alle Maßnahmen, die wir in der Landwirtschaft ergreifen, verstärken sich in ihrer Wirkung. Wenn wir ein Insektizid

Abbildung 1 Boden wie Schokoladenkuchen – reichhaltig, dunkel und gut strukturiert – ernährt kräftige Wurzeln und Bodenlebewesen im Überfluss. Seit 15 Jahren ist diese Ackerfläche, auf der gerade Rotklee wächst, nicht mehr gepflügt worden.

Abbildung 2 Leben! Eine Handvoll Erde, die von einem meiner Direktsaat-Äcker stammt. Als wir unseren Betrieb 1991 erwarben, lebten in keinem der Äcker Regenwürmer. Inzwischen wimmelt es davon.

Abbildung 3 Grünland mit einer Fülle an mehrjährigen Pflanzen – wie diese Wiese hier – hat mir gezeigt, wie die Natur ein gesundes, funktionierendes Ökosystem aufrechterhält

Abbildung 4 Beachten Sie, wie klar das Wasser dieses jahreszeitlich bedingten Wasserlaufs ist, der durch natürliches Grünland fließt. Hier gibt es keinerlei Probleme mit Bodenerosion.

Abbildung 5 Die Vielfalt an mehrjährigen Pflanzenarten und die Gesundheit der Böden sorgen dafür, dass unsere Weiden auch in trockenen Jahren ertragreich sind. Dies ist ein besonders schönes Beispiel für ein gesundes, funktionierendes Ökosystem.

Abbildung 6 Unsere Tiere fühlen sich auch auf ehemaligem Ackerland wohl, das – wie diese Fläche – in Grünland mit mehrjährigen Futterpflanzen zurückverwandelt worden ist

Abbildung 7 Wenn sich ein Hagelsturm wie hier über der Brown's Ranch zusammenbraut, sind wir dem Unwetter vollkommen ausgesetzt. Unsere landwirtschaftlichen Methoden tragen dazu bei, dass wir auch angesichts extremer Wetterlagen belastbar sind.

Abbildung 8 Wer die Erdoberfläche schützt, erhöht die Belastbarkeit. Die Schutzschicht besteht aus den Rückständen eines früheren Bestands an Zwischenfrüchten; eine Feldfrucht bahnt sich ihren Weg durch den Mulch.

Abbildung 9 Beachten Sie das gleichmäßige Krümelgefüge dieses Erdklumpens, der von einem Acker der Brown's Ranch stammt. Mykorrhizapilze geben Glomalin ab und tragen dadurch zur Bildung von Bodenkrümeln bei.

Abbildung 10 Nachdem wir hier 2 Jahre lang Zwischenfrüchte kultiviert haben, hat sich der Boden dieser langjährigen Heuwiese in einem Maße verbessert, das fast an ein Wunder grenzt

Abbildung 11 Das waren die Rückstände, nachdem eine Rinderherde wärmeliebende Zwischenfrüchte im Spätherbst und frühen Winter abgegrast hatte. Wir sorgten dafür, dass mindestens 65 Prozent der oberirdischen Biomasse nach dem Abweiden liegen blieb. Die Schutzschicht wirkt nicht nur Verdunstung und Winderosion entgegen, sondern hindert auch Unkräuter am Wachsen.

Abbildung 12 So sieht es aus, wenn 800 000 Kilogramm Lebendgewicht pro Hektar eine Vielzahl mehrjähriger Futterpflanzen beweidet

Abbildung 13 Diese zufriedenen Mutterkuh-Kalb-Paare grasen auf einer Wiese mit mehrjährigen Pflanzen, die einem abgelaufenen Naturschutzprogramm entstammt

Abbildung 14 Wir nutzen Gummireifen von LKWs als Tränken. Die Wasserstellen, die mithilfe flach verlegter Rohrleitungen versorgt werden, haben wir unterhalb der Zaundrähte positioniert, die zwei Koppeln voneinander trennen.

Abbildung 15 Wir stellen Heuballen auf, um sie im Winter abweiden zu lassen. Indem wir alle Ballen im Herbst auf einmal transportieren, ersparen wir uns den Arbeitsaufwand, der anfiele, wenn wir das Futter bei schwierigen Winterbedingungen täglich anliefern müssten. Dieses Verfahren verbessert zusätzlich die Bodenqualität.

Abbildung 16 Wildblumen auf unseren Weiden mit mehrjährigen Pflanzen ziehen Bestäuber und andere nützliche Insekten an

Abbildung 17 Bestäuberpflanzen – wie Sonnenblumen – nehmen wir auch in unsere Zwischenfruchtmischungen auf. Auf diese Weise halten wir schädliche Insekten leichter unter Kontrolle.

Abbildung 18 Bestäuberstreifen wie dieses Beispiel von der Brown's Ranch sollte es eigentlich auf jedem Bauernhof geben. Sie sehen eine wärmeliebende Mischung, bestehend aus Andropogon gerardii, Goldbartgras, Rutenhirse, Wegwarte, Weißklee und Inkarnatklee.

Abbildung 19 Auf diesem Hügelbeet in unserem Gemüsegarten haben wir eine Mischkultur aus Mais, Bohnen, Kürbissen, Sonnenblumen und Bestäuberblumen ausgesät

Abbildung 20 Für keine unserer Kulturpflanzen bearbeiten wir den Boden, nicht einmal für Kartoffeln. Stattdessen legen wir die Kartoffeln einfach auf die Erdoberfläche und rollen Luzernenheu darüber aus, das der zweiten Mahd entstammt.

Abbildung 21 Wenn die Zeit der Kartoffelernte naht, rollen wir das Heu einfach wieder auf. Ausgraben ist nicht nötig!

Abbildung 22 Diese im Herbst ausgesäte Zwischenfrucht aus Hafer, Erbsen, Linsen und Winterrettich fängt das Sonnenlicht ein. Ich verpasse nie die Gelegenheit, den Kohlenstoffkreislauf anzukurbeln, selbst wenn der Frost eventuell schon Anfang September zuschlägt.

Abbildung 23 Eine im Herbst gesäte Zwischenfrucht trägt dazu bei, das Unkraut im nächsten Frühling unter Kontrolle zu halten

Abbildung 24 Diese Zaunlinie ermöglicht einen guten Vergleich zwischen einer Weide, die einem Nachbarn gehört und die ganze Saison lang abgegrast wurde, und einer meiner Wiesen, die nach den Prinzipien der ganzheitlich geplanten Beweidung bewirtschaftet wurde

Abbildung 25 Erkennen Sie die Vielfalt der auflaufenden Keimlinge? So sieht es aus, wenn man auf einem Feld Zwischenfrüchte in Mischkultur aussät.

Abbildung 26 Regeneration in Aktion: Diese bunte Mischung an Zwischenfrüchten, bestehend aus Sorghum x Sudangras, Perlhirse, Augenbohnen, Mungbohnen, Futterkohl, Buchweizen und Färberdistel, wurde in einen schon vorhandenen Bestand an Luzernen gesät und erneuert die Bodengesundheit – ein Einsatz chemischer Hilfsstoffe ist nicht erforderlich.

Abbildung 27 Das Schild unserer Ranch macht unseren Namen bekannt – und unsere landwirtschaftlichen Prinzipien

Abbildung 28 Wir nutzen einen Verkaufsanhänger, um unsere Produkte der Marke »Nourished by Nature« auf Bauernmärkten anzubieten

Abbildung 29 Der Durchgang (unten rechts) wurde mit einem Batt-Latch-Toröffner automatisch aufgemacht, sodass die Rinder eine neue Koppel betreten konnten

Abbildung 30 Diese Gruppe von Fleischrindern, die mit Grünfutter gemästet werden, weidet auf einem Bestand aus Sorghum x Sudangras, Perlhirse, Augenbohne, Mungbohne, Guarbohne, Futterkohl, Sonnenblume und Winterrettich

Abbildung 31 Das ist das erste von uns gebaute Eiermobil: ein Viehanhänger, den wir mit Schlafplätzen, Legenestern und einer Tränke ausgestattet haben

Abbildung 32 Auch Schweine genießen das Leben auf der Weide. Diese Tiere grasen auf einer Mischung 1-jähriger Zwischenfrüchte.

Abbildung 33 So viel zum Unterschied zwischen konventioneller und regenerativer Landwirtschaft: Ein Nachbar appliziert Kunstdünger, während das »Düngeteam« der Brown's Ranch auf natürliche Weise die Bodenfruchtbarkeit erhöht.

Abbildung 34 Ein Teil unseres 200-jährigen Plans besteht darin, mehr perennierende Kulturpflanzen anzubauen. Diese Obstbaumplantage befindet sich noch ganz am Anfang, doch stellen Sie sich vor, wie sie in 30 Jahren aussehen mag. Bei der Unterschicht handelt es sich nicht um Unkräuter, sondern um eine Pflanzenmischung, die Bestäuber und räuberische Insekten anlockt.

einsetzen, um gegen ein bestimmtes Schadinsekt vorzugehen, dann tötet dieses Mittel nicht nur Individuen dieser Art, sondern wird auch andere Insektenarten umbringen, darunter einige völlig harmlose und viele nützliche. Wir *müssen* uns das klarmachen. Die Natur kann gelegentliche Belastungen ertragen; sie können sich sogar positiv auswirken. Doch chronischen Stress, wie er mit jährlicher Bodenbearbeitung, Kunstdünger-, Insektizid- und Fungizideinsatz verbunden ist, hält die Natur einfach nicht aus.

Zweites Prinzip: Schutz der Erdoberfläche

Das zweite Prinzip besagt, die Bodenoberfläche mit einer schützenden Schicht (aus Pflanzenresten) zu bedecken. Wo in einem gesunden Ökosystem trifft man auf blanken Boden? Sie könnten jetzt einwerfen: »Aber Gabe, mir fallen eine Menge Orte ein, an denen der Boden nackt ist!« Das ist wahr und traurig zugleich, doch ich bezweifle, dass dieser Boden gesund ist. Wenn unbedeckter Boden dem natürlichen Zustand entspricht, warum kommt dann Unkraut auf, wann immer wir gepflügt haben? Die Natur ist bestrebt, den Boden zu bedecken! Es sollte nicht allzu viele offene, unbewachsene Flächen geben, weil unbedecktes Erdreich ein untrügliches Zeichen für ein gestörtes Ökosystem ist. Landwirte aus eher trockenen Gegenden behaupten häufig, es habe seit jeher unbewachsene Stellen auf ihrem Land gegeben. Historische Quellen, darunter alte Tagebuchaufzeichnungen, belehren uns eines Besseren: Selbst Flächen, die wir heute als Wüsten ansehen, zeichneten sich einst durch flächendeckenden Gräserbewuchs aus. In Oklahoma traf ich kürzlich auf einen Farmer, dessen Großmutter im 19. Jahrhundert in einem Planwagen angereist war und sich auf seinem heutigen Grund niedergelassen hatte.

Ihren Erzählungen zufolge konnte man Reiter, die sich auf einem Pferd näherten, mitunter gar nicht entdecken, weil die Gräser so hoch waren. Welch frappierender Unterschied zu den heutigen Verhältnissen in Oklahoma!

In den 1990er-Jahren waren es die katastrophalen Hagelstürme, die mich mit der Nase auf den Nutzen der Bodenbedeckung stießen. Der Hagel warf die Vegetation um, sodass ich beobachten konnte, wie die Pflanzen den Boden schützten. Im Jahr darauf bemerkte ich, dass die Pflanzenreste das Unkrautwachstum unterdrückten, die Bodentemperatur während der Hitze des Sommers niedrig hielten und die Verdunstung verringerten. Noch dazu stellten sie dem Boden wertvolles organisches Material zur Verfügung, das von den Regenwürmern, die wie durch ein Wunder plötzlich erschienen waren, in den Nährstoffkreislauf des Bodens eingespeist wurde. Die Schutzschicht des Bodens wird außerdem von unzähligen Mikroorganismen bevölkert.

Fällt ein Regentropfen auf eine Mulchschicht und nicht auf unbedecktes Erdreich, wird seine Energie fein verteilt und der Boden vor Wassererosion geschützt. Fahren Sie durch ein beliebiges, landwirtschaftlich genutztes Gebiet in der Welt, und Sie werden bemerken, wie die Erde vom Winde verweht wird. Winderosion ist heutzutage fast so verbreitet wie in den Tagen des Dust Bowl. Während der Niederschrift dieses Buches unternahm ich einen Ausflug nach Zentral-Oklahoma und erlebte, dass die Behörden eine Autobahn sperren mussten, weil Staubwolken die Sicht verdeckten. Es ist unvorstellbar! Überlegen Sie doch: Eine Tonne Oberboden verteilt auf einer Fläche von einem Hektar ist dünner als das Papier, auf dem diese Worte gedruckt sind. Und nun schätzen Sie, wie viele Tonnen Oberboden an diesem Tag in Oklahoma verloren gingen.

Wenn man die maschinellen, chemischen und physikalischen Störfaktoren einschränkt und den Bodenlebewesen die Möglichkeit zur Erholung gibt, könnten sich neue Herausforderungen ergeben, weil man mit dem ständigen Bedarf an schützendem Pflanzenmaterial Schritt halten muss. Die Verbesserung des Bodens äußert sich auch darin, dass Regenwürmer und andere Organismen den oberflächlichen Bestandsabfall mit atemberaubender Geschwindigkeit verwerten. In den Jahren, die auf den Hagel und die Trockenheit folgten, vermehrten sich die Lebewesen in meinen Böden rasch. Das Erdreich auf der Brown's Ranch sprüht inzwischen nur so vor Leben – letztens habe ich beobachtet, dass eine 2,5 Zentimeter dicke Mulchschicht innerhalb von 6 Wochen verschwunden war! Dieser durchaus erfreulichen Herausforderung begegne ich dadurch, dass ich in meiner Fruchtfolge die Pflanzen bevorzuge, die für eine Erhöhung des Kohlenstoff-Stickstoff-Verhältnisses im Boden sorgen (darüber erfahren Sie mehr, wenn wir uns über das dritte Prinzip, »Erzeugung von Vielfalt«, unterhalten). Das erreiche ich, indem ich weniger Leguminosen anbaue, ob im Rahmen der normalen Fruchtfolge oder bei den Zwischenfrüchten.

Wenn eine mächtige Mulchschicht entstehen soll, kann man stattdessen auch Zwischenfrüchte aussäen, die über einen hohen Kohlenstoffgehalt verfügen und sie bis zum Beginn der Blüte wachsen lassen; anschließend wird der Bestand bei hoher Besatzdichte beweidet. Ich lasse die Rinder einen Teil des Pflanzenmaterials abgrasen, sagen wir ein Viertel der oberirdischen Biomasse, sorge aber auch dafür, dass sie einen Gutteil niedertrampeln. Dadurch bildet sich eine dicke Schicht Streu, die den Boden schützt (siehe Abbildung 11). Dies gilt auch für natürliches Grünland. Vermeiden Sie tunlichst Überweidung, damit sich kein blanker Boden bildet. Falls kahle Stellen auftauchen, setzen Sie Ihre Tiere so ein, dass sich die Stellen erneuern können. (Ich habe diese Methode im Abschnitt »Die Macht der Besatzdichte« in Kapitel 2, Seite 65 beschrieben. Auch Ballenfütterung kann ich nur empfehlen, um hartnäckige kahle Stellen auf Ihrem Gelände zu schützen.

Der Umstand, dass ein Mulch Temperaturschwankungen des Bodens abschwächt, wirkt sich sowohl auf die Pflanzen als auch auf das Edaphon günstig aus. Viele Landwirte schenken den Temperaturverhältnissen im Boden keine rechte Aufmerksamkeit, dabei können sich Wärme und Hitze dramatisch auf den Gesundheitszustand der angebauten Pflanzen auswirken. Ich möchte nur ein paar Beispiele nennen:

- Bei 21 °C (70 °F) stehen den Pflanzen noch 100 Prozent der Bodenfeuchtigkeit zur Verfügung.
- Steigt die Temperatur auf 38 °C (100 °F), können die Pflanzen nur noch auf 15 Prozent der Feuchtigkeit zugreifen, der Rest geht durch Verdunstung und über die Spaltöffnungen der Blätter verloren.
- Bei 54 °C (130 °F) gehen 100 Prozent der Feuchtigkeit durch Verdunstung und über die Spaltöffnungen der Blätter verloren.
- Bei 60 °C (140 °C) sterben die Bodenbakterien ab.

Wir Landwirte verdienen unseren Lebensunterhalt mit dem Anbau von Pflanzen. Es liegt in unserem ureigensten Interesse, den Pflanzen den bestmöglichen Lebensraum zur Verfügung zu stellen, das gilt auch und besonders für das Wurzelreich. Deshalb sollte es unser oberstes Gebot sein, den Boden gut bedeckt zu halten.

Drittes Prinzip: Erzeugung von Vielfalt

Bei der dritten Säule der Bodengesundheit geht es darum, die Vielfalt zu fördern – und zwar an so vielen Schauplätzen wie möglich. Mein Sohn Paul hat 5 Jahre lang Weidemanagement an unserem Community College unterrichtet. Alljährlich führte er die Studenten auf unsere Weiden und ließ sie so viele verschiedene Gräser, Leguminosen und sonstige krautige Pflanzen sammeln, wie sie nur finden konnten. Einmal gelang es den Studenten, mehr als 140 Arten zusammenzutragen! Dies entspricht dem Artenreichtum, der für natürliche (so natürlich, wie es in der heutigen Zeit noch möglich ist) Lebensräume typisch ist. Lewis und Clark trafen auf eine vergleichbare Vielfalt, als sie Anfang des 19. Jahrhunderts das Flusssystem des Missouri erkundeten und dabei auch die Vielfalt an Pflanzen, Wirbeltieren und Insekten untersuchten. Die nährstoffreichen, mächtigen Humusschichten der Böden, die einst weite Teile unseres Planeten bedeckten, entwickelten sich mit der Zeit als Folge und Begleiterscheinung dieser Vielfalt.

Werfen wir einen kurzen kritischen Blick auf das derzeitige System der landwirtschaftlichen Produktion. Ich kann locker Hunderte Kilometer durch den ganzen Mittleren Westen fahren und erblicke dabei lediglich zwei Feldfrüchte: Mais und Sojabohnen. Im Südosten treffe ich fast nur auf Baumwolle. Im pazifischen Nordwesten wiederum lacht mich der Weizen an – und nur der Weizen. Diese Monokulturen sind das genaue Gegenteil von Vielfalt.

Als ich vor einiger Zeit auf einer Konferenz in Kansas einen Vortrag hielt, wandte sich ein junger Bauer an mich und wollte wissen, wie er seinen Vater und seinen Großvater überzeugen könne, mehr Vielfalt auf ihre Äcker zu bringen. »Wie sieht denn Ihre derzeitige Fruchtfolge aus?«, fragte ich. »Nun, seit Ende der 20er-Jahre des vorigen Jahrhunderts bauen wir regelmäßig und ausschließlich Weizen an«, sagte er kurz und bündig. Alter Schwede! Fast 100 Jahre Weizen-Einsamkeit! »Ihre Ernten sind wahrscheinlich nicht gerade rekordverdächtig«, vermutete ich. »Nein, kann man nicht sagen.«, antwortete er, »Durchschnittlich 1,2 Tonnen pro Hektar. Wir müssen alle einem Nebenjob nachgehen.«

Bei anderer Gelegenheit fragte mich ein junger Landwirt aus Kanada, wie er seinem Vater beibringen könne, wie wichtig es sei, eine bunte Palette an Feldfrüchten anzubauen. »Woraus setzt sich Ihre Fruchtfolge zusammen?«, wollte ich von ihm wissen. »Raps, Schnee, Raps«, war seine Antwort.

Das sind doch Extrembeispiele, könnte man denken, aber meine Beobachtungen und Gespräche mit Landwirten lassen darauf schließen, dass es sich sehr viel häufiger so verhält, als man annehmen würde. Die Bauern müssen den vier Nutzpflanzenkategorien mehr Aufmerksamkeit schenken: kälte- und wärmeliebende Gräser sowie kälte- und wärmeliebende zweikeimblättrige Pflanzen (in Kapitel 8 werde ich darauf in aller Ausführlichkeit zurückkommen). Jede dieser Kategorien wirkt sich auf die Ökosysteme der landwirtschaftlichen Flächen in anderer Weise aus. Wenn wir eine intakte Weide untersuchen, werden wir – abhängig vom jeweiligen Standort in unterschiedlichen Anteilen – Vertreter aus jeder Kategorie entdecken. Das ist ein guter Grund, alle vier Kategorien in unserer Fruchtfolge zu berücksichtigen. Die überwiegende Mehrheit der Landwirte konzentriert sich auf den Profit, den eine Feldfrucht in einem bestimmten Jahr einbringen könnte; sie achtet nicht auf das ökologische Kapital, das durch die Vielfalt geschaffen wird. Wenn wir bedenken, dass auf natürlichem Grünland nicht weniger als hundert verschiedene Arten an Gräsern, Leguminosen und anderen krautigen Pflanzen wachsen, wie kann man dann ein gut funktionierendes Ökosystem erwarten, wenn wir die Pflanzendiversität auf eine oder zwei Arten beschränken?

Wenn Sie Ihren Boden verbessern möchten, müssen Sie die Vielfalt fördern, indem Sie entweder weitere Feldfrüchte in die Fruchtfolge aufnehmen oder zusätzlich Zwischenfrüchte anbauen. Mein guter Freund David Brandt erzählt jedem, der es hören will, dass er seine Böden am stärksten verbessern konnte, als er Winterweizen in seine Mais-Sojabohnen-Fruchtfolge aufnahm. Die vorteilhafte Wirkung war nicht allein dem Weizen geschuldet; denn direkt nach der Weizenernte säte David eine artenreiche Zwischenfruchtmischung in dem Stoppelfeld aus. Diese Zwischenfrüchte machten den Hauptunterschied aus. Hatten sich die Bodenlebewesen zuvor mit den Wurzelausscheidungen von zwei Arten (Mais und Sojabohne) begnügen müssen, stand ihnen nun gut ein Dutzend Arten zur Verfügung. Stellen Sie sich den zusätzlichen Kohlenstoff vor, der dank all dieser Pflanzen in den Nährstoffkreislauf eingespeist wird.

Davids Erfahrungen entsprechen den Ergebnissen des vom Soil Conservation District Burleigh County durchgeführten Zwischenfruchtexperiments (das in Kapitel 2 beschrieben wird). In diesem Versuch lieferte eine Saatmischung aus sechs Arten etwa zwei- bis dreimal so viel Biomasse wie eine in Monokultur angebaute Zwischenfrucht.

Der Ökologe Dr. David Tilman von der University of Minnesota hat einen unschätzbaren Beitrag zur Forschung geleistet, indem er nachwies, dass sich die Synergieeffekte verstärken, sobald die Zahl der eingebundenen Pflanzenspezies sieben oder acht erreicht hat. Mit anderen Worten: Gesundheit, ökologische Wirkung und Biomasse der Pflanzen verbessern beziehungsweise vermehren sich mit zunehmender Artenfülle. Ein wichtiger Grund ist die Tatsache, dass ein artenreicher Pflanzenbestand ein erheblich abwechslungsreicheres Nahrungsangebot in Form der Wurzelausscheidungen für die Bodenmikroben bietet. Deshalb ist es noch schwieriger zu verstehen, warum die derzeitige Form der landwirtschaftlichen

Produktion mit ihren Monokulturen über eine derart breite Unterstützung verfügt. Die Forschungen von Dr. Tilman ließen darüber hinaus erkennen, dass sich eine Mischkultur aus den verschiedenen funktionalen Gruppen (Gräser, Leguminosen und andere krautige Pflanzen) positiv auf Gesundheit, ökologische Wirkung und Biomasse der Pflanzen auswirkte.

Wenn Sie mit der Umstellung auf regenerative landwirtschaftliche Methoden beginnen, werden Sie wahrscheinlich feststellen, dass Sie in Ihrem Fruchtwechsel mehr Leguminosen berücksichtigen müssen. Dies hängt mit der Bedeutung des Kohlenstoff-Stickstoff-Verhältnisses (C/N-Verhältnis) zusammen. Die organische Substanz im Boden besitzt ein C/N-Verhältnis von ungefähr 12:1 – zwölf Teile Kohlenstoff auf einen Teil Stickstoff. Das C/N-Verhältnis der Pflanzenreste auf der Bodenoberfläche schwankt – abhängig von der Pflanzenart beziehungsweise -gruppe – innerhalb eines bestimmten Bereiches. Getreidearten wie Roggen und Weizen besitzen einen Wert von ungefähr 80:1, Mais von 57:1 und Leguminosen wie die Luzerne und die Zottige Wicke von 25:1 beziehungsweise 11:1.

Unabhängig davon, welches C/N-Verhältnis die oberflächlichen Pflanzenreste im Einzelfall besitzen mögen, sorgen die Bodenlebewesen durch den Abbau des organischen Materials dafür, dass sich das Verhältnis bei etwa 12:1 einpendelt. Am besten geht die Zersetzung voran, wenn das C/N-Verhältnis 24:1 beträgt. Bei diesem Verhältnis fühlen sich die Mikroorganismen ganz besonders wohl. Enthalten die Rückstände zu viel Kohlenstoff, reicht der Stickstoff nicht für die Versorgung der Mikroben und sie müssen sich auf die Suche nach anderen Stickstoffquellen im Boden machen. Bei der Auswahl der Fruchtfolge für unsere Feldfrüchte beziehungsweise Zwischenfrüchte sollten wir darauf Rücksicht nehmen.

Häufig müssen Bauern, die zur pfluglosen Landwirtschaft übergehen, feststellen, dass die organischen Reste aufgrund eines beeinträchtigten Nährstoffkreislaufs recht langsam zersetzt werden. Als Faustregel kann man sagen, dass das Pflanzenmaterial umso langsamer abgebaut wird, je höher das C/N-Verhältnis des Bestandsabfalls ist. Und umgekehrt gilt, dass die Rückstände umso rascher zersetzt werden, je niedriger das C/N-Verhältnis ist. Der Wert bestimmt auch darüber, wie viel Stickstoff gebunden wird und deshalb für die Folgefrucht nicht zur Verfügung steht. Pflanzen mit einem hohen Kohlenstoffanteil, beispielsweise Weizen, werden viel langsamer zersetzt als Pflanzen mit einem niedrigen Kohlenstoffanteil, wie zum Beispiel Erbsen. Gegen einen zu langsamen Abbau kann man vorgehen, indem man Feld- und Zwischenfrüchte anbaut, die ein C/N-Verhältnis besitzen, das die Nährstoffflüsse im Boden ankurbelt, sodass die Pflanzenreste abgebaut werden können.

Beispielsweise habe ich einen Freund, der bereits 5 Jahre lang pfluglose Landwirtschaft betrieben hatte, als er mich plötzlich anrief und klagte, es hätte sich eine derart dicke Schicht aus Pflanzenresten gebildet, dass es schwierig sei, die neue Saat auszubringen. Also fuhr ich zu seiner Farm, um mir die Bescherung anzusehen. Ich nahm den Acker unter die Lupe und konnte rekonstruieren, was er in den vergangenen 5 Jahren angebaut hatte: Sonnenblumen, Sommerweizen, Mais, Gerste und Winterweizen. Jede dieser Feldfrüchte ist verhältnismäßig reich an Kohlenstoff. Das Problem meines Freundes bestand nicht in der Menge an Ernterückständen, sondern vielmehr im Kohlenstoff-Stickstoff-Verhältnis. Deshalb war es ein Leichtes, dagegen vorzugehen: Er musste nur Leguminosen kultivieren, weil sie sich durch einen hohen Stickstoffgehalt auszeichnen. Er nahm Erbsen in seine Fruchtfolge auf und ließ zusätzlich auf jede früh geerntete Feldfrucht Leguminosen und Winterrettich folgen. Die Leguminosen trugen dazu bei, das C/N-Verhältnis zurechtzurücken, und die Rettichwurzeln speicherten den Stickstoff und setzten ihn im folgenden Frühling frei, wenn sie verrotteten. Dieser Stickstoff wiederum stimulierte die Zersetzung der Pflanzenreste. Problem gelöst.

Nicht nur auf dem Ackerland sollte Vielfalt herrschen, sondern auch auf Weideflächen. Ich kann mich noch gut an meine ersten zaghaften Versuche erinnern, Ackerland mit Mehrjährigen zu bepflanzen, um Weideflächen zu schaffen. Meine Wahl fiel auf eine Mischung aus Wehrloser Trespe, Blau-Quecke und Flaumiger Blau-Quecke. Gräser, Gräser – nichts als Gräser! Die Vielfalt blieb auf der Strecke: keine Leguminosen, keine Kräuter. Dass sich diese Mischung nicht gut entwickelte, ist keine Überraschung.

Viertes Prinzip: Durchwurzelung des Bodens

Bei der vierten Säule der Bodengesundheit handelt es sich um die Durchwurzelung des Bodens: Das Erdreich sollte so lange wie möglich im Jahresverlauf von lebenden Wurzeln durchzogen sein. Es enttäuscht mich sehr, wenn ich Landwirte sehe, die das Getreide ernten und danach ihr Land brachliegen lassen, sodass sich bis zur nächsten Saison keine lebenden Wurzeln mehr im Erdreich befinden. Im Oktober 2017 fuhr ich von meiner Ranch aus, die – wie Sie wissen – in der Nähe von Bismarck liegt, die mehr als 1000 Kilometer weite Strecke nach Butte, Montana. Wie viele grüne Felder konnte ich bestaunen, nachdem ich meinen Bauernhof erst einmal hinter mir gelassen hatte? Ein einziges! Nur einer von unzähligen Landwirten auf dieser langen Strecke hatte sich die Zeit genommen, nach der Haupternte noch etwas auszusäen. Es war klar, dass die anderen Landwirte noch nichts davon gehört hatten, wie wichtig es ist, flüssigen Kohlenstoff in die Erde zu pumpen, um die Bodenlebewesen zu fördern. Hier ein Vergleich: Ein Bauer würde sein Vieh niemals monatelang ohne Futter zurücklassen. Warum um alles in der Welt denkt also niemand daran, die unterirdische Mikrobenherde auch im Winter durchzufüttern? Häufig werde ich gefragt: »Welche Ihrer Maßnahmen hat am meisten zur Erneuerung Ihrer Böden beigetragen?« Es fällt mir nicht schwer, darauf zu antworten: »Ich baue Pflanzen an!«

Lassen Sie sich unter gar keinen Umständen die Gelegenheit entgehen, Sonnenenergie in chemische Energie umzuwandeln. Sobald ein Feld abgeerntet ist, sei es durch den Mähdrescher oder eine Rinderherde, säe ich unmittelbar neue Feld- oder Zwischenfrüchte aus. Denken Sie darüber nach, wie sich diese Maßnahme in die Nährstoffkreisläufe einfügt. Wenn wir keinen flüssigen Kohlenstoff ins Erdreich befördern, geben wir den Bodenlebewesen keine Nahrung. Und wenn die Bodenlebewesen Hunger leiden, versiegen die Nährstoffflüsse. Wenn Sie diese einfachen Prinzipien erst einmal verinnerlicht haben, wird Ihnen klar, warum viele Landwirte unglaubliche Mengen an Kunstdünger ausbringen müssen, damit sich ihre Feldfrüchte entwickeln. Ihre Böden, die sich einst durch eine naturgegebene Fruchtbarkeit ausgezeichnet haben, werden systematisch ausgehungert.

Es gibt einen weiteren sehr wichtigen Grund, für lebende Wurzeln im Boden zu sorgen: die Stärkung und Vermehrung der Mykorrhizapilze. Die unzähligen Vorteile, die uns diese Pilze bieten, haben wir bereits besprochen. Warum also sollten wir diese Vorzüge nicht nutzen?

In weiten Teilen des Landes entwickeln sich die oberirdischen Pflanzenteile von Zwischenfrüchten, die nach der Ernte angebaut werden, nicht gerade berauschend, weil die Zahl der frostfreien Tage oder die Feuchtigkeit beschränkt ist. In manchem Jahr säe ich eine Zwischenfrucht direkt nach der Ernte, nur um mit ansehen zu müssen, dass sie keine 8 Zentimeter hoch wird, bevor sie erfriert. Aber das ist keineswegs ein Fehlschlag! Auch wenn sich das Wachstum des Sprosses in Grenzen hält, haben diese kleinen Pflanzen unter der Erde zahlreiche Wurzeln ausgebildet, und darauf kommt es an.

Falls Trockenheit ein Problem in Ihrer Gegend ist, empfiehlt es sich umso mehr, Pflanzen anzubauen, denn nur durch die Erhöhung des Anteils an organischem Material lässt sich die Wasserspeicherkapazität des Bodens steigern. Etwa zwei Drittel des Anstiegs der organischen Substanz sind auf Pflanzenwurzeln zurückzuführen. Daher ist es äußerst wichtig, dass sich im Verlauf des ganzen Jahres so viele Wurzeln wie es nur geht möglichst lange im Boden befinden. In seinem Buch *Roots Demystified* beschreibt Robert Kourik eine einzelne Roggenpflanze, deren Wurzel eine Länge von insgesamt fast 600 Kilometern besitzt! Die Wurzelhaare erstrecken sich noch einmal über nahezu 10 000 Kilometer, sodass sich eine Gesamtlänge von ungefähr 10 500 Kilometern ergibt! Wenn das die organische Substanz nicht steigert! Wie mag sich wohl der bedauernswerte Masterstudent gefühlt haben, der diese Pflanze ausgraben und vermessen musste?

Auch auf Wiesen und offenem Weideland kommt lebenden Wurzeln eine entscheidende Bedeutung zu. Meine Reisen führen mich auf Abertausende Hektar Grund, auf denen entweder im Winterhalbjahr oder im Sommerhalbjahr angebaut wird. Dieser Mangel an Artenvielfalt ist nicht gerade günstig, wenn es darum geht, für monatelange Durchwurzelung zu sorgen. Dass auf natürlichem Grasland meist sowohl kälte- als auch wärmeliebende Gräser und zweikeimblättrige Pflanzen wachsen, hat einen guten Grund: Das Ökosystem ist nur gesund, wenn sich beides findet.

Fünftes Prinzip: Einbindung von Tieren

Das fünfte Prinzip besagt, dass wir Tiere in die Agrarlandschaft einbinden sollten. Mit der Verbannung der Tiere aus der Landschaft sind wir bei einem weiteren Punkt angelangt, in dem das derzeitige landwirtschaftliche Modell versagt. Erinnern Sie sich daran, wie unsere Großeltern vor einem Jahrhundert gewirtschaftet haben: Fast auf jedem Hof gab es neben Schweinen und Geflügel auch Mastrinder oder Milchkühe. Zudem wurden Pferde als Zugtiere eingesetzt. Heutzutage sperren wir die Hühner in Käfige, die Schweine in Kastenstände, die Fleischrinder in Mastanlagen und die Milchkühe in riesengroße Ställe. In weiten Teilen der Welt kann man Tausende Kilometer zurücklegen, ohne einen einzigen Weidezaun zu sehen, geschweige denn ein Tier.

Warum ist das von Belang? Um diese Frage beantworten zu können, müssen wir verstehen, wie sich die Böden gebildet haben. Vor einigen Jahrhunderten durchstreiften Bisons, Wapitis, Rothirsche und andere Wiederkäuer zehnmillionenfach den nordamerikanischen Kontinent. Die Paarhufer weideten hier ein bisschen an einer Pflanze und dort an einer anderen. Dadurch regten sie die Pflanzen an, Wurzelausscheidungen freizusetzen, um Bodenlebewesen zu ködern. Diese schafften die erforderlichen Nährstoffe herbei, sodass die Pflanzen nachwachsen konnten. Raubtiere hielten die Wiederkäuerherden in Bewegung, sodass sie häufig sehr lange Zeit nicht mehr an denselben Weideplatz zurückkehrten. So verfügten die Pflanzen über genügend Zeit, um sich zu erholen und pumpten dabei erhebliche Mengen Kohlenstoff in den Boden. (Weiter oben habe ich bereits erwähnt, dass eine Pflanze, an der gefressen wurde, stärker photosynthetisiert und mehr flüssigen Kohlenstoff in den Boden pumpt als eine Pflanze, die nicht angetastet wurde.) Nehmen wir noch die unzähligen Insekten und anderen Wildtiere, die es in diesem Lebensraum gab, hinzu, und wir haben ein intaktes, vorzüglich funktionierendes Ökosystem.

Heutzutage gelangt viel weniger Kohlenstoff in diesen Kreislauf, weil Weidetiere fast zur Gänze aus den Graslandschaften verbannt worden sind. Rinder werden vielfach für den Klimawandel verantwortlich gemacht, doch ist diese Sichtweise zu einfach; sie berücksichtigt nicht, wie Ökosysteme funktionieren. Möchte man sehr viel Kohlenstoff aus der Atmosphäre in den Boden transportieren, so hat es sich am besten bewährt, Weidetiere in die Landschaftspflege miteinzubeziehen. Das Problem sind nicht die Rinder, sondern unsere Haltungsmethoden! Mir macht es immer eine besondere Freude, mit Vegetariern und Veganern über die Bedeutung von Tieren für die Landschaft zu diskutieren. Wenn ihnen die Gesundheit von Ökosystemen wirklich am Herzen liegt, müssen sie – so behaupte ich – die Vorteile, die von weidenden Wiederkäuern ausgehen, anerkennen – selbst, wenn sie sich nicht am Fleischkonsum beteiligen. Eine der besten Ausführungen dieses Arguments lässt sich in Nicolette Hahn Nimans Buch *Defending Beef* nachlesen.

Weil wir zahlreiche Tierarten auf der gesamten Ranch miteingebunden haben, ist der Kohlenstoffanteil unseres Ökosystems rasant angestiegen. Dadurch hat sich nicht nur die Bodengesundheit verbessert, sondern auch unser Gewinn erhöht. Ich unterhalte mich Jahr für Jahr mit Hunderten Bauernfamilien, die sich darüber beklagen, keinen Profit zu machen. Wenn ich frage, wie sie wirtschaften, erfahre ich für gewöhnlich, dass keinerlei Vieh gehalten wird. Ich bestärke alle Landwirte darin, die vielen Vorteile zu nutzen, die Tiere zu bieten haben.

Kapitel 8

Zwischenfrüchte als Wegbereiter-Pflanzen

Der Anbau von Zwischenfrüchten ist ein wesentlicher Schritt, um tote Böden in fruchtbare Erde zu verwandeln. In diesem Kapitel beschreibe ich, wie wir Zwischenfrüchte auf der Brown's Ranch einsetzen, und berichte, was ich im Laufe der Jahre durch eigene Erfahrung, aber auch von anderen Bauern, die in der regenerativen Landwirtschaft tätig sind, gelernt habe.

Obwohl ich mit dem Anbau von Zwischenfrüchten vor über 20 Jahren begonnen habe, betrachtete ich sie damals nicht als Zwischenfrüchte. Ich säte lediglich Pflanzen aus, die als Viehfutter dienen sollten. Auch jetzt widerstrebt es mir, von *Zwischenfrüchten* zu sprechen. Weil diese Pflanzen nicht nur die Lücke zwischen zwei Feldfrüchten füllen, sondern zahlreiche eigenständige Funktionen besitzen, bevorzuge ich es, sie als *Wegbereiter-Pflanzen* zu bezeichnen. Der Einfachheit halber werde ich sie jedoch weiterhin Zwischenfrüchte nennen.

Falls Sie Nutztiere halten und Ackerland bewirtschaften, sind Zwischenfrüchte ein absoluter Selbstläufer, denn die Tiere können Ihnen dabei behilflich sein, die Pflanzen rasch in Geld zu verwandeln. Besitzen Sie kein Vieh, sollten Sie trotzdem aus sehr vielen

Gründen Zwischenfrüchte kultivieren: beispielsweise, um mehr Kohlenstoff ins Erdreich zu befördern, die Bodenlebewesen zu ernähren, das Land vor Erosion zu schützen und natürlich, um die Wirtschaftlichkeit zu erhöhen.

Zwischenfrüchte binden Kohlenstoff und reichen ihn weiter

Zwischenfrüchte können (und werden) den Kohlenstoffgehalt Ihres Ackerlandes erhöhen. In Kapitel 3 habe ich erläutert, wie wichtig Kohlenstoff ist und wie Pflanzen mithilfe der Photosynthese flüssigen Kohlenstoff ins System pumpen. Je höher die Blattfläche auf einem Feld ist, desto mehr Sonnenlicht wird »eingefangen« und desto mehr Photosynthese findet statt. Dr. Christine Jones spricht in diesem Zusammenhang von der *Photosynthesekapazität;* sie ist der Grund, weshalb es erstrebenswerter ist, Zwischenfruchtmischungen aus vielen (und nicht nur aus einer oder zwei) Arten auf einem Feld auszusäen: In einer bunten Mischkultur variieren die Blattgrößen und das Spektrum der Wuchshöhen fällt umfangreicher aus. Daher ist mehr Blattfläche für die Aufnahme von Sonnenlicht vorhanden und es wird mehr Kohlenstoff in den Boden abgegeben.

Dr. Jones definiert die *Photosyntheserate* als die Geschwindigkeit, mit der eine Pflanze Lichtenergie in Zucker umwandeln kann. Zu den vielen Faktoren, von denen die Photosyntheserate abhängt, zählen Feuchtigkeit, Temperatur, Lichtintensität, die Kohlenstoffnachfrage der Bodenorganismen sowie das Vorkommen von Mykorrhizapilzen.

Je höher die Photosynthesekapazität und die Photosyntheserate von Acker- und Weidepflanzen, desto gesünder ist das Bodenökosystem und umso schneller wird neuer Oberboden gebildet. Bemerkenswerterweise können einige Pflanzenarten bis zu 70 Prozent des Kohlenstoffs, den sie mithilfe der Photosynthese einfangen, in Form von Wurzelausscheidungen in den Boden befördern. Abgesehen davon, dass die Absonderungen eine Kohlenstoffquelle darstellen, ernähren sie auch frei lebende und symbiotische stickstofffixierende Bakterien. So wie der Kohlenstoffgehalt des Bodens ansteigt, verbessern sich Bodenstruktur und die Voraussetzungen für die biologische Stickstofffixierung. Selbstverständlich lässt sich der Ertrag immens steigern, falls diese Nährstoffe verfügbar sind.

Über diesen Kreislauf muss ich oft nachdenken, wenn ich durch landwirtschaftlich geprägte Gebiete fahre – vorbei an scheinbar endlosen Getreidefeldern, die man nach der Ernte hat brachliegen lassen. Um die Sache noch weiter zu verschlimmern, spritzen zahlreiche Bauern die abgeernteten Felder routinemäßig mit Herbiziden, damit Ausfallgetreide keine Chance hat, zu keimen und sich zu entwickeln. Die meisten konventionell bewirtschafteten Ackerflächen bleiben 6–9 Monate im Jahr unbedeckt. Und wenn keine grünen Pflanzen vorhanden sind, findet auch keine Photosynthese statt, Sonnenlicht wird nicht in chemische Energie umgewandelt, es wird weder Kohlendioxid aufgenommen noch Kohlenstoff in den Boden abgegeben. Jeder Schritt auf diesem Weg ist ein Kampf gegen die Natur.

Frühere Bewirtschaftung hat das Bodenleben leider auf vielen Ackerböden (und Weideflächen) dezimiert. Bodenbearbeitung, Kunstdünger, zu geringe Vielfalt in der Fruchtfolge und monatelange Brache tragen insgesamt zu einer Störung des Bodennahrungsnetzes bei. Auf Weideland können übermäßige oder zu geringe Beweidung sowie ein Mangel an Diversität dieselben Folgen haben. Damit sich die Bodenlebewesen, die durch ihre Aktivitäten ein gesundes Ökosystem garantieren, mit dem erforderlichen Artenreichtum einstellen und sich ausreichend vermehren, benötigen wir eine Vielfalt an Pflanzenarten. Ein weiterer Grund, artenreiche Zwischenfrüchte anzubauen.

Wie anders sähe die Welt aus, wenn wir alle Landwirte überzeugen könnten, wann immer möglich eine Zwischenfrucht nach der Getreideernte anzubauen? Allein diese einfache, mühelos umsetzbare Methode würde die Photosynthesekapazität unseres kollektiven Ackerlandes beträchtlich erhöhen, und das wäre ein gewaltiger Schritt, um unseren Planeten zu heilen!

Welche Zielsetzung haben Sie hinsichtlich der natürlichen Ressourcen?

Oft werde ich gefragt, wie ich entscheide, welche Zwischenfruchtarten ich in einer Mischung aussäe. Um diese Frage beantworten zu können, muss ich mir zuerst darüber klar werden, wo ich im Zusammenhang mit meinen natürlichen Ressourcen ansetzen will. Anders formuliert: Was soll durch den Anbau der Zwischenfrucht erreicht werden? Möchte ich den Anteil an organischer Substanz auf dem Feld erhöhen? Will ich die Versickerungsgeschwindigkeit verbessern? Muss die Artenvielfalt gesteigert werden? Soll der Nährstoffkreislauf stärker angekurbelt werden (das heißt, weniger Kunstdüngereinsatz)? Sind Unkräuter zu regulieren? Sind Schädlinge zu bekämpfen? Möchte ich gegen Versalzung vorgehen? Wildtieren Lebensraum zur Verfügung stellen? Bestäuber anlocken? Mein Vieh füttern? Und die Liste geht noch weiter. Das Schöne ist, dass mit dem Anbau von Zwischenfrüchten – sofern er fachgerecht durchgeführt wird – jedes Problem, von dem Ihre natürlichen Ressourcen betroffen sein mögen, bewältigt werden kann.

Von anderen Landwirten erfahre ich oft, dass ihre Versuche, Zwischenfrüchte anzubauen, fehlgeschlagen sind. Daraufhin erkundige ich mich nach dem Zustand ihrer natürlichen Ressourcen. Für gewöhnlich zieht diese Frage einen ratlosen Blick des Gegenübers nach sich. Mit anderen Worten: Man hat eine Zwischenfrucht ausgesät, ohne darüber nachzudenken, was dadurch erreicht werden sollte. Somit gab es keine logische Grundlage für die Entscheidung, welche Arten herangezogen werden sollten. Häufig wurde einfach das ausgesät, was leicht verfügbar war. Das Ergebnis ist im Allgemeinen unbefriedigend.

Wenn es darum geht, in Erfahrung zu bringen, welche Zwischenfrüchte in Ihrer Gegend gut gedeihen, und um entscheiden zu können, welche Ihnen dabei helfen, Ihre Probleme in Angriff zu nehmen, ist es wichtig, dass Sie Ihre Hausaufgaben machen. Im Internet finden Sie eine Fülle an Informationen, einschließlich des Buches *Managing Cover Crops Profitably,* das unter *www.sare.org,* der Website von Sustainable Agriculture Research & Education, kostenlos zum Download zur Verfügung gestellt wird. Das Werk enthält Beschreibungen vieler gängiger Zwischenfrüchte, es erläutert, wo sie angebaut werden können und wie es um ihr Wachstumsverhalten und ihre Vorteile steht. Auch empfehle ich Ihnen, andere Landwirte in Ihrer Gegend ausfindig zu machen, die Zwischenfrüchte einsetzen, und sie nach ihren Erfahrungen zu fragen. Bitten Sie örtliche Saatgutanbieter um Rat und besuchen Sie regionale Feldtage. Darüber hinaus ermutige ich Landwirte, alljährlich in ihrem Betrieb Parzellenversuche durchzuführen. Auf unserer Ranch testen wir jedes Jahr mehrere unterschiedliche Arten und Mischungen. Macht sich eine Art gut, setze ich sie im nächsten Jahr verstärkt ein. Erweist sie sich in 2 aufeinanderfolgenden Jahren als Fehlschlag, probiere ich es nicht mehr damit. Des Weiteren ist es wichtig, die Saisonabhängigkeit der Zwischenfrüchte zu kennen, die Sie für den Anbau in Betracht ziehen. Beispielsweise sollte man in North Dakota Gerste nicht im Juli und Hirse nicht im April säen. Daran denke ich oft, wenn ich etliche Farmer dabei beobachte, wie sie im März und April in den nördlichen Great Plains Mais anbauen. Als ich das letzte Mal nachgesehen habe, war Mais noch immer ein wärmeliebendes Gras!

Werfen wir einen Blick auf die natürliche Ressource »organisches Material«. Organisches Material ist zwar nicht der einzige Schlüsselindikator zur Bestimmung der Bodenfunktion, doch es ist eine der Grundvoraussetzungen für einen gesunden Boden. Sich klarzumachen, dass der Gehalt an organischem Material in Abhängigkeit von klimatischen Bedingungen und Betriebsführung schwankt, ist nicht unwichtig. Der Definition nach handelt es sich bei organischem Material um Überreste und Abfallprodukte von Organismen. Entweder hat es sich bereits zersetzt oder muss erst noch abgebaut werden; auch gibt es organische Verbindungen, die sich einem weiteren Abbau widersetzen. Die in den Verbindungen des Kohlenstoffs enthaltene Energie, die von den Lebewesen im Rahmen ihrer Stoffwechselprozesse umgesetzt wird, führt zur Bildung der Ton-Humus-Komplexe, die Sand-, Schluff- und Tonteilchen zusammenschließen.

Ich habe noch nie eine Farm oder Ranch gesehen, meine eigene eingeschlossen, deren Boden nicht von Erosion betroffen wäre. Wenn Sie an Ihrem Wohnort die Archive durchsuchen, können Sie eine gute Vorstellung davon erhalten, wie hoch der Anteil an organischem Material vor einem Jahrhundert oder noch früher gewesen ist. Falls die organische Bodensubstanz bei Ihnen genauso stark zurückgegangen ist wie in meiner Gegend (von über 7 auf ungefähr 2 Prozent), dann sind die Nährstoffflüsse und der Wasserhaushalt auf Ihrem Grund und Boden gestört. Betriebe, deren Böden wenig organische Substanz enthalten, sind auf den Einsatz von Kunstdünger angewiesen, um das zu erreichen, was die Natur ursprünglich zum Nulltarif erledigt hat. Wenn wir den Gehalt an organischer Bodensubstanz erhöhen und die Bodenorganismen wieder einen Lebensraum erhalten, schnellt das subterrane Nährstoffangebot rasant in die Höhe. Ich habe ein wenig gerechnet, und als dieses Buch entstand, entsprach jede 1-prozentige Erhöhung des organischen Materials einem Stickstoff-, Phosphor-, Kalium- und Schwefeleinsatz im Gegenwert von knapp 2000 Dollar pro Hektar. Allerdings müssen wir berücksichtigen, dass Bodenlebewesen vorhanden sein müssen, die diese Nährstoffe in Umlauf halten. Dafür ist die Bewirtschaftungsweise ausschlaggebend, und sobald Sie tatsächlich über den notwendigen Anteil an organischem Material verfügen, können Sie Ihren Kunstdüngereinsatz erheblich zurückfahren und somit die Wirtschaftlichkeit verbessern.

Ungefähr zwei Drittel des Zuwachses an organischer Substanz werden von den neu entstehenden Wurzeln in den Boden befördert. Es ist sehr wichtig, so viel Wurzelmasse wie möglich ins Erdreich zu bringen, und zwar angefangen an der Oberfläche bis hinunter in den Unterboden. Wurzeln leiten flüssigen Kohlenstoff an diejenigen Organismen weiter, die für die Bodenfunktionen von entscheidender Bedeutung sind. Daher empfiehlt es sich, Zwischenfrüchte anzubauen, die wie Sorghum/Sudangras, Roggen, 1-jähriges Weidelgras, Phacelia, Rotklee usw. gewaltige Mengen an Wurzelmasse hervorbringen. Eine Zwischenfruchtmischung, zu der ich gerne greife, besteht aus den wärmeliebenden Zwischenfrüchten Sorghum/Sudangras, Perlhirse, Augenbohnen, Mungbohnen, 1-jähriger Steinklee, Sonnenblumen, Futter-Grünkohl, Winterrettich, Buchweizen und Färberdistel. Diese Mischung erzeugt viele verschiedene Wurzeltypen, die in unterschiedlicher Tiefe das Bodenprofil ausfüllen und somit den Anteil an organischer Substanz steigern. Die verschiedenen Blattformen der Pflanzen sorgen dafür, dass so viel Sonnenenergie wie möglich eingefangen wird, und die Fülle an blühenden Pflanzen zieht nützliche Insekten an. Beachten Sie jedoch, dass sich diese Pflanzenarten zwar auf unserer Ranch hervortun, es bei Ihnen aber anders aussehen kann. Sie werden es erst erfahren, wenn Sie es ausprobiert haben.

Bestimmung der Aussaatstärke

Eine der Fragen, die mir am häufigsten gestellt wird, lautet: »Wie ermittle ich das Verhältnis, in dem die verschiedenen Arten in meiner Mischung enthalten sein sollen?« Wir wollen das anhand des oben besprochenen Gemenges durchspielen. Ich bin daran interessiert, die organische Bodensubstanz zu vermehren, daher möchte ich, dass Sorghum/Sudangras und Perlhirse den größten Anteil an der Mischung einnehmen. Diese Zwischenfrüchte werden die meiste Wurzelmasse in den Boden stecken. Um Stickstoff zu binden, ergänze ich einige Hülsenfrüchtler: Augenbohnen, Mungbohnen und 1-jähriger Steinklee haben sich unter meinen Umweltbedingungen als sommerliche Mischung bewährt. Sonnenblumen besitzen lange Pfahlwurzeln, die Nährstoffe aus den Tiefen des Bodenprofils nach oben befördern. Die Wurzelausscheidungen des Buchweizens ziehen Bodenlebewesen an, die Phosphor verfügbar machen, und die Blüten wirken attraktiv auf Bestäuber. Färberdistel nehme ich in die Mischung auf, weil Schnee für uns eine wichtige Feuchtigkeitsquelle darstellt und ich eine aufrecht wachsende Pflanze benötige, die Schnee einfängt. Rinder und Schafe finden Färberdisteln nicht besonders reizvoll, was ebenfalls für sie spricht, um sie als »Schneefänger« einzusetzen. Grünkohl sehe ich vor, weil er einen ergiebigen Ertrag an hochwertigem Futter abwirft. Die weit hinabreichende Pfahlwurzel des Winterrettichs dient als Stickstoffsenke: Sie saugt Stickstoff auf, den sie im nächsten Frühling freisetzt, wenn die Knollen zerfallen. In Tabelle 8.1 präsentiere ich ein Beispiel für das Verhältnis der einzelnen Arten meiner Mischung, doch sei erneut gesagt, dass das, was unter meinen Bedingungen funktioniert, bei Ihnen möglicherweise nicht zum gleichen Erfolg führt.

Vielleicht machen Sie sich gerade Gedanken darüber, woher man weiß, wie viele Samen pro Hektar ausgesät werden sollten? Ich wünschte, es gäbe eine vernünftige Antwort auf diese Frage, doch die Wahrheit lautet, dass die Anzahl der Samen vom Wachs-

Tabelle 8.1

Beispiel für die Aussaatstärken in einer Zwischenfruchtmischung aus zehn Arten

Art	**Gewicht** der Samen in kg/ha	**Anzahl** der Samen je kg	**Gesamtzahl** der Samen je ha
Sorghum/ Sudangras	13,5	39 600	534 600
Perlhirse	2,3	176 000	404 800
Augenbohne	11,3	9020	101 926
Mungbohne	5,7	26 400	150 480
1-jähriger Steinklee	1,1	154 000	169 400
Sonnenblume	0,6	17 600	10 560
Buchweizen	2,3	39 600	91 080
Färberdistel	1,1	33 000	36 300
Futter-Grünkohl	0,6	385 000	231 000
Winterrettich	1,1	55 000	60 500
Insgesamt:	**39,6**	**935 220**	**1 790 646**

tumsverhalten der Arten abhängt, die in dem Gemenge enthalten sind. Wachsen sie aufrecht – wie verschiedene Getreidearten beziehungsweise Sorghum/Sudangras – oder bilden sie Ausläufer und bedecken einen größeren Bereich, wie es einige Futterkohlsorten, Wicke und Klee tun? Eigene Erfahrung ist durch nichts zu ersetzen. Die besten Ratschläge hinsichtlich der Aussaatstärke erhalten Sie von Bauern, die seit Jahren Zwischenfrüchte aussäen, sowie von den Mitarbeitern der Saatgutfirmen, die sich auf Zwischenfrüchte spezialisiert haben.

Die nächsten beiden Fragen, die von Bauern für gewöhnlich an mich herangetragen werden, lauten: »Setzen sich die kleineren Samen nicht am Boden des Saatguttanks ab?« und »Wie stelle ich die Drillmaschine ein?« Solange Sie nicht eine pneumatische Sämaschine befüllen und losziehen, um ein paar Hundert Hektar auf einmal zu besäen, wird sich das Saatgut nicht stark entmischen. Abgesehen davon: Selbst wenn sich die kleinen Samen ein wenig absetzen, dann handelt es sich noch immer um eine Zwischenfrucht; das Ergebnis muss nicht perfekt sein!

Was das Einstellen der Sämaschine angeht, so hebt man am besten zuerst die Maschine mit einem Wagenheber an und misst den Umfang des Antriebsrades. Fixieren Sie dann Beutel an den Öffnungen zweier oder dreier Saatgutleitungen, damit diese die Samen, die verteilt werden sollen, aufnehmen. Drehen Sie das Antriebsrad so oft, wie es 30 Metern entspricht. Verwenden Sie eine Grammwaage, um das abgegebene Saatgut zu wiegen, und teilen Sie das Ergebnis durch die Anzahl der Saatgutleitungen, durch die Samen in Ihre Beutel gefallen sind. Auf diese Weise erhalten Sie das Durchschnittsgewicht der Samen, die pro Leitung verteilt werden. Benutzen Sie die folgende Formel, um das Gesamtgewicht der Samen je Hektar in Kilogramm zu berechnen:

$$\frac{10000\ (\text{m}^2\ \text{pro Hektar}) \times \text{verteilte Samen in kg}\ (\text{Samen in kg pro Leitung} \times \text{Anzahl der Leitungen})}{\text{Arbeitsbreite (m)} \times 1{,}1}$$

$$= \text{Samen (in kg pro Hektar)}$$

Der Faktor 1,1 wurde in die Gleichung aufgenommen, um das Abrutschen der Traktorreifen (Schlupf) im Feld zu berücksichtigen. Für die Berechnung benötigen Sie nicht viel Zeit, und die Formel hat sich bewährt.

Verbesserung der Wasserverfügbarkeit

Wollen Sie die Wasserverfügbarkeit erhöhen? Geht es Ihnen beispielsweise darum, Trockenperioden zu überstehen? Wenn wir die Bodenstruktur verbessern, erhöhen wir gleichzeitig auch die Fähigkeit des Bodens, Wasser aufzunehmen und zu speichern. Böden halten Wasser fest, indem sich ein Kapillarfilm um jedes Bodenteilchen bildet. Je mehr zusammengefügte Bodenteilchen (Bodenkrümel beziehungsweise Aggregate) vorhanden sind, desto höher ist die Wasserspeicherkapazität. Zu unseren größten Problemen im nördlichen Teil des Mittleren Westens zählen Flächenerosion und Überflutung, oder anders ausgedrückt: Das Wasser versickert unzureichend im Boden. Als wir die Ranch im Jahr 1991 erwarben, lag die Versickerungsgeschwindigkeit auf unserem Ackerland bei nur 12 Millimetern pro Stunde. Sobald ein größeres Unwetter aufzog und 50–75 Millimeter Regen herunterprasselten, floss der überwiegende Teil des Wassers rasch ab und riss für gewöhnlich eine Menge Oberboden mit sich. Wegen der guten Krümelstruktur, die wir Mykorrhizapilzen und anderen Bodenlebewesen zu verdanken haben, war die Versickerungsgeschwindigkeit bis zum Jahr 2009 auf über *250 Millimeter* pro Stunde angestiegen. Der Boden war in der Lage, riesige Mengen an Wasser aufzunehmen – und am 15. Juni 2009 war das auch nötig. Der Regen setzte nachmittags um halb sechs ein und dachte nicht daran, aufzuhören. Als das Unwetter am nächsten Morgen abzog, hatte es in 22 Stunden 345 Millimeter geregnet, doch der Großteil des Niederschlags war in den Boden gesickert. An diesem Tag besuchte Jay Fuhrer unseren Hof, um zu sehen, wie sich unser Boden behauptet hatte. Er meinte, man hätte mit einem Wagen über die Felder fahren können, ohne dass dabei Spuren entstanden wären.

2015 ließen wir einen Wissenschaftler einen Versickerungstest auf unserem Ackerland filmen; der Boden nahm dabei 25 Millimeter Wasser in 9 Sekunden auf, die nächsten 25 Millimeter waren nach 16 Sekunden versickert. Verglichen mit 12 Millimetern pro Stunde war das eine gewaltige Verbesserung!

Die Höhe des Niederschlags ist nicht wichtig, worauf es ankommt, ist die Menge, die in den Boden eindringen kann.

Es ist mir ein Rätsel, wie viele Landwirte sich für Bodenbearbeitung oder eine Rohrdrainage entscheiden, um ihre Versickerungsprobleme zu lösen. Die zugrunde liegenden Schwierigkeiten beseitigen sie damit keineswegs, sie doktern lediglich an einem Symptom herum. Das Grundstück von David Brandt, einem guten Freund aus Carroll, Ohio, ist der Beweis, dass Landwirte weder auf Egge und Pflug noch auf eine Rohrdrainage angewiesen sind, um sich ihrer Wasserprobleme zu entledigen. In seiner Region liegt der Jahresniederschlag bei gut über 1000 Millimetern, und das Erdreich enthält sehr viel Ton. Davids Grund weicht allerdings von der Mehrheit der Böden in der Gegend ab: Weil er die Methoden der Direktsaat anwendet und Zwischenfrüchte anbaut, verfügt sein Boden über ein gutes Krümelgefüge und ist in der Lage, Wasser aufzunehmen und durch das Bodenprofil zu transportieren. David macht sich verschiedene Zwischenfrüchte

Eine bessere Methode der Schädlingsbekämpfung

Soweit ich es beobachtet habe, sind Pflanzenschädlinge für Landwirte heutzutage ein größeres Problem, als es in der Vergangenheit der Fall gewesen ist. Als Reaktion darauf spritzen sie entweder Schädlingsbekämpfungsmittel oder greifen zu gentechnisch verändertem Saatgut. Auch ich bediente mich einst dieser Methoden – so lange, bis ich verschiedene Zwischenfrüchte in meine Fruchtfolgen aufnahm. Es verstrichen nur wenige Jahre, bis ich bemerkte, dass ich keine Schädlingsprobleme mehr hatte. Kurz vor der Jahrhundertwende habe ich die Mittel zur Bekämpfung tierischer Schädlinge – außer für die Saatgutbehandlung bei Mais – abgesetzt, 2010 habe ich auch damit aufgehört. Warum hat sich mir diese Möglichkeit eröffnet? Grund dafür dürfte der Anbau von Zwischenfrüchten sein und die Tatsache, dass ich insektenblütige Arten in meine Mischungen aufgenommen habe. Auf diese Weise lockte ich räuberische Insekten an und stellte ihnen einen Lebensraum zur Verfügung. Wie in Kapitel 3 besprochen, lässt sich dieses Verfahren durch das Anpflanzen von mehrjährigen Nützlingsstreifen für Bestäuber und räuberische Insekten erweitern.

zunutze, die zur Krümelbildung beitragen und Ton durchdringen können – beispielsweise Winterrettich, Sonnenblume, Luzerne (Alfalfa), tiefwurzelnder Klee, Roggen, Weidelgras, Gelber Steinklee und Sorghum/Sudangras.

Die organische Bodensubstanz ist ein weiterer Faktor, der einen wesentlichen Einfluss auf die Wasserspeicherkapazität ausübt. Für jeden Prozentpunkt, um den der Anteil an organischem Material erhöht wird, lassen sich zwischen 160 000 und 240 000 Liter Wasser pro Hektar speichern. Um meinen Betrieb als ein Beispiel anzuführen: Von unter 2 Prozent im Jahr 1991 ist der Anteil an organischem Material bis 2017 auf gut über 6 Prozent gestiegen. 1991 konnten meine Böden ungefähr 375 000 Liter Wasser je Hektar aufnehmen, 2017 dagegen speicherten sie auf derselben Fläche über 950 000 Liter. Der Unterschied ist riesig und entscheidet über Gedeih und Verderb meines landwirtschaftlichen Betriebs, wenn es nicht zum richtigen Zeitpunkt regnet.

Vor ein paar Jahren besichtigte ich eine Ranch in Kalifornien, wo man viel über die Trockenheit sprach, die den Landwirten nun schon 5 Jahre zu schaffen machte. Auf den Weiden erblickte man nur 1-jährige Gräser und andere krautige Pflanzen, die allesamt nicht höher als ein paar Zentimeter waren. Als wir einen Spaten voller Erde aushoben, zeigten sich ein sehr flaches Wurzelsystem und ein armseliges Krümelgefüge. Der Anteil an organischem Material war offensichtlich niedrig. Ich fragte die Besitzerin der Ranch, wie viel Regen in diesem Jahr gefallen war. »Nur 800 Millimeter!«, rief sie. Ein besseres Beispiel für eine hausgemachte Trockenheit kann es gar nicht geben. Was starke Schwankungen des Niederschlags angeht, so glaube ich fest daran, dass wir Landwirte in der Lage sind, unsere Böden – und somit auch unsere Betriebe – viel widerstandsfähiger zu machen (aber auch weit anfälliger, wie in diesem Fall).

Wenn ich behaupte, dass die Regenmenge, die über einem Gebiet niedergeht, unwichtig sei, ernte ich viele entrüstete Blicke – ganz besonders von Landwirten in trockeneren Klimazonen. Dennoch ändert das nichts an der Tatsache. Was wirklich zählt, ist die Niederschlagsmenge, die in den Boden eindringt und mithilfe des organischen Materials gespeichert wird. Man nennt dies den *effektiven Niederschlag*.

Einmal habe ich eine Präsentation in einer Gegend in Arkansas abgehalten, wo der durchschnittliche Jahresniederschlag 1370 Millimeter beträgt. Manche Landwirte bewässerten ihre Felder zusätzlich mit weiteren 1270 Millimetern, um 11 000 Kilogramm Mais zu erzeugen; dies entspricht einer Wassernutzungseffizienz von 4,2 Kilogramm Mais pro Millimeter Wasser. Vergleichen Sie dies mit meinem Durchschnittsertrag von 8000 Kilogramm Mais bei einem Jahresniederschlag von 400 Millimetern: Die Wassernutzungseffizienz liegt bei 20 Kilogramm Mais für jeden Millimeter an Feuchtigkeit. Die Farmer in Arkansas sollten ohne Weiteres in der Lage sein, 11 000 Kilogramm Mais pro Hektar ohne einen einzigen Tropfen Bewässerungswasser zu ernten, wenn sie nur die Probleme angingen, die für die geringe Versickerung und Wasserspeicherung verantwortlich sind.

Bewältigung von Nährstoffhaushalts-Problemen

Ich habe viele Landwirte besucht, die auf ihrem unproduktiven Ackerland mehrjährige Futterpflanzen angebaut haben und dann feststellen mussten, dass auch diese Kulturen kaum Erträge brachten. Der Grund? Sie hätten sich zuerst den Störungen im Nährstoffhaushalt widmen sollen; jetzt müssen sie sich mit einem unproduktiven Bestand an Mehrjährigen herumschlagen. Lassen Sie mich einen Weg beschreiben, wie dieses Problem behoben werden kann.

Auf unserer Ranch haben wir ausgezeichnete Ergebnisse erzielt, wenn wir 2-jährige Pflanzen, die wie Roggen, Wintertriticale und Zottige Wicke im Herbst ausgesät werden, direkt in den Beständen mehrjähriger Arten kultivierten. Wir verzichten darauf, die Mehrjährigen mit einem Herbizid abzutöten. Im nächsten Frühling lassen wir die 2-Jährigen bis zum Einsetzen der Blüte wachsen, danach werden sie abgeweidet. Das Vieh darf nur 35 Prozent der oberirdischen Biomasse abweiden; der Rest wird niedergetrampelt, sodass eine schöne dicke Schutzschicht aus Pflanzenrückständen das Erdreich bedeckt.

Anschließend säen wir ein Zwischenfrucht-Gemenge aus, das sich vorwiegend aus wärmeliebenden Arten zusammensetzt. Wenn es Ihnen irgendwie möglich ist, empfehle ich, wegen der entstehenden Schäden auf mechanische Bodenbearbeitung zu verzichten (falls Ihnen dieser Punkt entfallen ist, sollten Sie zu Kapitel 7 zurückblättern). Die meisten Direktsaatmaschinen, die heutzutage auf dem Markt sind, können ohne Weiteres in solche Grasnarben säen. Andererseits möchte ich Sie nicht in die Irre führen, denn es ist nicht leicht, 1-jährige Pflanzen zwischen schon vorhandene Mehrjährige zu säen. Die Samen müssen unbedingt guten Bodenkontakt haben. Wir sorgen dafür, dass der Schardruck der Sämaschinen groß genug ist, um durch die Rückstände an der Oberfläche schneiden zu können, die Samen in die gewünschte Tiefe zu bringen, ihre Position nicht zu verändern und die Saatgrube zu bedecken. Wenn es darum geht, Zwischenfrüchte auf Koppeln mit mehrjährigen Pflanzen zu säen, lassen sich meiner Beobachtung zufolge die meisten Fehlschläge auf mangelnden Bodenkontakt der Samen zurückführen oder darauf, dass die Samen nicht mit ausreichend Erde bedeckt wurden, um eine erfolgreiche Keimung zu gewährleisten.

Ich verwende gern Sorghum/Sudangras, Perlhirse, Futter-Grünkohl, Winterrettich, Steinklee, Sonnenblume, Buchweizen und Färberdistel. Mein Vieh lasse ich erst spät in der Vegetationsperiode auf den Zwischenfrüchten grasen, damit sich die Pflanzen voll entwickeln können. Im nächsten Jahr wiederholen wir den Vorgang, greifen aber zu einer anderen Zusammensetzung: Im Frühjahr baue ich Gerste, Hafer, Erbsen und Futter-Grünkohl an. Auch dieser Mix wird wieder direkt in die Grasnarbe gesät, und zwar zu einem frühen Zeitpunkt, also bevor die Mehrjährigen austreiben. Unsere Tiere treten Ende Juni an, um an den Pflanzen zu grasen. Beachten Sie, dass die Mehrjährigen noch immer am Leben sind und ebenfalls wachsen, obwohl die Zwischenfrüchte sie ein wenig überschatten. Sobald die Futterpflanzen nicht mehr beweidet werden, kultiviere ich verschiedene wärmeliebende Arten in den Rückständen. Diese neue Mischung soll erst im Spätherbst oder Winter beweidet werden.

Im 3. Jahr baue ich neben Hafer ausdauernde Gräser und andere krautige Pflanzen an, darunter Leguminosen, die einen langfristigen Bestand bilden sollen. Mit dieser Methode konnte ich die Nährstoffflüsse und die Bodenqualität äußerst erfolgreich verbessern.

Sich zu verdeutlichen, dass in einem gesunden Boden selbst die Mikroben Nährstoffe speichern und weiterleiten, ist nicht unwesentlich. Im Erdreich leben geschätzte 2–3 Millionen *Bakterienarten,* doch nur 2–5 Prozent sind bisher beschrieben oder benannt worden. Das Reproduktionspotenzial der Bakterien ist unfassbar: Ein einziges Bakterium könnte sich unter den geeigneten Bedingungen einmal pro Stunde teilen und hätte somit nach 24 Stunden bereits 17 Millionen Nachfahren. Einige Arten können ihre Population in nur 20 Minuten verdoppeln. Diese Unmenge an Bakterienzellen besteht bis zu 60 Prozent aus Stickstoff. Daher stellen Mikroben in gesunden Böden einen riesigen Stickstoffpool dar.

Und noch ein wichtiger Hinweis zum Thema Nährstoffflüsse: Nur ungefähr 40 Prozent des Kunstdüngers, der in einem bestimmten Jahr auf Ackerflächen ausgebracht wird, können in demselben Jahr auch tatsächlich von Pflanzen aufgenommen werden. Der Rest bleibt im Boden oder geht aufgrund von Auswaschung verloren – Letzteres ist im Fall von Stickstoff eher die Regel als die Ausnahme. Die beste Methode, um Verlusten vorzubeugen, ist der Anbau einer Zwischenfrucht. Bodenlebewesen verwandeln den künstlichen Stickstoffdünger in anorganische Verbindungen (Nitrat oder Ammoniak), die von Zwischenfrüchten aufgenommen und somit in lebenden Pflanzen »gespeichert« werden. Sobald diese Pflanzen ihren Lebenszyklus durchlaufen haben, werden die Nährstoffe recycelt. Warum sollte ein Landwirt überhöhte Preise für Kunstdünger bezahlen, nur um dann mit ansehen zu müssen, wie der teure Hilfsstoff ausgewaschen wird?

Entwicklung eines Fruchtfolgeplans

Viele Landwirte erzählen mir, dass sie Zwischenfrüchte nicht in ihrer Fruchtfolge unterbringen können. Daraufhin entgegne ich, sie müssten den Zwischenfrüchten Vorrang einräumen und die Fruchtfolge ändern. Dies können sie ganz einfach bewerkstelligen, indem sie im Herbst 2-jährige Pflanzen anbauen. Eine Mischung, die sich auf meinem Betrieb als Selbstläufer erwiesen hat, ist eine simple Kombination aus Roggen, Zottiger Wicke und Winterrettich. Mit seiner gewaltigen Wurzelmasse verbessert Roggen die Bodenstruktur und erhöht den Anteil an organischem Material. Als Hülsenfrüchtler beherbergt die Zottige Wicke Rhizobien, die den Sauerstoff aus der Luft in eine pflanzentaugliche Form umwandeln. Der Rettich überwintert zwar nicht, dafür speichert er überschüssigen Stickstoff und bringt ihn in Verkehr. Diese Zwischenfruchtmischung kann in unterschiedlicher Weise genutzt werden: Sie lässt sich abmähen oder beweiden, ich kann sie aber auch abtöten und eine Feldfrucht in die Rückstände säen.

Auch wenn sich die Vorgehensweise der Brown's Ranch, Zwischenfrüchte in die Fruchtfolge einzubinden, bei Ihnen vielleicht nicht bewährt, werde ich meine Methoden und Entscheidungen erläutern, damit Sie eine bessere Vorstellung davon gewinnen können, was in Ihrem Betrieb erfolgversprechend sein könnte. Auf der etwa 800 Hektar umfassenden Ackerfläche unserer Ranch bauen wir eine bunte Palette an Feld- und Zwischenfrüchten sowie Futterpflanzen an. Dass unsere Ackerböden die längste Zeit des Jahres über von lebenden Wurzeln durchdrungen sind, hat für uns einen hohen Stellenwert.

Als Shelly und ich in die Landwirtschaft einstiegen, begann ich – wie in Teil 1 beschrieben – umgehend damit, die Artenvielfalt ein wenig zu erhöhen; denn meine Schwiegereltern hatten jahrein, jahraus ausschließlich Sommerweizen, Hafer und Gerste kultiviert. Was Shellys Eltern taten, war damals unter den meisten Landwirten in North Dakota die Regel, und sogar heute noch werden oft nur wenige Feldfruchtarten kultiviert. Ich führte Erbsen und Zottige Wicke ein – zwei kälteliebende zweikeimblättrige Arten – sowie Mais, Hirse und Sorghum/Sudangras, bei denen es sich um wärmeliebende Gräser handelt. Lein und Sonnenblumen wurden ergänzt, um die Lücke an wärmeliebenden zweikeimblättrigen Pflanzen zu füllen. Dadurch erweiterte sich meine Fruchtfolge: Mit wärme- und kälteliebenden zweikeimblättrigen Pflanzen sowie wärme- und kälteliebenden Gräsern waren vier Kulturpflanzenkategorien abgedeckt. Vielfalt ist der Schlüssel.

Wie entwickle ich eine Fruchtfolge bei so vielen Feldfrüchten? Die Antwort ist einfach und lautet: mit »organisiertem Chaos«. Auf eine festgelegte Fruchtfolge verzichte ich, denn dies würde

Wiederholung bedeuten, und Wiederholungen sind zum Scheitern verurteilt. Sehen Sie sich natürliche Ökosysteme an: Wiederholen sie sich? Nein. In der Natur entfalten sich unterschiedliche Pflanzenarten den Umweltbedingungen entsprechend. Nässe, Temperatur, Sonnenlicht, Luftfeuchtigkeit und eine Unzahl weiterer Faktoren bestimmen, welche Pflanzen, Tiere – einschließlich der Insekten – und sogar Bodenmikroben in einem Jahr gedeihen. Sobald Sie begonnen haben, die Macht der Vielfalt zu verstehen, werden Sie motiviert sein, Abwechslung in Ihre Fruchtfolge zu bringen.

Es ist meine Absicht, in einem Zeitraum von 4 Jahren auf jedem Feld nach Möglichkeit zumindest drei der vier Nutzpflanzenkategorien anzubauen. Das Ideal wären alle vier, allerdings erreiche ich dieses Ziel manchmal nicht. Häufig entgegnet man mir, dass dies keine Fruchtfolge sei. Doch wie schon erklärt: Wenn ich einen festen Fruchtwechsel einrichte, wird es die Natur herausfinden. Schädlinge, die jedes Jahr über Nutzpflanzen herfallen, würden sich an die eingerichtete Fruchtfolge gewöhnen und dem regelmäßig reich gedeckten Tisch entgegenfiebern. Der berühmt-berüchtigte Wechsel zwischen Mais und Sojabohnen, der die Vermehrung von Maiszünsler, Maiswurzelbohrer und Soja-Zystennematoden fördert, ist dafür ein perfektes Beispiel. Die Schädlinge auf meiner Ranch haben keine Ahnung, was ihnen als Nächstes bevorsteht und können daher nicht Fuß fassen.

Steuerung des Einsatzes chemisch-synthetischer Hilfsstoffe

Andere Landwirte, die sich für meine Methoden beim Anbau von Zwischenfrüchten interessieren, fragen mich häufig zuerst, ob und wie ich ein Herbizid verwende. Wie andere chemisch-synthetische

Mittel auch, versuche ich Herbizide so umsichtig wie möglich zu benutzen, was normalerweise auf lediglich einen Durchgang alle 2 oder 3 Jahre hinausläuft. Ich komme bis zu 5 Jahre ohne aus, doch es ist von entscheidender Wichtigkeit, ein Auge auf mehrjährige invasive Arten zu haben – insbesondere dann, wenn die Rückstände der Futterpflanzen oder Feldfrüchte nicht verarbeitet (gebündelt oder bei Mehl- beziehungsweise Teigreife gehäckselt) und entfernt werden. Zu einem Nachauflaufherbizid greife ich selten, denn ich möchte nicht, dass irgendwelche Chemikalien auf Nutzpflanzen gesprüht werden, die als menschliche Nahrung oder Viehfutter dienen sollen. Spezielle Empfehlungen zu Herbiziden gebe ich nicht ab. Es existieren einfach zu viele Präparate und Ausführungen, als dass ich dazu imstande wäre.

Oft handle ich mir den Vorwurf ein, dass ich nach wie vor manchmal Herbizide verwende, um Unkräuter zu regulieren. Ja, das trifft zu und ich tue es nicht gern, doch es stört mich bei Weitem nicht so sehr wie ein möglicher Einsatz von Bodenbearbeitungsgeräten. Meiner Meinung nach zerstört Bodenbearbeitung das Ökosystem weit stärker als das gelegentliche Versprühen von Unkrautvernichtungsmitteln. Ich möchte mich nicht herausreden und ich arbeite nach Kräften daran, auf Herbizide verzichten zu können, aber ich lehne es ab, stattdessen zu pflügen. Nicht einer unter den Hunderten landwirtschaftlichen Betrieben in ganz Nordamerika – Dutzende Bio-Betriebe eingeschlossen –, die ich jedes Jahr besuche, hebt sich in puncto Bodenqualität positiv von meinem Unternehmen ab. Zwar setzen biologische Betriebe keine Herbizide ein, doch sie bearbeiten das Erdreich, und das zerstört schlicht und einfach die Bodenstruktur und -funktion.

Sowohl auf meiner Ranch als auch beim Besuch anderer Bauernhöfe konnte ich feststellen, dass der Unkrautdruck im Zuge der Bodenverbesserung nachlässt. Dies scheint besonders dann der Fall zu sein, wenn sich das Verhältnis von Pilzen zu Bakterien im

Boden 1:1 annähert. Aktuelle Forschungsergebnisse von Dr. David Johnsons von der New Mexico State University deuten darauf hin, dass das Verhältnis von Pilzen zu Bakterien entscheidend für die Produktivität der Pflanzen in gesunden landwirtschaftlich geprägten Ökosystemen ist und somit auch ausschlaggebend für die Effizienz einer Pflanze, was die Nährstoffaufnahme angeht. In einem Waldökosystem dominieren Pilze, wobei das Verhältnis von Pilzen zu Bakterien 100:1 beträgt oder sogar noch höher liegt. In unbedecktem Erdreich, beispielsweise einem gepflügten Feld, kehrt sich das Verhältnis zu 1:100 um, das heißt, Bakterien dominieren. In der regenerativen Landwirtschaft wird unter anderem die Gesundung geschädigter Flächen angestrebt, und Dr. Johnson behauptet, dass für regenerative Anbauverfahren ein Verhältnis von Pilzen zu Bakterien zwischen 1:1 und 5:1 – in Abhängigkeit von den Nutzpflanzen – am effizientesten sei. Dies ist insofern wichtig, als der schlichte Verzicht auf Kunstdünger, Herbizide und andere Schädlingsbekämpfungsmittel (wie in der biologischen Landwirtschaft) nicht ausreicht, um dieses Gleichgewicht im Boden herzustellen. Man muss einen Weg finden, die Aktivität der Pilze im Boden zu fördern, was natürlich bedeutet, den fünf Prinzipien eines gesunden Bodenökosystems zu folgen, die ich in Kapitel 7 skizziert habe.

Dr. Johnsons Forschungsergebnisse zeigen auf, dass für die meisten Pflanzen, die sich in einem frühen Entwicklungsstadium befinden, die Pilze im Boden der wichtigste Faktor sind. Sie sind sehr viel bedeutender als Stickstoff, Phosphor, Kalium oder auch organisches Material. Johnson hat sogar dokumentiert, dass manche Pflanzen bis zu 96 Prozent des Kohlenstoffs, den sie in Umlauf bringen, ausscheiden, um damit Pilze und andere Bodenlebewesen zu füttern. Donnerwetter! Ist das nicht beeindruckend? Aber wie viele von uns Landwirten, Agrarwissenschaftlern oder Gärtnern sind sich dessen überhaupt bewusst? Wie klein muss dann erst der Personenkreis sein, der dieser Tatsache eine zentrale Bedeutung einräumt?

Die Natur besitzt die Intelligenz, das Ökosystem auf vorteilhafte Weise zu unterstützen. Denn wenn wir die Natur gewähren lassen, entstehen wirklich nahrhafte Lebensmittel. Die Wurzeln von Pflanzen aller Art senden die unterschiedlichsten Signale an Bakterien und Pilze und sorgen auf diese Weise dafür, dass bei Bedarf Mineralstoffe zur Verfügung gestellt werden; all diese Lebewesen arbeiten symbiotisch zusammen, um Nährstoffe in die Körper der Pflanzen und danach in unsere Körper zu befördern; es handelt sich um ein elegantes, effizientes, hoch anspruchsvolles und ineinandergreifendes Netz des Lebens, das sich in Milliarden von Jahren entwickelt hat. Eine Pflanze strebt nach Gleichgewicht, Gesundheit, Vielfalt und Erneuerung, und während sie universelle biologische Prinzipien würdigt, ist sie eng an die Besonderheiten eines bestimmten Standortes gebunden. Von der Sonne mit Energie versorgt, angetrieben durch flüssigen Kohlenstoff und unterstützt von einer unübersichtlichen Schar an Mikroben, ist eine Pflanze ein Wunder der Natur, das von einem engmaschigen Netzwerk an engen Beziehungen getragen wird, die sich im Laufe der Zeit verfeinert haben.

Zusammen mit seiner Frau Hui-Chun Su hat Dr. Johnson eine stationäre Kompostieranlage entwickelt, in der Pilze von Störungen unbeeinträchtigt gedeihen können. Es handelt sich um eine Wurmkompostanlage, in der aerobe Bedingungen herrschen (Sauerstoff ist frei verfügbar): Hier erproben Würmer, die wie kein anderes Tier die Fähigkeit besitzen, organisches Material zu zersetzen, ihr Talent bei der Herstellung qualitativ hochwertigen Komposts. In warmen Klimazonen reift das Material 1 Jahr lang im Bioreaktor, in kaltem Klima dauert es länger. Die Ruheperiode verschafft dem Kompost Zeit, um die Artenvielfalt hervorzubringen, die man in einem gesunden Bodenökosystem vorfindet. Aus dem reifen Kompost lässt sich ein Auszug herstellen, um damit Samen vor dem Anbau zu beizen; alternativ kann man eine geringe Menge – 450 Kilogramm Kompost pro Hektar – auf dem Erdreich ausbringen, um Bodenlebewesen anzusiedeln. (Es sollte nicht unerwähnt bleiben, dass es besser ist, den Kompost in den Boden einzuarbeiten, anstatt ihn nur oberflächlich aufzutragen.) Die Ergebnisse dieser Methode sind sehr ermutigend. Wie ich glaube, können wir auf diese Weise geschädigte Böden weitaus schneller regenerieren, als wir es je für möglich hielten.

Vincent Mina, ein guter Freund aus Maui (Hawaii), setzt auf seiner Sprossenfarm ein vergleichbares System ein, das die Bezeichnung Korean Natural Farming trägt. Die Ergebnisse sind hervorragend. Ich denke, dass beide Systeme ihre Vorteile besitzen und werde ihre Möglichkeiten in den kommenden Jahren auf unserer Ranch erforschen. Es ist meine Hoffnung und auch mein Ziel, dass Unkräuter irgendwann kein Thema mehr sein werden und ich auf Herbizide vollständig verzichten kann, wenn sich die Gesundheit meiner Böden weiter verbessert.

Wie steht es mit Dünger? Während ich dieses Buch verfasste, hatte ich die Gelegenheit, mit Dr. Christine Jones über Bodenfruchtbarkeit zu diskutieren. Dabei stellte ich ihr die Frage: »Wie viele Orte gibt es auf der Welt, wo ein echter Nährstoffmangel im Boden ertragreichen Pflanzenbau verhindert?« »Sehr, sehr wenige«, antwortete sie. Die Nährstoffe sind da, doch es werden Bodenlebewesen benötigt, um sie verfügbar zu machen. Es ist keinesfalls unmöglich, Kunstdünger zu reduzieren oder sogar ganz abzusetzen, doch sollten Sie dabei langsam vorgehen, wie ich schon an früherer Stelle betont habe. Der Haney-Soil-Test ist eine hervorragende Orientierungshilfe, um sich in die richtige Richtung – weg vom Kunstdünger – zu entwickeln.

Ich selbst habe mit einer einfachen Maßnahme begonnen: Um von all dem frei verfügbaren Stickstoff in der Luft zu profitieren, habe ich Ackererbse, eine Leguminose, in meine Fruchtfolge eingebunden. Vergessen Sie nicht, dass sich über jedem Hektar Land ungefähr 80 000 Tonnen Stickstoff in der Luft befinden. Warum sollten Landwirte synthetischen Stickstoffdünger käuflich erwerben, wenn sie ihn stattdessen selbst »ernten« können? Als meine Fruchtfolge Erbsen enthielt, konnte man unmittelbar wahrnehmen, wie sich die Bodengesundheit und der Zustand der Folgekultur verbesserten.

Jedes Mal, wenn ich eine frühe Kultur wie Hafer, Gerste oder Erbsen ernte, säe ich anschließend eine Mischung aus Roggen und Zottiger Wicke, die eine kleine Menge Winterrettich enthält. Der Rettich reißt Stickstoff an sich und speichert ihn für die Folgekultur.

Die Kombination Roggen/Zottige Wicke beziehungsweise Wintertriticale/Zottige Wicke ist eine tragende Säule meines Anbausystems.

Jedes Jahr besäe ich über 100 Hektar mit diesen 2-jährigen Pflanzen, die man im Herbst kultiviert. Ihr Anbau ist mit einer Vielzahl an Möglichkeiten verbunden:

- Ich kann die Pflanzen mit dem Mähdrescher abernten und das Getreide verkaufen. In den vergangenen 9 Jahren hat mir diese spezielle Mischung den meisten Gewinn eingebracht.

- Im Frühling kann der Bestand von praktisch jeder Tierart beweidet werden – sogar mehrfach bei gutem Weidemanagement. Die Mischkultur ist wunderbar geeignet, um Kühe darauf kalben zu lassen.

- Ich kann die Pflanzen lediglich einmal beweiden und danach erneut wachsen und reifen lassen;

anschließend ernte ich sie mit dem Mähdrescher ab, um das Getreide zu gewinnen.

- Ich kann die Pflanzen als Viehfutter abmähen, auch wenn ich das eher vermeide, weil ich einem einzigen Feld nicht so viel Kohlenstoff entziehen möchte.

- Ich kann die Mischkultur mit einem Herbizid abtöten und eine andere Feldfrucht direkt auf die Rückstände säen. Das tue ich zwar selten, doch es ist eine Option.

Mein Zottige-Wicke-Saatgut stammt von den ersten Samen ab, die ich 1994 gekauft habe. Dadurch, dass ich seit über 20 Jahren Saatgut abnehme, ist es mir praktisch gelungen, eine eigene Sorte zu züchten, die an die Umweltbedingungen meiner Ranch in einzigartiger Weise angepasst ist. Diese Mischung hat mich nie enttäuscht. Sie wirft immer etwas Ertrag ab und ist daher für mich wie eine Ernteversicherung. Ich empfehle allen Landwirten, Saatgut aufzubewahren, denn dies ist ein ausgezeichneter Weg, etwas innere Ruhe zu finden.

Hafer gehört zu unseren ertragreichsten Feldfrüchten; wir mischen ihn oft mit Ackererbsen – eine Leguminose und eine Grasart bilden eine wunderbare Symbiose, wie von der Natur beabsichtigt. Die Mischkultur ernten wir mit dem Mähdrescher ab und verkaufen sie entweder in Zwischenfrucht-Gemengen oder verfüttern sie den Schweinen und Hühnern. Zusätzlich bietet sich uns die Möglichkeit, die Pflanzen abweiden zu lassen oder Heu zu machen, falls wir glauben, dass wir Futtermittel benötigen.

Wenn wir lediglich Hafer zur Körnergewinnung ernten möchten, säen wir Klee darunter. Dabei verwenden wir niedrig wachsende Kleearten wie Inkarnatklee oder Bodenfrüchtigen Klee, damit der Hafer den Klee überragt, sodass wir ihn in einem Arbeitsgang mit dem Mähdrescher ernten und dreschen können (die Alternative wäre die sogenannte Schwadendrusch, bei der das gemähte Getreide auf dem Acker abgelegt wird, bevor man es zum Dreschen wieder aufnimmt). Der Klee versorgt den Hafer und die Folgekultur mit Stickstoff. Sobald das Getreide geerntet ist, lässt sich der Klee auch beweiden. Mykorrhizapilze lieben Hafer, in einem Haferfeld breiten sie sich stark aus. Hafersaatgut nehme ich ebenfalls seit Jahrzehnten ab, um dafür zu sorgen, dass meine Bestände an meine Böden angepasst sind.

In einem Jahr, das dem Maisanbau vorangeht, pflanze ich in der Regel eine für den Verkauf bestimmte Leguminose, zum Beispiel Erbsen, um Stickstoff in den Boden zu befördern. Falls die Erbsen früh geerntet werden, lasse ich eine Mischkultur aus wärmeliebenden Zwischenfrüchten folgen: Sorghum/Sudangras, Buchweizen, Augen-, Mung- und Guarbohnen. All diese Arten leiten zusätzlichen Kohlenstoff weiter und sterben bei Frost ab. Sorghum/Sudangras wirft einen schönen dicken Schutzpanzer ab, der verhindert, dass sich Unkräuter in der nachfolgenden Maiskultur zum Problem auswachsen.

Wie viele meiner Nachbarn kultiviere ich Mais, doch im Gegensatz zu ihnen ziehe ich ihn selten in Monokultur: Ich bringe die Maissaat aus und ungefähr 3 Tage später säe ich mit meiner Drillmaschine direkt auf dem Feld, das schon mit Mais bepflanzt ist, eine Mischung aus Kleearten und Zottiger Wicke. Zuerst keimt der Mais, läuft auf und behält seinen Vorsprung vor den Hülsenfrüchtlern, die Stickstoff weiterleiten, Unkräuter regulieren, Bestäuber anlocken und Weidefutter für den Spätherbst oder Winter abwerfen.

Viele Landwirte in regenreicheren Gegenden erzielen gute Resultate damit, dass sie die Kombination aus Klee und Wicke breitwürfig im frisch auflaufenden Mais verteilen. Unter den Umweltbedingungen meiner Ranch hat sich diese Methode aber als wenig erfolgreich erwiesen. Scheuen Sie sich dennoch nicht, zu experimentieren. Die einzigartigen Bedingungen Ihres landwirtschaftlichen Betriebes bestimmen, was für Sie am besten funktioniert.

Nach Mais säe ich gerne eine kältetolerante Feldfrucht wie Hafer/Klee oder Gerste/Klee. Diese Frucht bedeckt den Boden frühzeitig und hilft, Unkrautsamen an der Keimung zu hindern. Wegen ihrer langen Pfahlwurzel eignen sich Sonnenblumen ebenfalls hervorragend als Folgekultur für Mais, denn sie entwickeln sich auch bei geringer Feuchtigkeit gut. Beachten Sie unbedingt, Sonnenblumen zusammen mit einer Untersaat anzubauen.

Die weit hinabreichenden Pfahlwurzeln der Sonnenblumen tragen dazu bei, Nährstoffe in tieferen Regionen des Bodenprofils in Umlauf zu bringen. Auch ist es eine Leichtigkeit, eine Untersaat zwischen Sonnenblumen zu säen. Ich kultiviere diese Korbblütler zwar nicht jedes Jahr, doch wenn ich es tue, säe ich vorzugsweise eine bunte Mischung an 1-jährigen wärmeliebenden Arten dazwischen, beispielsweise Hirse, Mungbohnen, Guarbohnen, Buchweizen und Lein. Nachdem ich die Sonnenblumen in einem Reihenabstand von circa 75 Zentimetern angebaut habe, bringe ich meine Kombination innerhalb weniger Tage aus. Die wärmeliebenden Arten der Untersaat gehen bei Frost ein, wodurch die Ernte der Sonnenblumen zu einem Kinderspiel wird.

Im Jahr 2017 hob ich den Mischkulturanbau von Markfrüchten auf ein neues Niveau, als ich Hafer mit Gerste, Erbsen, Linsen und Lein kombinierte. Wie bitte? Fünf Feldfrüchte auf einmal? Das sei einfach verrückt, erklärten mir viele Leute. Warum sollte ich das tun? Ich hatte gute Gründe: Hafer und Gerste verfügen über faserige Wurzelsysteme, somit tragen sie zur Bildung von Bodenkrümeln bei und erhöhen den Anteil an organischem Material. Zusätzlich helfen sie, Leguminosen mit Phosphor zu versorgen. In den Wurzeln der Leguminosen (Erbse und Linse) siedeln sich Rhizobien (Knöllchenbakterien) an und fixieren Stickstoff, der sowohl ihnen selbst als auch Hafer und Gerste zugutekommt. Wegen des gesundheitlichen Nutzens der Samen, die reich an essenziellen Omega-3-Fettsäuren sind, war Lein in der Mischung enthalten. Ich erntete die Mischung mit dem Mähdrescher ab und trotz des ungünstigen Wetters in diesem Jahr fielen 5400 Kilogramm pro Hektar an. Ich betrachtete die Aktion als einen Erfolg. Die Mischung werde ich entweder verfüttern oder Saatgut daraus gewinnen.

Die meisten Bauern verlassen sich auf nicht mehr zeitgemäße herkömmliche Bodentests, um den Nährstoffgehalt ihrer Böden zu bestimmen. Sie gehen von der falschen Annahme aus, dass diese Tests präzise Daten liefern, doch das trifft einfach nicht zu. Sehen wir uns beispielsweise Stickstoff an: Fast alle gängigen konventionellen Bodentests beschränken sich darauf, den Gehalt an Stickstoff zu ermitteln, der für Pflanzen verfügbar ist: Stickstoffverbindungen wie Ammonium und Nitrat, die keinen Kohlenstoff enthalten. Russische Bodenbiologen haben jedoch schon vor einem Jahrhundert nachgewiesen, dass Pflanzen auch organische Stickstoffquellen in Form von Aminosäuren (Moleküle, die Stickstoff und Kohlenstoff enthalten) anzapfen können. Demnach nehmen Pflanzenwurzeln organischen Stickstoff direkt auf. Heutzutage verfügen wir über die Technik, diese organischen Formen des Stickstoffs in Bodenproben zu messen. Herkömmliche Bodentests tun dies allerdings nicht. Das heißt: Diese Tests lassen einen hohen Prozentsatz des im Boden befindlichen Vorrats an Stickstoff, der Pflanzen zur Verfügung steht, unberücksichtigt. Weil sie sich auf die Ergebnisse und Empfehlungen konventioneller Bodenuntersuchungen verlassen, setzen die meisten Landwirte zu viel Stickstoff ein, aber auch andere Nährstoffe, wie beispielsweise Kaliumchlorid. Zu diesem Ergebnis kamen Wissenschaftler der University of Illinois, die 2013 eine Metaanalyse »The Potassium Paradox: Implications for Soil Fertility, Crop Production and Human Health« verfasst haben.

Wird zu viel synthetischer Stickstoff verwendet, beeinflusst dies die Flora und Fauna des Bodens, die Gesundheit von Tieren, Pflanzen und Menschen sowie die Krümelbildung in negativer Weise. Darüber hinaus verringert die Belastung durch künstliche Nährsalze die Fähigkeit des Bodens, sich selbst zu heilen, zu regulieren und zu organisieren, was wiederum seine Möglichkeiten, Wasser und Nährstoffe effektiv weiterzugeben, beeinträchtigt. Ganz abgesehen davon fließt bei zu hohem Stickstoffeinsatz (ob aus natürlichen oder künstlichen Quellen) der Überschuss oberflächlich ab oder sickert durch das Erdreich; es kann aber auch beides der Fall sein. Indem dieser Überschuss nicht genutzter Nährstoffe dem Lauf des Wassers folgt, erreicht er die niedrigsten Stellen der Einzugsgebiete: Seen, Flüsse und Meeresbuchten. Die Menge an Nitraten und Phosphaten in unseren Wassereinzugsgebieten ist gigantisch. Weil zu viele Düngemittel ausgebracht werden, stehen wir am Mississippi-Delta, an den Großen Seen, der Chesapeake Bay, der Bucht von San Francisco und allen dazwischen liegenden Stellen vor größeren Umweltproblemen. Es ist eine sinnlose Verschwendung, wenn Landwirte so viel Geld für Nährstoffe ausgeben, die noch nicht einmal im Erdreich festgehalten werden. Wenn wir Bauern Zwischenfrüchte anbauten und die Düngermengen einschränkten, würden wir uns nicht nur jährlich Tausende Dollar ersparen, die wir für die Steigerung der Fruchtbarkeit ausgeben, sondern könnten auch einen Großteil der Nährstoffe mithilfe der Zwischenfrüchte binden. Und sobald diese Zwischenfrüchte (die wir auch als Wegbereiter-Pflanzen, Nährstoffspeicher oder Energieumwandler bezeichnen können) verrotten, werden die enthaltenen Nährstoffe freigesetzt und stehen der nächsten Kultur zur Verfügung.

Vom Düngemittelhändler einmal abgesehen gibt es keine Gewinner, wenn man zu viel Kunstdünger einsetzt. Im Zusammenhang mit der Verbesserung der Bodengesundheit, von der Gesundheit meiner Brieftasche ganz zu schweigen, erzielte ich einen der größten Fortschritte, als ich zuerst die Menge an Kunstdünger einschränkte und schließlich ganz darauf verzichtete.

Eine neue Methode der Bodenuntersuchung

Eine weitere unkomplizierte Möglichkeit, die sich den meisten Pflanzen- und Tierproduzenten anbietet, wenn sie den Kunstdüngereinsatz reduzieren wollen, besteht darin, den verwendeten Bodentest zu wechseln. Ich empfehle, herkömmliche Tests durch den neuen biologisch orientierten Bodentest von Dr. Rick Haney zu ersetzen; Dr. Haney ist ein Bodenkundler, der für den Agricultural Research Service des US-Landwirtschaftsministeriums arbeitet.

Ray Archuleta lernte Dr. Haney im Jahr 2011 kennen, als dieser bei einer Mitarbeiterschulung des NRCS Texas einen Vortrag über Bodenuntersuchung hielt. Ray begriff sofort, dass Dr. Haney ein wichtiges Stück in dem Puzzle, das die Bodengesundheit darstellt, identifiziert hatte. Ihm kam die Erleuchtung wieder in den Sinn, die er vor einigen Jahren erlebt hatte, als er den Schrack-Milchhof in Loganton, Pennsylvania, besichtigte: Jim Harbach (der Besitzer) und er spazierten über eines von Jims langjährigen Direktsaat-Maisfeldern, das über und über mit Wurmausscheidungen bedeckt war. In den vorhergehenden beiden Jahren hatte Jim dort eine Zwischenfruchtmischung aus vielen verschiedenen Arten angebaut (ein Besuch auf meiner Ranch hatte ihn dazu inspiriert). Außerdem verteilte Jim den Mist der Milchkühe auf seinen Äckern. Sein Boden, aber auch der Mais, sahen fantastisch aus. Dieser Mais litt offensichtlich nicht an Stickstoffmangel.

Trotzdem hatte Jim zusätzlich fünfzig Einheiten synthetischen Stickstoffdüngers auf seinem grünen Maisfeld ausgebracht, was Ray veranlasste, nach dem Grund zu fragen. Jim antwortete: »Das hat mir der Bodentest empfohlen.« Daraufhin wollte Ray wissen: »Was hat das gekostet?« Jims Antwort: »50 000 Dollar für die ganze Farm.« Bestürzt rief Ray aus: »Jim, wann sind Sie das letzte Mal in Urlaub gefahren?« Jim entgegnete nichts. Und Ray meinte weiter: »Dieser Mais braucht keinen zusätzlichen Stickstoff. Für die Kosten des Stickstoffeinsatzes hätten Sie mit der ganzen Familie nach Hawaii reisen können.« Als Ray darüber nachdachte, wie sehr Jim durch die Empfehlung des Bodentests in die Irre geführt worden war, begriff er, dass etwas an dem Testverfahren grundfalsch sein musste. Aus vergangenen Erfahrungen wusste Ray, dass konventionelle Bodentests nicht gut geeignet sind, die Konzentration an Stickstoff und anderen Nährstoffen zu bemessen. Die Bodentests lieferten unpräzise Ergebnisse, was die Landwirte jährlich Millionen, wenn nicht Milliarden kostete. Auch belastet der übermäßige Einsatz von Stickstoff die Gesundheit unseres Planeten auf schwerwiegende Weise.

Diese Geschichte illustriert recht gut, weshalb eine neue Methode der Bodenuntersuchung dringend erforderlich war. Konventionelle Bodentests beurteilen lediglich die chemischen und physikalischen Eigenschaften des Bodens. Sie arbeiten mit ätzenden reaktionsfreudigen Säuren, beispielsweise Salpeter- oder Schwefelsäure, und verzichten darauf, die Interaktionen zwischen Boden und Pflanzenwurzeln nachzuempfinden. Diese Tests ignorieren die Tatsache, dass 90 Prozent der Nährstoffe von Lebewesen in Umlauf gehalten werden. Sie berücksichtigen nicht, wie der Boden und die darin lebenden Organismen funktionieren. Oder anders formuliert: Wie gelangen Pflanzenwurzeln an die im Boden befindlichen Nährstoffe? Sie tun dies mithilfe von Wurzelausscheidungen: Hunderte an organischen Kohlenstoffverbindungen, zu denen Zucker, Proteine, organische Säuren und andere wasserlösliche Stoffe zählen.

Dr. Rick Haney erkannte, dass ein Bodentest die Wirkung der am häufigsten von Pflanzen abgegebenen Säuren (Oxal-, Apfel- und Zitronensäure) imitieren musste, um aussagekräftig zu sein. Auch sollte der Test mit einem Bodenwasserextrakt arbeiten – schließlich regnet es Wasser. Ricks Herangehensweise an das Testverfahren beruht auf nachhaltiger Chemie – ein Ansatz, der versucht, das chemische Verhalten der Natur nachzuahmen. Diese schonende Herangehensweise ermöglicht es dem Boden, die Menge der pflanzenverfügbaren Nährstoffe sanft darzustellen; konventionelle reaktive Bodentests dagegen »zwingen« den Boden mit ätzenden Säuren, Pflanzennährstoffe freizusetzen. Derartige starke Säuren kommen im Boden nie auf natürliche Weise vor, weil sie nicht durch Pflanzenwurzeln erzeugt werden. Konventionelle Bodentests gehen vom typischen Denkansatz der modernen Landwirtschaft aus: Zwingen wir das natürliche Ökosystem dazu, sich so zu verhalten, wie wir es für das Beste halten, anstatt ihm zuzuhören. Der Haney-Soil-Test misst sieben Kenngrößen, die für die Bodenlebewesen relevant sind:

- kaltwasserextrahierbarer organischer Kohlenstoff (WEOC),
- kaltwasserextrahierbarer organischer Stickstoff (WEON),
- prozentualer Anteil des mikrobiell beeinflussten Kohlenstoffs (MAC),
- Anteil an anorganischem Stickstoff und Phosphor,
- Anteil an organischem Stickstoff und Phosphor,
- Verhältnis von organischem Kohlenstoff zu organischem Stickstoff,
- Bodenatmung (CO_2 in 24 Stunden).

Mithilfe dieser sieben Parameter wird eine abschließende Punktezahl zur Bewertung der Bodengesundheit ermittelt. Ausgehend von den Ergebnissen der Einzelmessungen kann der Haney-Soil-Test die Stickstoff-, Phosphor- und Kaliummengen bestimmen, die entweder schon verfügbar sind oder im Laufe der Vegetationsperiode zur Verfügung gestellt werden.

Ich rege Landwirte dazu an, Bodenproben zu nehmen, die kombinierte Auswahl zu teilen und eine Hälfte an das Labor zu schicken, dessen Kunde Sie sind; die zweite Hälfte sollte an eine Einrichtung gehen, die den Bodentest nach Haney durchführt. Sobald die Ergebnisse vorliegen, rate ich Ihnen, eine Hälfte des Feldes den Empfehlungen des Haney-Soil-Tests entsprechend zu düngen und sich bei der zweiten Hälfte nach den Tipps des Stammlabors zu richten. Die Resultate werden für sich sprechen, und vergessen Sie nicht: Es kommt auf den Profit, nicht auf den Ertrag an. Ich habe gesehen, dass der Haney-Soil-Test auf Hunderttausenden Hektar mit sehr großer Treffsicherheit eingesetzt worden ist. Den Landwirten hat er Millionen von Dollar erspart. Lesen Sie die Fallstudie zu Russell Hedrick auf Seite 235, die ein gutes Beispiel dafür ist, wie der Test den Reingewinn eines Bauern positiv beeinflussen konnte.

Ein Beispiel aus Australien

Meine Erörterung der Zwischenfrüchte wäre nicht vollständig, würde ich Ihnen nicht von Colin Seis, einem Schafzüchter aus New South Wales (Australien), erzählen. Seine Geschichte ist bemerkenswert.

Colin ist einer der Wegbereiter des *Pasture Croppings,* eines Bewirtschaftungssystems, bei dem eine Feldfrucht, oft ein Getreide, per Direktsaat auf einer Weide mit mehrjährigen wärmeliebenden

Pflanzen angebaut wird, wenn sich die Weide gerade in ihrer Ruheperiode befindet. Das Getreide läuft auf, wächst und sobald die Temperaturen steigen, setzt auch das Wachstum der wärmeliebenden Mehrjährigen ein; sie bilden eine lebendige Unterschicht. Nachdem die Feldfrucht geerntet worden ist, kommen die wärmeliebenden mehrjährigen Weidepflanzen uneingeschränkter zum Zug, bis sie von Colins Schafen abgegrast werden. Ein und derselbe Grund wirft somit nicht nur zweierlei pflanzliche Erzeugnisse ab, die bunte Mischung an wärme- und kälteliebenden Pflanzen legt unter der Erde auch ein reichhaltiges Kohlenstoffreservoir an.

Auf *Pasture Cropping* stieß Colin im Laufe einer langen Entdeckungsreise, die – wie bei uns – mit einer Katastrophe auf seinem Betrieb, der Winona-Farm, begann: 1979 zerstörte ein Buschfeuer fast das gesamte Anwesen, Colin selbst wurde ins Krankenhaus eingeliefert. Nach seiner Entlassung erkannte er, dass er seine landwirtschaftlichen Methoden völlig neu überdenken musste – denn ihm war kein Geld mehr geblieben. Irgendwie klingt das vertraut. Colin war klar, dass sich die Farm in ökonomischer und ökologischer Hinsicht seit Jahren auf einer Abwärtsspirale befunden hatte. Die Erträge befanden sich im Keller, die Kohlenstoffvorräte des Bodens waren erschöpft. Sein Vater hatte die Farm jahrzehntelang konventionell betrieben, wozu auch der großzügige Umgang mit Superphosphat zählte, zu dem Agrarwissenschaftler der Regierung die Landwirte ermutigten. Eine Zeit lang stiegen die Erträge mithilfe dieses Kunstdüngers an, doch weil das Ökosystem geschwächt wurde, ließen die Probleme nicht lange auf sich warten: Verschlechterung der Bodengesundheit, Versalzung, Unkrautbefall und Schädlingsplagen waren das Ergebnis.

Schritt für Schritt »heilte« Colin den Betrieb. Er baute die verbrannte Infrastruktur wieder auf und weigerte sich, irgendwelche Schädlingsbekämpfungsmittel zu verwenden (deren Preise immer weiter anstiegen). Zudem erforschte er Methoden, um einheimische Grasarten erneut in Hülle und Fülle anzusiedeln. Wie Colin bemerkte, wollten diese Gräser sowieso immer wieder zurückkehren, warum sollte man sie also nicht dazu ermutigen? Mit seinem Nachbarn Darryl Cluff diskutierte Colin häufig bei einem Glas Bier über Bewirtschaftungspraktiken. Gemeinsam kamen sie auf die verrückte Idee des *Pasture Croppings.* Wäre es möglich, kälteliebende Getreidesorten direkt auf Weiden mit in Winterruhe befindlicher wärmeliebender Vegetation zu säen?, fragten sie sich. Würde das funktionieren?

Die Antwort lautet: Ja! Kälteliebende (als C3 bezeichnet) und wärmeliebende Pflanzen (C4) unterscheiden sich hinsichtlich der Anatomie ihrer Blätter und der Enzyme, mit deren Hilfe sie Photosynthese betreiben. C3-Pflanzen sind in der Regel protein- und energiereicher. C4-Pflanzen sind effizienter, wenn es darum geht, Kohlendioxid aufzunehmen und Stickstoff zu verwerten. Sie brauchen auch weniger Wasser, um Trockenmasse zu bilden. *Pasture Cropping* profitiert von den ökologischen Beziehungen zwischen C3- und C4-Pflanzen, zu denen Ruheperioden, Wachstumszyklen, Wasser- und Nährstoffbedarf sowie vielfältige symbiotische Beziehungen mit den Bodenlebewesen zählen.

Natürlich entspricht dies exakt der Vorgehensweise der Natur: In einem organisierten Chaos arbeiten 1-jährige, ausdauernde, kälte- und wärmeliebende Pflanzen, aber auch Tiere, zusammen.

Durch *Pasture Cropping* konnte Colin mehrere Probleme im Zusammenhang mit den natürlichen Ressourcen wieder ins Lot bringen und daraus auch substanzielle ökonomische Vorteile ziehen. Er kann jetzt mehr Schafe halten, und die Qualität seiner Wolle hat sich verbessert. Mit über fünfzig Arten an Weidepflanzen setzt sich das Grasland der Winona-Farm mittlerweile fast ausschließlich aus einheimischen Spezies zusammen. Die Getreideernte ist hoch. Die Nährstoffverfügbarkeit hat sich verbessert. Und was vielleicht am wichtigsten ist: Der Kohlenstoffgehalt im Boden hat sich mehr als verdoppelt, und die Wasserspeicherkapazität ist beträchtlich angestiegen, seit Colin mit *Pasture Cropping* begonnen hat.

In vielen Regionen auf der ganzen Welt könnte *Pasture Cropping* in Zukunft eine Rolle spielen. Beispielsweise dominieren in den südlich und südöstlich gelegenen Bundesstaaten der USA wärmeliebende Arten. Kälteliebende Feldfrüchte könnten im Herbst direkt in diese Bestände an Mehrjährigen gesät werden.

Ebenso wie Colin ließen mich meine Erfahrungen nach einer Katastrophe – jahrelange Missernten – herausfinden, welche Methoden sich auf meinem Betrieb bewährten. Falls uns ein weiterer Schicksalsschlag träfe, sollte der Hof widerstandsfähig sein – dafür wollte ich schon sorgen. Ich möchte jedoch betonen, dass Zwischenfrüchte kein Allheilmittel sind. Sie sind ein Bestandteil eines größeren Puzzles, wenn auch ein sehr wichtiger. Fragen Sie sich, welche natürlichen Ressourcen Ihnen Probleme bereiten und nehmen Sie die Schwierigkeiten dann in Angriff. Lebende Pflanzen besitzen die Fähigkeit, Böden zu regenerieren. Wie Ray Archuleta gerne sagt: »Pflanze und Boden sind eine Einheit!«

Kapitel 9

Funktioniert es auch an Ihrem Standort?

Eine der Fragen, die ich während einer Präsentation oder Farmbesichtigung am häufigsten zu hören bekomme, lautet: »Ihre Methode funktioniert vielleicht in North Dakota, aber gilt das auch für meine Gegend?« Die Fragesteller erwecken für gewöhnlich einen skeptischen Eindruck, sie denken sich wohl: Dort, wo ich lebe, wird das niemals funktionieren. Wenn ich nachhake und um mehr Informationen über den Betrieb bitte, findet sich für gewöhnlich ein Hinderungsgrund: Es kann nur misslingen, weil der Boden zu viel Lehm enthält oder auch zu wenig; das Klima ist zu trocken oder zu nass; die Lage zu niedrig oder zu hoch, das Erdreich zu felsig oder zu verdichtet und so weiter und so fort. Darauf reagiere ich immer mit derselben Frage: Verfügt Ihr Betrieb über Grund und Boden? Das ist ja wunderbar! Denn wenn Sie einen Boden haben, können Sie auch erfolgreich regenerative Landwirtschaft betreiben, weil die fünf Prinzipien der regenerativen Landwirtschaft überall funktionieren. Falls Sie die Richtlinien gewissenhaft befolgen und mit Ihren Methoden das Bodenleben in Ordnung bringen, wird sich alles andere von selbst einstellen.

Als Courtney und ich dieses Buch verfassten, unterhielten wir uns darüber, wie wir mit der Frage »Wird es auch an meinem

Standort funktionieren?« umgehen sollten. Wir entwickelten die Idee, die Berichte anderer Landwirte einzubinden, die regenerative Methoden ausprobiert hatten und von ihren individuellen, manchmal ziemlich erstaunlichen Erfolgserlebnissen berichten können; dies schien uns die beste Lösung.

Courtney übernahm dabei die Führung und interviewte acht Farmer und Rancher, deren Weltbild sich veränderte, nachdem sie durch die Möglichkeiten der regenerativen Landwirtschaft inspiriert worden waren. Obwohl sich ihre Betriebe unterschieden und ihre Wege, Probleme und Sorgen ebenso vielfältig waren, hatte jeder Einzelne von ihnen an seinem Standort Erfolg. In diesem Kapitel erzählt Courtney ihre Geschichten.

Darin Williams, östliches Kansas

Darin Williams und seine Frau Nancy sind »Jungbauern« aus Ost-Kansas, die eine Vielzahl an Zwischen- und Feldfrüchten kultivieren – unter anderem Sojabohnen, Mais, Weizen, Roggen, Triticale und Sonnenblumen; sie bewirtschaften auch einen »Chaosgarten« (wie ihn Gabe auf seinem Betrieb angelegt hat, siehe Kapitel 3). Darin hatte nie geplant, in die Landwirtschaft zu gehen, auch wenn sein Großvater Bauer gewesen war und Darin als junger Mann etwas Land bestellt hatte. Die Landwirtschaft hätte keine Zukunft, erzählte man ihm. Also siedelte er nach Kansas City um, wurde Zimmermann und gründete ein erfolgreiches Wohnungsbauunternehmen. Doch die Sehnsucht nach seinen Wurzeln verließ ihn nie. Daher zog er 2006 auf den Familienbetrieb in der Nähe von Waverly und versuchte auf 25 Hektar sein Glück. Das Land war in schlechter Verfassung, und die einzige Bewirtschaftungspraxis, die Darin kannte, war die konventionelle Landwirtschaft, die sich auf gründliche Bodenbearbeitung und den intensiven Einsatz von Kunstdünger stützt. Diese Vorgehensweise war zwar nicht profitabel, aber Darin konnte keine Alternativen erkennen. Um seinen Lebensunterhalt zu bestreiten, pendelte er von seiner Farm aus und errichtete weiterhin Häuser.

Als Darin Ende 2008 in einer Landwirtschaftszeitschrift einen Artikel über Gabe Brown las, änderten sich die Dinge. Zwar hatte Darin bereits erste Erfahrungen mit der Direktsaat gesammelt, doch seine spontane Reaktion lautete: »So ein Unsinn!« Als Gabe allerdings nach Emporia, Kansas, reiste, um auf einer Bodenkonferenz zu sprechen, überredete Darin vier Bauern aus der Nachbarschaft, mit ihm dorthin zu fahren, weil er sich den Vortrag anhören wollte. Obwohl alle bis zu einem gewissen Grad Direktsaat betrieben, war Darin an diesem Tag der einzige unter den Mitfahrern, der beschloss, der regenerativen Landwirtschaft eine Chance zu geben. Die übrigen versteiften sich darauf, dass das Vorhaben in ihrer Gegend zwangsläufig scheitern musste.

Mittlerweile erntet Darin 3360–4030 Kilogramm Sojabohnen pro Hektar, während manche seiner Nachbarn, die auf das vollständige konventionelle Modell setzen – einschließlich der Kosten, die mit Pestizideinsatz, Düngung und GVO-Saatgut verbunden sind –, um die 2020 Kilogramm pro Hektar einfahren (der Durchschnittswert des Landkreises).

»In den ersten 3 Jahren haben sich meine Nachbarn über mich lustig gemacht«, erinnert sich Darin, »doch das tun sie jetzt nicht mehr.«

Darin schreibt es seiner Tätigkeit als Zimmermann und Bauunternehmer zu, dass er gelernt habe, wie man sich nach Geschäftsmöglichkeiten umsehe, neue Wege des Profits entdecke und welchen Wert geistige Aufgeschlossenheit habe. Er war nicht auf eine Unmenge wissenschaftlicher Daten angewiesen, um zu begreifen, dass sich die regenerative Landwirtschaft bewährte. Darin erkannte, dass Gabe in dem, was er über seinen Erfolg sagte, ehrlich war und nicht versuchte, dem Publikum irgendetwas zu verkaufen. Von dem seriösen Eindruck überzeugt, den Gabe bei seiner Präsentation in Emporia machte, nahm sich Darin vor, es 5 Jahre lang mit der regenerativen Landwirtschaft zu versuchen. Schon nach 2 Jahren war ein positiver Unterschied zu bemerken. Der Boden auf seiner Farm war gesünder geworden und die Ernteerträge stiegen bereits an. Darin erkannte, dass er auf dem richtigen Weg war.

Darin erzählt, dass seine Farm in einem dreistufigen Prozess auf die regenerative Landwirtschaft umgestellt wurde. **Schritt 1** bestand in der Erhöhung der Diversität. Ursprünglich hatte Darin lediglich Mais und Sojabohnen kultiviert; daher war ihm klar, dass er eine weitere Getreideart anbauen musste, um die Vielfalt unter den Bodenlebewesen zu erhöhen. Um Nutztiere integrieren zu können, wollte Darin eigentlich mit dem Anbau einer Zwischenfruchtmischung aus acht Arten beginnen, die unter anderem Rübsen, Rettiche, Buchweizen, Sonnenblumen und Hirse enthielt, entschied sich dann aber zuerst für Hafer, weil er wusste, dass diese Getreideart in der Vergangenheit auf seiner Farm angebaut worden war. Eine Reise nach Bismarck und ein Besuch der Brown's Ranch lieferten ihm zusätzliche Inspiration. Gabe zeigte ihm, wie die Wurzeln der Pflanzen auf seinen Feldern geradewegs nach unten wuchsen, tief in die Erde reichten und sich nicht zur Seite hin ausbreiteten – ein Verhalten, das man auf vielen Bauernhöfen beobachten kann und typisch für Wurzeln ist, die auf verdichteten Boden treffen.

Sobald Darin sah, wie ausgezeichnet seine Zwischenfrüchte Unkräuter niederhielten, zog er es in Betracht, Pflanzen anzubauen, die gentechnisch nicht verändert waren. Um den bestmöglichen Vergleich zu erhalten, beschloss er, dort, wo die Zwischenfrüchte gewachsen waren, parzellenweise sowohl gentechnisch veränderte (GVOs) als auch nicht manipulierte Feldfrüchte (Nicht-GVOs) anzubauen. Die Ergebnisse waren vielsagend, denn die Ernteerträge von Nicht-GVO- und GVO-Sojabohnen fielen identisch aus. Das bedeutete, dass die Nicht-GVO-Kulturen wegen niedrigerer Kosten für den Herbizideinsatz und weil sie auf dem Markt einen beträchtlichen Bonus einbrachten, deutlich höheren Gewinn abwarfen.

Inzwischen erlebt die Familie Williams, dass ihre gentechnisch nicht veränderten Sojabohnen beständig Erträge über 3360 Kilogramm pro Hektar liefern. Im Jahr 2017 erwirtschaftete eine Farm sogar über 4370 Kilogramm pro Hektar, und zwar ohne dass irgendein Saatgutbehandlungsmittel, Dünger oder Fungizid eingesetzt worden wäre. Das ist eine gewaltige Ernte, besonders wenn man bedenkt, dass im betreffenden Landkreis mit konventionellen Praktiken durchschnittlich 1880 Kilogramm pro Hektar erzielt werden.

Schritt 2: Die Integration von Vieh. Allerdings besaß Darin weder Rinder, noch wusste er, welche Rasse er kaufen sollte. Schließlich entschied er sich für British White. Mittlerweile vermarktet er Rindfleisch auf Grünfutterbasis direkt an Kunden in Lawrence und anderen nahe gelegenen Städten.

Schritt 3: Darin verglich die Erträge der nicht gentechnisch veränderten Sojabohnen seiner Farm mit denen, bei deren Produktion Glyphosat zum Einsatz gekommen war. »Als ich entdeckte, dass die Erträge fast identisch waren, machte es in meinem Kopf klick, und ich begriff, wie wichtig ein gesunder Boden ist«, erzählt er.

Für Darin wie für Gabe ist der Gewinn pro Hektar und nicht der auf 1 Hektar bezogene Ertrag entscheidend. Auch wenn die Samen der Zwischenfrüchte nicht umsonst zu haben sind, senkt der Anbau dieser Pflanzen andere Investitionskosten und führt daher zu Geldersparnissen. Mit dem Mehrwert, den er erzielte, gingen nicht nur höhere Profite einher, die Kulturpflanzen *wirkten* auch gesünder, was er als Indiz für einen gesünderen Boden ansah. Außerdem verliefen die Fortschritte rasch. Während der ersten 36 Monate wuchsen die Erträge jedes Jahr. »Der gängigen Meinung zufolge dauert es bei der Direktsaat 7 Jahre, bis man einen signifikant höheren Ertrag erzielt«, merkt Darin an. »Doch wie ich jetzt aus eigener Erfahrung weiß, stimmt das nicht.«

2010 wurde Darin hauptberuflich Landwirt und hängte den Werkzeuggürtel des Bauunternehmers an den Nagel. Er verwendet noch immer etwas Dünger und hie und da geringe Mengen Herbizid, wobei er hinzufügt, dass es so etwas wie eine »perfekte« Farm nirgendwo gäbe. Er führt auch keinen zertifizierten Bio-Betrieb. »Ich sage immer, dass es nur eine Sache gibt, für die man mir jederzeit ein Zertifikat ausstellen darf: dafür, erfolgreich zu sein.« Kürzlich haben Darin und Nancy ein Vertriebsterminal für gentechnisch nicht verändertes Getreide gegründet, die Natural Ag Solutions, LLC. Dieses Vertriebszentrum kauft Nicht-GVO-Korn an und verkauft es weiter. Der Vertriebsprozess erhöht den Profit der Farmer, die dieses Saatgut anbauen, wovon wiederum das Ökosystem profitiert.

Warum vollziehen nicht mehr Landwirte wie Darin und Nancy Williams den Sprung? Darin glaubt, dass es zum Teil am Geld liegt. Bei vielen ist der finanzielle Spielraum dermaßen gering, dass sie nicht bereit sind, ein Risiko auf sich zu nehmen und eventuell einen Fehler zu begehen. Teilweise ist auch die Macht der Gewohnheit verantwortlich: Die Landwirte wissen, wie man innerhalb des bestehenden Systems Pflanzenbau betreibt (mit kräftiger Unterstützung seitens der Staatlichen Ernteversicherung), weswegen kein großer Anreiz besteht, etwas Neues auszuprobieren. Hinzu kommt die Neigung, andere für die eigenen Fehler verantwortlich zu machen, anstatt zuzugeben, dass die konventionelle Landwirtschaft die langfristige Existenzfähigkeit der Betriebe untergräbt. Wie auch sein Mentor war Darin bereit, ein paar Risiken einzugehen.

»Die regenerative Landwirtschaft verlangt Einsatzbereitschaft und viele Versuche und Irrtümer, um herauszufinden, was auf dem eigenen Bauernhof funktioniert«, stellt er fest. »Man muss bereit sein, aus seinen Fehlern zu lernen.« Er betont, dass es keine Wunderwaffe gäbe, nicht den »einzig richtigen Weg«, Land zu bewirtschaften, und auch keine »geheime« Zwischenfruchtmischung, die alle Probleme löse. »Die Leute glauben, dass man ein Experte ist, doch das ist falsch. Die Natur wird es immer allen zeigen.«

Es kommt darauf an, die fünf Prinzipien der Bodengesundheit umzusetzen und flexibel zu sein, wenn sich die Bedingungen ändern. »Bremsen Sie sich nicht selbst aus«, meint Darin. »Seien Sie offen. Ich habe mich auf den Boden und das organische Material konzentriert. Alles andere ist zweitrangig.«

Russell Hedrick, zentrales North Carolina

Russell Hedrick, Berufsfeuerwehrmann mit fast 10 Jahren Erfahrung in der Feuerbekämpfung, beschloss im Alter von 27 Jahren, den Beruf zu wechseln und Landwirt zu werden. Die Liste der Herausforderungen, mit denen er sich konfrontiert sah, als er seinen Traum verfolgte, war erschreckend. Weil er in seiner Familie der Erste war, der in die Landwirtschaft ging, hatte er weder Vorwissen noch Erfahrung, auf die er sich stützen konnte, als er den Sprung wagte. Aber was vielleicht noch schlimmer war: Er verfügte über keinerlei Geräte. Was er dagegen besaß, waren ein lebenslängliches Interesse an der Landwirtschaft und der große Wunsch, sich daran zu versuchen.

Russell hatte ein Auge auf ein 12-Hektar-Grundstück in der Nähe von Hickory – eine Stadt nordwestlich von Charlotte – geworfen, wo er Getreide anbauen und Vieh züchten wollte. Als er um Rat fragte, wie er am besten loslegen sollte, erzählten ihm die Nachbarn, dass er drei Arbeitsgeräte erwerben müsse, weil er andernfalls keinen Erfolg hätte: einen 150-PS-Traktor, eine 6 Meter breite Scheibenegge für die Bodenbearbeitung und eine achtreihige Sämaschine. Auf der Suche nach einer zweiten Meinung sprach Russell mit Lee Holcomb, einem Naturschutzbeauftragten des NRCS North Carolina, der zur Direktsaat und zum Anbau von Zwischenfrüchten riet. Lee schlug Russell außerdem vor, sich mit Ray Archuleta und Gabe Brown zu unterhalten, bevor er sich endgültig festlegte.

»Ich war mit zwei völlig unterschiedlichen Sichtweisen konfrontiert«, erinnert sich Russell, »und ich wusste nicht, welche ich aufgreifen sollte, denn für mich gehörten Landwirtschaft und Bodenbearbeitung untrennbar zusammen, und ich nehme an, für Sie ebenfalls. Doch Geldmangel war ein Problem, deshalb wirkte die Direktsaat nicht unattraktiv.«

Russell rief zuerst Ray Archuleta an, der in der Nähe am NRCS National Technology Center in Greensboro arbeitete. Ray erläuterte ausführlich die Vorteile von Direktsaat und Zwischenfrüchten und empfahl, Gabe in Bezug auf die Tierhaltung anzurufen. Dieser teilte ihm gleich zu Beginn etwas Grundlegendes mit: Wer vorhabe, erfolgreich Landwirtschaft zu betreiben, müsse lernen, Geld damit zu verdienen. Im konventionellen Bewirtschaftungssystem drehe sich alles um das Geldausgeben, erklärte er Russell, nicht um die Einnahmen. »Konzentrieren Sie sich auf den Gewinn pro Hektar«, lautete sein Rat. Um dieses Ziel in der Viehzucht zu erreichen, empfahl Gabe klein- bis mittelrahmige Tiere, die mit Grünfutter aufgezogen und direkt an die Konsumenten vermarktet werden sollten. Als sie Gabes Modell erörterten, das aus den Komponenten Direktsaat, Zwischenfrüchte und Nutztiere bestand, machte sich Russell laut Gedanken darüber, ob diese Methoden auf North Carolina übertragbar wären, wo die Bedingungen ja stark abwichen. Zu seiner Überraschung meinte Gabe, dass regenerative Landwirtschaft in Russells Fall wirklich gut funktionieren würde. Weil die Gegend jährlich 1270 Millimeter Niederschlag erhalte, sollte es für ihn einfacher werden als in North Dakota, wo der Jahresniederschlag bei 400 Millimetern liege.

»Was die fünf Prinzipien der Bodengesundheit angeht«, merkt Russell an, »so versicherte mir Gabe, dass die Bodengesundheit kein Problem darstellen würde, solange die Sonne auf meine Farm schiene«. Russell beschloss, der regenerativen Landwirtschaft eine Chance zu geben.

Zuerst kaufte er Zwischenfruchtsaatgut und brachte es Anfang Oktober aus; dabei hatte er im Hinterkopf, im April Mais als seine wichtigste Feldfrucht anzubauen. Wie Russell auffiel, war das Land glücklicherweise in einer anständigen Verfassung, obwohl es seit Jahrzehnten auf konventionelle Weise bestellt und der üblichen Palette an Düngemitteln und Chemikalien ausgesetzt worden war. Dennoch waren die Kohlenstoffvorräte im Boden erschöpft, weshalb ihm Ray und Gabe nahelegten, das Hauptaugenmerk so rasch wie möglich auf die Erhöhung des Gehalts an organischem Material im Boden zu richten.

Als er allerdings am agrarwissenschaftlichen Institut einer nahe gelegenen Universität nachfragte, wie viel organische Bodensubstanz er von Direktsaat und Zwischenfrüchten erwarten könne, kam die Antwort für ihn wie ein Schock: gar keine. Organisches Material ließe sich nicht aufbauen, teilte man ihm mit, weil es (anders als in North Dakota) in North Carolina keinen Frost-Tau-Wechsel gebe. Das hieß: Wie viel organisches Material er auch in den Boden beförderte, die nimmermüden Mikroorganismen würden alles zersetzen. Russel versuchte zu erklären, dass eine aktive Mikrobenpopulation im Boden, unterstützt durch Regenwürmer, den Kohlenstoffkreislauf das ganze Jahr in Gang hielte, um die Bodengesundheit und damit auch die Vorräte an Kohlenstoff zu *steigern.* Doch man wollte nicht hören, was er zu sagen hatte, besonders da er ein Neuling unter den Landwirten war.

»Um den eigenen Standpunkt unmissverständlich klarzumachen, teilte man mir rundheraus mit, dass Zwischenfrüchte Zeitverschwendung wären. Ackerland müsste 5 Monate im Jahr unbedeckt bleiben, um produktiv zu sein«, berichtet Russell.

Diese Sichtweise rief ihm Gabes Ratschlag in Erinnerung: Warum sollte man für 1 Jahr Grundsteuer bezahlen, das Land aber nur 7 Monate bewirtschaften? Was spricht dagegen, stattdessen 12 Monate lang Pflanzen anzubauen?

Russell blieb der eingeschlagenen Marschroute treu und band auch Nutztiere in die Kulturpflanzenproduktion ein. Weil er sich nicht mehr leisten konnte, startete er mit zehn Kühen und zwölf Schweinen. Inzwischen besitzt er vierzig Kühe, fünfzig Schweine und einige Schafe. Die Erträge stiegen rasch an. 2016 gewann Russell mit 20 Tonnen pro Hektar sogar den Wettbewerb des Bundesstaates um den höchsten Maisertrag auf unbewässertem Grund – und das nur 4 Jahre, nachdem er gelernt hatte, wie man Landwirtschaft betreibt! Er übertraf nicht nur problemlos den bundesstaatlichen Durchschnitt von 16 Tonnen pro Hektar, sondern holte fast den Sieger in der Kategorie »Maisertrag auf bewässertem Grund« ein, der in diesem Jahr bloß 125 Kilogramm pro Hektar mehr als Russell produziert hatte.

Den größten Gefallen findet er jedoch an einer anderen Statistik: Anders als die Experten von der Universität prognostiziert hatten, ist die organische Bodensubstanz auf seiner Farm von 2 Prozent im Jahr 2012 auf gegenwärtig über 5 Prozent gestiegen.

Russell konnte sein Anwesen von 12 auf 400 Hektar erweitern. Abgesehen von Mais und Nutztieren kultiviert er Sojabohnen, Gerste und Hafer. Auch Gabes Geschäftsberatung hat er sich zu Herzen genommen und verschiedenste Sparten auf seiner Farm aufgebaut. Einen Teil seiner Maisernte bildet mittlerweile blauer Mais aus dem kulturellen Erbe der Hopi – eine Sorte, die Spitzenpreise erzielt. Ein weiterer Teil der Maisernte wird an die nahe gelegene Bourbon-Brennerei geliefert, deren Miteigentümer er ist. Wie sich gezeigt hat, erzeugt sein Mais während der Gärung mehr Volumenprozent Alkohol als konventionell angebauter Mais. Russell ist außerdem Saatgutproduzent und bedient mehrere Absatzmärkte. Kürzlich sind verschiedene Brauereien und Mälzereien auf seine landwirtschaftlichen Praktiken aufmerksam geworden und mit der Frage an ihn herangetreten, ob die Möglichkeit bestünde, Rohstoffe für sie anzubauen. Und um dem Ganzen die Krone aufzusetzen: Russell gibt gerade einen Kurs über regenerative Landwirtschaft an der North Carolina State University!

Um seine Produkte zu bewerben und die neu gewonnenen Erfahrungen im Hinblick auf die Verbesserung der Bodengesundheit weiterzugeben, nutzt Russell soziale Medien. »Wir haben miterlebt, dass der Grund und Boden mithilfe von Tieren doppelt so schnell wiederbelebt werden konnte, als wenn wir uns ausschließlich auf Zwischenfrüchte verlassen hätten«, stellt Russell fest. Außerdem bekennt er, ein YouTube-Junkie zu sein. Er schätzt, seit 2012 Tausende Videos zum Thema Landwirtschaft angeschaut zu haben. Weil er, wie er es ausdrückt, die »kostenlosen Sachen« schätzt, die im Internet angeboten werden, verwendet er soziale Medien als Bildungsplattform für Anfänger, zu denen auch er einmal gezählt hat.

»Landwirte hören Gabes Geschichte und schaffen umgehend Rinder an«, meint er, »doch häufig kennen sie sich nicht aus. Mithilfe der sozialen Medien versuche ich zu helfen.«

Die Entwicklung vom Feuerwehrmann zum Landwirt verlief kurz und erfolgreich. Russell schreibt die Produktivität und Rentabilität seiner Farm Rays und Gabes Integrität und Großzügigkeit zu. Wie er fest glaubt, ist es kein Zufall, dass die Personen, die sich um die Gesundheit des Bodens kümmern, auch anderen Menschen beistehen.

»Ich rief aus heiterem Himmel einen Mann namens Gabe Brown an, der keine Ahnung hatte, wer ich war, und keinen Grund hatte, mit mir zu reden, von reiner Freundlichkeit abgesehen.«

Jack Stahl, nordwestliches Alberta, Kanada

Als Gabe 2012 in Manning (Alberta/Kanada) einen Vortrag vor einer Gruppe von Landwirten hielt, saß in der ersten Reihe ein Mann aus der Religionsgemeinschaft der Mennoniten, der ihn die ganze Zeit finster anblickte. Im Laufe der Jahre hatte Gabe vor so manch schwierigem Publikum gesprochen, aber dieser grimmig dreinblickende Bauer schien die bislang härteste Nuss zu sein. Doch Gabe sollte eines Besseren belehrt werden.

»Ich hatte nach seinen ersten beiden Sätzen angebissen«, erinnert sich Jack Stahl.

Jack war zu der Versammlung gekommen, weil er nach einem Weg suchte, wie sich der Kunstdüngereinsatz auf seiner großen Farm einschränken ließ; zusammen mit seinen Brüdern leitete er einen Familienbetrieb in der Nähe von Manning, im Nordwesten der Provinz Alberta. Die jährlichen Düngerkosten stiegen immer weiter an, während die Produktivität im Wesentlichen stagnierte, was bedeutete, dass die Gewinnspannen allmählich schrumpften. Einige Jahre zuvor waren die Brüder auf Direktsaat umgestiegen, mussten aber des vermehrt wuchernden Unkrauts durch den massiven Einsatz von Herbiziden und anderen Schädlingsbekämpfungsmitteln Herr werden; die Preise für diese Hilfsstoffe erhöhten sich ebenfalls. Jack hatte angefangen, für Lösungen aus dem Dilemma zu suchen, als er von Gabes Vortrag erfuhr. Ursprünglich nahm er an, Gabe sei nur ein weiterer Verfechter von Durchhalteparolen, und er erwartete, noch mehr der üblichen Ratschläge zu hören: mehr Dünger, mehr Chemikalien, mehr todbringende Mittel. Als Gabe allerdings darauf hinwies, dass der Stickstoff in der Atmosphäre frei zur Verfügung stünde und leicht als Dünger für Pflanzenbestände eingesetzt werden könne, begriff Jack, dass er einen Gleichgesinnten getroffen hatte.

»Wir waren dabei, an unsere finanzielle Schmerzgrenze zu stoßen«, erzählt er, »und mir war klar, dass wir unsere Herangehensweise ändern mussten; daher gefiel mir, was Gabe sagte. Als ich ihm an jenem Tag zuhörte, begriff ich aber auch, dass wir das, was wir unter Landwirtschaft verstanden, vergessen und ganz von vorn beginnen mussten. Inzwischen weiß ich, dass man in der Landwirtschaft umso erfolgreicher ist, je schneller man verlernt, was man weiß.«

Als Jack nach dem Vortrag auf die Familienfarm zurückkehrte, waren seine Brüder skeptisch, stimmten aber zu, ein Experiment zu Demonstrationszwecken zu starten. Sie beschlossen, eine Zwischenfruchtmischung aus vierzehn Sorten auszuprobieren und sahen im Sommer sofort positive Resultate. »Alles ging auf«, erzählt Jack, »und daher waren meine Brüder bereit, über einen völlig neuen Ansatz nachzudenken.« In einem nächsten Schritt erprobten sie unterschiedliche Zwischenfruchtmischungen auf verschiedenen Teilstücken ihres Landes, und jede Mischung war ein Erfolg. Einen dritten Schritt gab es nicht – sie beschlossen, das Experimentierstadium komplett zu beenden und den ganzen Bauernhof umzustellen. In kurzer Zeit hatten sie es so weit gebracht, dass sie für chemische Hilfsstoffe ungefähr 60 Prozent weniger ausgaben als noch einige Jahre zuvor, und die Erträge übertrafen die Erwartungen bei Weitem.

»Regenerative Landwirtschaft wird überall funktionieren, wo Pflanzen wachsen und es Boden gibt«, ist Jack überzeugt.

2015 traf der kanadische Landwirt auf einem Bodenkongress Gabe, Jay Fuhrer und Nicole Masters, eine Bodenkundlerin aus Neuseeland. Nicole Masters erhielt den Auftrag, die Böden der Gebrüder Stahl zu untersuchen; denn man beabsichtigte, den Wechsel von der konventionellen zur regenerativen Landwirtschaft so kurz wie möglich zu gestalten. Die Farm hatte Kunstdünger schon fast vollständig abgesetzt und Vieh in die Nutzpflanzenproduktion integriert. Da Jack seit Jahren ein Anhänger des holistischen Managements und der kommerziellen Viehhaltung war, hatte man auf dem Anwesen die Prinzipien der ganzheitlich geplanten Beweidung eingeführt, doch Tierhaltung und Pflanzenbau liefen getrennt. Diese Phase gehört inzwischen der Vergangenheit an. Mittlerweile werden Rinder eingesetzt, um Zwischenfrüchte im Jahresverlauf so oft wie möglich zu beweiden.

Wie Jack einräumt, gäbe es keinen exakten Plan, um einen landwirtschaftlichen Betrieb nach regenerativen Prinzipien zu leiten. Seiner Meinung nach könne Gabes Methode, die auf Versuch und Irrtum setzt, beträchtlich gestrafft werden – eine Erfahrung, die seine Brüder und er dank der Hilfe von Gabe, Jay, Nicole und anderen gerade machen. Die Erträge sind gestiegen, die Kosten gesunken und die natürliche Fruchtbarkeit des Bodens ist zurückgekehrt.

»Kohlenstoff im Boden ist viel mehr wert als Geld auf der Bank«, behauptet Jack. »Einem Bankangestellten, der von unseren Ernteerträgen fasziniert war, erklärte ich, dass er sich lieber von der Kohlenstoffkonzentration in unseren Böden beeindrucken lassen sollte!«

Jack weist darauf hin, dass die neu eingeführten Methoden mit einem weiteren bedeutenden Vorteil verbunden seien, nämlich *Freiheit*. Seine Brüder und er sind jetzt nicht mehr von Chemikalien abhängig, sie sind nicht auf gierige Unternehmen, zertifizierende Bürokraten und herzlose Absatzmärkte angewiesen. Von der destruktiven Mentalität, die mit der industriellen Landwirtschaft einhergeht, haben sie sich befreit: »Wir müssen damit aufhören, Lebewesen auszurotten«, erläutert Jack. »Wir müssen dafür sorgen, dass wieder Photosynthese betrieben wird.«

Und es gibt noch etwas, das sich im Laufe des Umstellungsprozesses zurückgemeldet hat: der Spaß. »Wenn man seine Denkweise ändert, dann kehrt die Freude an allen Dingen zurück«, erklärt der Landwirt.

Jack liebt es, das Verhalten der Natur, die von der überheblichen Einmischung der Menschen unbeeinträchtigt ist, zu beobachten. Heuschrecken sind ein gutes Beispiel. In seiner Gegend gelten diese Insekten als eine richtiggehende Plage, doch auf dem Familienbetrieb stellen sie kein Problem mehr dar: Sie vertragen die starke Zuckerkonzentration gesunder Pflanzen aus Böden, die vor Leben sprühen, einfach nicht. Der hohe Zuckergehalt (gemessen in Grad Brix) seiner Kulturpflanzen macht sie heuschreckenresistent. Seit Jahren werden auf der Farm keine Insektizide mehr eingesetzt, und inzwischen macht es ihm überhaupt nichts aus, die Kreaturen auf seinem Land herumfliegen zu sehen. Auch die Verwendung gentechnisch veränderter Organismen stuft er als einen Akt der Arroganz ein. »Langfristig gesehen ist es nicht möglich, die Natur zu manipulieren und als Sieger hervorzugehen, denn sie wird immer das letzte Wort haben.«

Jack bereitete es sogar Vergnügen, die Auswirkungen der langen Trockenheit im Sommer 2017 – der schlimmsten Dürre seit Menschengedenken – zu betrachten. »Es war aufregend, mit anzusehen, wie die Natur reagierte, wenn Pflanzen und Böden intakt waren. Überflutungen, Schneemassen, Trockenheit, Hitze – darauf kommt es gar nicht an«, meint er, »solange die Natur gesund ist.«

Mitzuverfolgen, wie die eigene Farm eine größere Trockenheit durchsteht, könnte als eine ungewöhnliche Form der Unterhaltung angesehen werden, und Jack gibt zu, dass er ein ziemlicher Querdenker sei – besonders dann, wenn es um Dinge ginge, die erklärtermaßen keinesfalls funktionieren würden.

Falls Sie einwerfen, dass sich dies ganz nach seinem Mentor anhört, wird der kanadische Landwirt Ihnen kurzerhand erzählen, wie sehr ihn Gabes Ideen und seine Uneigennützigkeit inspiriert haben und wie stark er sich verpflichtet fühlt, seinen Erfolg und seine Erfahrungen mit anderen zu teilen (er hat sogar ein Interview gegeben, was er normalerweise ablehnt). Jack verkündet: »Ich möchte der Gabe Brown Westkanadas werden!«

Jonathan Cobb, Zentraltexas

Obwohl Jonathan die vierte Generation auf der Farm seiner Familie repräsentiert, hatte er, als er auszog, um das College zu besuchen, keinesfalls die Absicht, zu einem späteren Zeitpunkt in den landwirtschaftlichen Betrieb seiner Eltern einzusteigen. Er machte seinen Abschluss in Wirtschaft, heiratete und ließ sich in der Stadt nieder. Doch der Lockruf der Agrarwirtschaft erwies sich als zu stark. 2007 siedelten seine Frau und er auf das 1000 Hektar große Anwesen nördlich von Austin um. Noch vor zwei Generationen war die Cobb-Farm ein breit aufgestelltes Unternehmen gewesen, wie es für das ländliche Amerika vor dem Zweiten Weltkrieg typisch war. Aber mit den Jahren verwandelte sie sich in einen modernen, industriellen Agrarbetrieb, der auf Monokulturen setzte und Chemikalien in Hülle und Fülle versprühte – nicht unähnlich dem Elend der Farmen, wie es in

The Unsettling of America von Wendell Berry, einem von Jonathans Lieblingsbüchern, beschrieben ist.

Allerdings gab es auch gute Nachrichten: Jonathans Vater wendete das Strip-Till-Verfahren an – dabei wird der Boden in geringer Tiefe gelockert –, und weil er versuchte, Geld zu sparen, hatte er den Einsatz von Kunstdünger und Bioziden im Laufe der Zeit etwas verringert; dadurch konnte sich der Zustand der Böden in dem Jahrzehnt vor der Rückkehr seines Sohnes ein wenig erholen. Bodentests zufolge war der Kohlenstoffgehalt in 10 Jahren von 1 auf 2 Prozent gestiegen, und die Versickerungsgeschwindigkeit hatte sich ebenfalls verbessert.

Nur Jonathan war unzufrieden. Er kam mit einem frischen Blick und Erfahrung in der Geschäftswelt nach Hause und fand ein Bewirtschaftungssystem vor, das finanziell nicht tragbar war. Obwohl die Ernten der Farm über dem bundesstaatlichen Durchschnitt lagen, waren sie nicht spürbar höher als Jahrzehnte zuvor. Ansprüche an die Ernteausfallversicherung wurden fast jährlich geltend gemacht – entweder aufgrund von Trockenheitsschäden oder wegen hoher Aflatoxin-Konzentrationen im Mais (von Schimmelpilzen produzierte Giftstoffe). Nachdem sein Vater Bodenschutzmaßnahmen ergriffen hatte, besserte sich der Zustand des Landes zwar langsam, doch angesichts der hohen Investitionskosten stand langfristig gesehen die wirtschaftliche Existenzfähigkeit des Bauernhofs auf dem Spiel, sofern zwei Familien ernährt werden sollten. »Das System war einfach zu störungsanfällig«, erzählt Jonathan, »es vollführte einen permanenten Drahtseilakt zwischen Erfolg und Misserfolg.« Als 2011 eine schwere Trockenheit einsetzte, wurden die Farm – und auch Jonathan – an die Grenzen ihrer Belastbarkeit getrieben. Er beschloss, dass es an der Zeit sei, mit dem Vater darüber zu sprechen, das Unternehmen aufzugeben. Die 110 Jahre alte Farm schien ihr Ablaufdatum erreicht zu haben. »Es gibt kaum ein schwierigeres Gesprächsthema in einer Bauernfamilie. Der Meinungsaustausch war hochemotional«, erinnert sich der Texaner.

Doch ein Moment der Inspiration, den Jonathan bei einer Präsentation erlebte, konnte den Betrieb glücklicherweise retten.

2011 erhielt er die Einladung des damaligen State Agronomist[7] William Durham, an einer regionalen NRCS-Schulung teilzunehmen, bei der Ray Archuleta als Hauptredner mitwirkte. Wie gewöhnlich führte Ray den Slake-Test vor (eine Beschreibung finden Sie in Kapitel 3): Die Erdklumpen, die konventionell bewirtschafteten Feldern mit stark bearbeiteten Böden entstammten, zerfielen wie immer rasch, wenn sie in den Kunststoffröhrchen mit Wasser in Berührung kamen. Um langfristigen Erfolg in der Landwirtschaft zu erzielen, müsse der Boden zusammenhalten, teilte Ray den Zuhörern mit.

Jonathan hatte die Botschaft erfasst; die sich auflösenden Klumpen und Rays Worte hatten einen starken Eindruck bei ihm hinterlassen. »Bis zur Mittagspause war meine Entscheidung gefallen, denn diese Chance war zu wichtig, um sie sich entgehen zu lassen – ich wollte auf der Farm bleiben«, erzählt Jonathan.

Er hatte beschlossen, »in das Kaninchenloch zu springen«, wie er sich über das Abenteuer Bodengesundheit ausdrückt. Noch auf der Veranstaltung schloss er mit Ray Bekanntschaft und noch im gleichen Jahr traf er Gabe Brown bei einem Feldtag auf Dave Brandts regenerativem Betrieb in Ohio. In der Zwischenzeit las er jedes Buch, das ihm empfohlen worden war, und sah sich unzählige Videos an. Diese Erfahrung bezeichnete

7 Anm. d. Übers.: »State Agronomist« bezeichnet eine Position am NRCS, dem Natural Resources Conservation Service des US-amerikanischen Landwirtschaftsministerium, für einen Agrarwissenschaftler, der für einen Bundesstaat zuständig ist.

er als seine »postgraduale Ausbildung«. Jonathan entwickelte ein leidenschaftliches Interesse für Bodengesundheit, und plötzlich wurde die Landwirtschaft erneut zu einem Quell der Freude und nicht der Verzweiflung. Zu seinem Glück besuchte sein Vater ebenfalls eine NRCS-Veranstaltung und verfolgte Rays Präsentation. Diesmal verlief die Unterhaltung zwischen Vater und Sohn anders – der Vater war bereit, dem Sohn in den Kaninchenbau zu folgen.

Das Gespräch mit Ray lag kaum einen Monat zurück, als sie ihr Bodenbearbeitungsgerät verkauften, eine Direktsaatmaschine erwarben und 180 Hektar mit Weizen besäten. Jonathan traf sich mit Keith Berns, einem Landwirt und Geschäftsmann aus Nebraska, der ihn im Anbau von Zwischenfrüchten schulte und ihm beibrachte, wie man zusammen mit der Familie ein erfolgreiches Unternehmen leitet. Im Sommer 2012 folgten Zwischenfrüchte auf den Weizen, im Herbst wurden auf zusätzlichen 480 Hektar Zwischenfrüchte kultiviert. Im nächsten Jahr führten sie wieder Rinder auf dem Anwesen ein, außerdem eine kleine Schar Hühner. 2014 verringerten sie die Anbaufläche, um die Veränderungen besser bewältigen zu können. 2015 wurden Schweine und Schafe angeschafft, und man stieg in die Direktvermarktung von Rind- und Lammfleisch auf Grünfutterbasis, Schweinefleisch aus Weidehaltung und Eiern ein.

In der Zwischenzeit begannen sie, die ursprüngliche, mehrjährige regionale Präriegevegetation zu rekonstruieren und zu erneuern, wobei sie Äcker in Weideland für ihr Vieh umwandelten; dabei wendeten sie ein anpassungsfähiges System der Nutztierhaltung mit Weiderotation an.

»*Erneuern* ist eigentlich nicht das richtige Wort«, kommentiert Jonathan, »denn dort, wo wir leben, war die Prärie vollkommen ausradiert. Wir versuchen einerseits, die Klimaxarten der ursprünglichen Vegetation zu fördern, lassen andererseits aber auch wachsen, was heutzutage von Natur aus in der Umgebung gedeiht.«

Unterdessen erhöhte sich der Anteil an organischem Material in den Böden weiter, als regenerative Bewirtschaftungspraktiken eingeführt wurden – gegenwärtig liegt er knapp über 4 Prozent.

Die Fülle an Veränderungen war nicht gerade einfach umzusetzen, und es wurden eine Menge Fehler gemacht. Jonathan war von dem Gedanken beherrscht, »zu beweisen, dass es hier funktionieren könne«. Er hatte die Herausforderung angenommen und spürte die Last, um der Sache willen nicht versagen zu dürfen. »In meiner Ignoranz war mir nicht klar, worum es sich bei diesem ›Es‹ handelte, dessen Gelingen ich beweisen wollte. Was die Landwirtschaft angeht, so bewegten sich meine Gedanken noch immer innerhalb eines überholten Konzepts.«

Der Stress, anderen etwas beweisen zu wollen, forderte von Jonathan seinen Tribut. Viele Mitglieder seiner Gemeinde dürften geglaubt haben, wegen all der ungewöhnlichen Bewirtschaftungsmethoden ginge es mit der »guten Farm« seiner Familie bergab. Doch die Ermutigung durch Kollegen, die ebenfalls regenerative Landwirtschaft betrieben, ließ ihn auch die dunkelsten Tage überstehen. Dieser Zuspruch und die Tatsache, dass weiterhin auf Entscheidungsfindung nach dem Prinzip des holistischen Managements gesetzt wurde, unterstützten Jonathan und seine Familie dabei, sich auf Ziele zu konzentrieren, die auf einem anderen Paradigma gründeten.

Die regenerative Landwirtschaft half dem Texaner auch im Umgang mit einer spirituellen Krise. Bevor Jonathan im Jahr 2011 Rays Vortrag hörte, hatte er geplant, die Farm zu verlassen, um Theologie zu studieren – eine weitere Leidenschaft von ihm. Es bereitete ihm große Schwierigkeiten, seine religiösen Überzeugungen mit dem verantwortungslosen Umgang mit Gottes Schöpfung in Einklang zu bringen, den er überall um sich herum wahrnahm. Seit er 2007 mit seiner Frau auf die Farm zurückgekehrt war, führte er einen tagtäglichen Kampf um Aussöhnung, der durch Dr. Timothy Kellers Podcast »Can Faith Be Green?« noch verstärkt wurde.

Letzten Endes trieb ihn die spirituelle Krise weiter in die Arme der regenerativen Landwirtschaft. Gestärkt durch seine Familie und die große Unterstützung, die er vom Netzwerk der Personen erhielt, die sich für Bodengesundheit einsetzten – besonders von Ray und Gabe –, kehrte seine Begeisterung zurück. Auch Regenfälle trugen ihren Teil dazu bei. Die Pflanzen gingen auf, neue geschäftliche Unterfangen wurden gestartet und Jonathan beteiligte sich an gemeinnütziger Öffentlichkeitsarbeit, beispielsweise für Holistic Management International und Grassfed Exchange. Um sich an das spirituelle Ziel ihrer Arbeit zu erinnern und daran, dass es sich lohnt, den beschrittenen Pfad weiterzuverfolgen, selbst wenn er manchmal schwer sein mag, hat Jonathan ein Zitat von Wendell Berry an eine Wand seiner Werkstatt auf der Farm geheftet. Es lautet: »Wir müssen in der Welt unter der Bedingung leben, dass wir achtsam mit ihr umgehen. Um achtsam mit ihr umgehen zu können, müssen wir sie gut kennen. Und um die Welt kennenzulernen und bereit zu sein, auf sie zu achten, müssen wir sie lieben.«

Brian Downing, südliches North Carolina

Da Brian etwas gegen die Verdichtung seines Bodens unternehmen wollte, beschloss er, Gabe Brown anzurufen.

Von Jugend an, als er noch im Garten des Großvaters herumalberte, Gemüse an seiner Schule verkaufte und sich um die wenigen Kühe kümmerte, die seine Familie besaß, hatte Brian Landwirt werden wollen. Auf dem College studierte er Pharmazie, entschied sich aber rasch gegen den Apothekerberuf. Stattdessen erwarb er einen Abschluss in Tierwissenschaften, der ihn an einen Milchhof mit 1800 Holstein-Kühen führte, wo er 9 Jahre verbrachte und viel über die Vor- und Nachteile der Massenproduktion von Lebensmitteln lernte.

Als die kleine Farm seines Großvaters vor 3 Jahren zum Verkauf angeboten wurde, erwarb Brian das Grundstück und legte sich ins Zeug, um Landwirt zu werden – bis er begriff, dass er ein Problem hatte.

Der Bauernhof, der sich in Hanglage nahe eines Flusses befindet und schwere Lehmböden besitzt, wurde 40 Jahre lang konventionell, allerdings ohne Bodenbearbeitung, betrieben und von Vieh überweidet; Bodenverdichtung und schlechte Versickerungsfähigkeit waren die Folge. Die Pflanzen litten unter Trockenstress, wenngleich das Land wegen des ungünstigen Bodengefüges bei schweren Regenfällen zu Überflutung neigte. Um die Dinge noch schlimmer zu machen, waren viele Farmen in North Carolina aufgrund der Tabakproduktion in Monokultur geschädigt: Der Tabakanbau hatte dazu geführt, dass sich ein Übermaß an Phosphor im Boden angereichert hatte. Weil er den konventionellen Lösungen misstraute, beschloss Brian, Gabe anzurufen, den er in YouTube-Videos gesehen hatte.

»Zu meiner großen Überraschung«, sagt er, »ging Gabe nicht nur ans Telefon, sondern unterhielt sich auch eine ganze Stunde mit mir über den Bauernhof.« Zusammen mit Ray Archuleta, der damals in der Nähe von Brians Farm arbeitete, entwickelten sie einen Low-Budget-Plan: Brian würde in diesem Herbst eine Zwischenfruchtmischung aus fünf Arten säen, einschließlich kälteliebender Gräser und kälteliebender zweikeimblättriger Pflanzen, unter denen sich auch Kohlgewächse befanden. Dann sollten Rinder in hoher Besatzdichte den Bestand zweimal abgrasen, bevor

Brian im Frühling dem weiteren Wachstum der Pflanzen mit einer selbst gebauten Messerwalze Einhalt gebieten würde. Es funktionierte tatsächlich! Dass der Plan Rinder miteinbezog, sorgte nicht nur für den vielbenötigten ökologischen Kickstart, wie Brian erklärt, die Maßnahmen lieferten seiner Herde auch Weidefutter zu einem niedrigen Preis. Obwohl er sparen musste, brachte das Bemühen um Umweltsanierung unermessliche Vorteile mit sich, die Brians Entscheidung im Nachhinein bestätigen.

Dem nächsten Schritt des Plans entsprechend, hielt Brian seine kleine Rinderherde gemäß den Prinzipien der ganzheitlich geplanten Beweidung auf der Anbaufläche, um das Wachstum mehrjähriger Pflanzen weiter zu stimulieren. Fast sofort konnte Brian positive Veränderungen ausmachen. Weitere Zwischenfrüchte etablierten sich gut und unterdrückten das Unkraut, das zuvor die Farm fest im Griff gehabt hatte. Die Versickerungsgeschwindigkeit stieg an, und dichte Knäuel von Regenwürmern tauchten auf; danach verschwanden die Ernterückstände schnell von der Erdoberfläche. »Die kleinen Biester sind auf den Geschmack gekommen«, wirft Brian ein.

Wie ihm auffiel, wurde der Boden weicher und schwammartiger. Auf den Feldern, auf denen das Vieh grasen durfte, stieg der Gehalt an organischer Substanz in 3 Jahren um 2 Prozent. Brian verringerte den Düngereinsatz um 50 Prozent und verwendete keine Fungizide und tierischen Schädlingsbekämpfungsmittel mehr. Herbizide versprühte er nur noch einmal pro Jahr.

»Wenn ich meinen Job richtig ausführe, muss ich mir um Unkräuter keine Gedanken machen«, erläutert Brian. »Falls doch ein Unkraut auftaucht, beunruhigt mich das nicht. Es ist da, um mich an Managementfehler zu erinnern; daran, dass ich die Prinzipien der Natur nicht befolgt habe.«

Plangemäß konnte die Produktion gesteigert und diversifiziert werden. Seine 16 Hektar, die einst von nur 20 Mutterkühen beweidet worden sind, ernähren jetzt eine ganze Menagerie an Nutztieren: 35 Ochsen, die mit Gras gemästet werden, 300 Legehennen, Masthähnchen und Schweine. Auf 3–4 Hektar wird Gemüse erzeugt.

»Mit konventionellen Methoden könnte ich dieses Produktionsniveau niemals erreichen«, stellt Brian fest. »Diversifizierung hilft nicht nur dem Ökosystem, sondern trägt auch zur Risikobewältigung bei.«

Zu Beginn führte Brian sein Vieh nicht so häufig auf eine neue Koppel, wie Gabe vorgeschlagen hatte. Das hat sich mittlerweile geändert. Dass er seinen Schwerpunkt auf die Erzeugung von nährstoffreichen Lebensmitteln gelegt hat, wissen die Konsumenten zu schätzen. Kurz nachdem sie zum ersten Mal Eier seiner Farm erworben hatte, schrieb ihm eine Kundin per SMS: »Solche Eier habe ich in meinem Leben noch nicht gegessen.« Sie wollte mehr davon haben.

All das zusammengenommen löste bei Brian ein tiefes Gefühl der Befriedigung aus. Der Landwirt räumt ein, von dem Wunsch besessen zu sein, unseren Planeten zu heilen – ein Wunsch, der sich verschärfte, da er von den neu errichteten Wohnhäusern, die seine Farm umzingeln, wusste. Inzwischen hat er erkannt, dass die regenerative Landwirtschaft der richtige Weg ist, um diese notwendige Heilung zu erzielen. Wunschdenken jedoch genügt Brian nicht:

Hauptberuflich unterrichtet er Sechst- bis Achtklässler in Landwirtschaft – ein Bildungsprogramm, über das jede Mittelschule in Randolph County verfügt. In seiner Begeisterung für die regenerative Landwirtschaft versuchte er sogar, den Landwirtschaftslehrplan für North Carolinas Mittelschulen umzuschreiben. Auch an die Bundesorganisation der Future Farmers of America wandte er sich, weil er herausfinden wollte, ob sie es in Betracht zieht, das Pflugsymbol aus ihrem Logo zu entfernen.

»Einstein hat uns davor gewarnt, immer wieder das Gleiche zu tun und dabei andere Ergebnisse zu erwarten«, stellt Brian fest. »Und wenn ich einen Blick in die Zukunft werfe, sehe ich eine Welt, die andere Ergebnisse dringend benötigt.«

Axten-Farmen, südliches Saskatchewan, Kanada

Als Gabe noch im Aufsichtsrat des Soil Conservation Districts Burleigh County saß, nahm er gern an der jährlichen Soil Health Tour teil, einer Reise im eigenen Auto zu den Farmen im Landkreis, die daran arbeiteten, die Bodengesundheit zu verbessern. Während er sich einmal bei einer Besichtigung vor mehreren Jahren für die Ausgabe des Abendessens anstellte, hörte er zufällig, wie zwei Männer vor ihm darüber sprachen, dass sie mehr über Bodengesundheit erfahren wollten. Keineswegs schüchtern, unterbrach Gabe ihr Gespräch und stellte sich ihnen vor. Sie erklärten, dass sie unterwegs nach South Dakota waren, um am nächsten Tag Dr. Dwayne Beck auf der Dakota Lakes Research Farm zu besuchen, und beschlossen hatten, die Besichtigung einzuschieben. Gabe suchte sie während des Abendessens auf und lud sie ein, auf dem Rückweg einen Zwischenstopp auf seiner Ranch einzulegen. Einer der beiden Männer hieß Derek Axten.

Zusammen mit ihren Kindern Kate und Brock betreiben Derek und Tannis Axten die Axten-Farmen in der Nähe von Minton in Saskatchewan. In einer Gegend im Süden Kanadas, deren Jahresniederschlag bei 300–400 Millimetern liegt, bauten sie auf 2230 Hektar Getreide an. Direktsaat war in der Region gängige Praxis, nicht jedoch die Verbesserung der Bodengesundheit; daher verbrauchten sie große Mengen an Kunstdünger, Fungiziden und anderen Schädlingsbekämpfungsmitteln. Derek erzählt, er hätte die

Reise auf sich genommen, weil sie bei derart hohen Betriebskosten und niedrigen Gewinnspannen den landwirtschaftlichen Betrieb nicht fortführen konnten. Alles, was er unterwegs erblickte, beeindruckte ihn sehr. Und als er Tannis nach seiner Rückkehr erläuterte, was er in Erfahrung gebracht hatte, war auch sie mit an Bord. Dass Tannis Biologielehrerin war und genau wusste, wie wichtig Mikroorganismen waren, kam ihm nun zugute.

Wie die beiden erzählen, haben sie seitdem erstaunliche Veränderungen erlebt.

Zuerst brachten sie so viel wie möglich über die Funktionsweise der Böden und die Rolle der Bodenlebewesen für ein gesundes Erdreich in Erfahrung.

Sie besuchten Lehrveranstaltungen von Dr. Elaine Ingham, die bei der Erforschung des Bodennahrungsnetzes Pionierarbeit leistet und ihr Wissen weitergibt, sowie von Dr. Wendy Taheri, einer führenden Bodenkundlerin. Die Axtens erkannten, wie bedeutsam es war, Zeit und Geld in Weiterbildung zu investieren. Auf der Farm ist Tannis für die Beobachtung der Bodenlebewesen und den Kompostierungsplan verantwortlich. Auf Mykorrhizapilze hat sie ein besonderes Augenmerk gerichtet; eine ihrer ersten Maßnahmen bestand darin, Insektizide und Saatgutbehandlungsmittel abzusetzen.

Derek machte sich daran, mit unterschiedlichen Fruchtfolgen bei den Feldfrüchten, mit Zwischenfruchtmischungen und Strategien für den Mischkulturanbau zu experimentieren (Mischkulturanbau bedeutet, dass verschiedene Arten gemeinsam angebaut werden).

Hartweizen und Linsen sind die vorherrschenden Nutzpflanzen in ihrer Gegend, aber Derek begriff, dass er diversifizieren musste. Die Getreidearten ergänzte er um Hafer, die Zwischenkulturen um Senf, rote Linsen, Futter- und Kichererbsen sowie Lein. Große grüne Linsen, Ackerbohnen und Bockshornklee wurden als

Begleitpflanzen gesät. Mischkulturen sieht man immer häufiger, weil die Produzenten die Vorteile zweier Kulturen für Bodengesundheit und Wirtschaftlichkeit erkennen.

Um Kohlenstoff in den Boden zu befördern, werden Zwischenfrüchte in die Fruchtfolge integriert. Derek verwandelt diese Zwischenfrüchte in Dollar, indem er »Gastrinder« während der Herbst- und Wintermonate darauf grasen lässt. Er verwendet eine bunte Mischung an Zwischenfrüchten, bestehend aus Roggen, Teff-Hirse, Winterrettich, Rübsen, Saat-Platterbse, Lein und Rotklee. Dadurch erhält das Edaphon eine abwechslungsreiche Kost, und die Bodengesundheit schreitet voran.

Der Dicke der Schutzschicht auf der Erdoberfläche (den Ernterückständen) schenken die Axtens große Aufmerksamkeit. Weil sie in einer trockenen Umgebung leben, ist Mulch von entscheidender Bedeutung, wenn man sowohl den Boden schützen als auch Verdunstungsmenge und Bodentemperaturen während des heißen Sommers senken möchte. Abgesehen davon unterdrücken Ernterückstände das Unkrautwachstum und beugen Erosion vor.

Was haben die vielfältigen Veränderungen gebracht? Derek stellt fest, dass sich die Betriebskosten beträchtlich verringert hätten, wodurch mehr Gewinn pro Fläche erzielt werde. »Die Landwirtschaft macht Spaß und wir können mehr Zeit mit unseren Kindern verbringen«, erklärt er.

Um dieses Happy End abzurunden, erhielten Derek und Tannis 2017 die Auszeichnung Saskatchewan's Outstanding Young Farmers (dt.: »Herausragende Jungbauern in Saskatchewan«) und legten damit ein echtes Zeugnis dafür ab, wie wichtig es ist, die Bodengesundheit in den Mittelpunkt der Bemühungen zu stellen.

Joe und Ryan Bruski, südöstliches Montana

Jeder, der meint, die Prinzipien der regenerativen Landwirtschaft ließen sich unter trockenen Umweltbedingungen nicht umsetzen, sollte sich einmal bei Joe und Ryan Bruski erkundigen. Die beiden – Vater und Sohn – führen gemeinsam einen landwirtschaftlichen Betrieb. Sein Leben lang hatte Joe unter den sandigen, semiariden Bedingungen, wie sie im südöstlichen Montana herrschen, Pflanzenbau und Viehzucht betrieben. Jahrelang bestritt er seinen Lebensunterhalt mit dem Anbau von kleinkörnigem Getreide und hielt eine Herde Fleischrinder, während er stets darauf gefasst sein musste, dass in einigen Wochen die nächste Trockenheit drohte. In den gesamten Vereinigten Staaten gibt es kaum einen anderen Ort, der durch die unbeständigen Niederschläge derart in Mitleidenschaft gezogen wird wie Ekalaka, Montana.

Johns Sohn Ryan zog zu Hause aus, um am Bismarck State College Agrarwissenschaften zu studieren. Dort wurde er unter anderem von Gabes Sohn, Paul Brown, unterrichtet. Damit sich seine Studenten selbst ein Bild von Böden, Pflanzen und Tieren machen konnten, besuchte Paul mit ihnen im Rahmen der Lehrveranstaltung die Brown's Ranch. Ryan verfolgte alles sehr aufmerksam, besonders der Kursabschnitt über Bodengesundheit weckte sein Interesse. Paul blieb nicht verborgen, dass Ryan sehr gerne mehr erfahren würde, also fragte er ihn, ob er Lust hätte, nach Unterrichtsschluss auf der Ranch zu arbeiten. Dadurch bot sich Ryan die Gelegenheit, mehr über die Prinzipien der Bodenbildung zu erfahren, die Paul lehrte.

Ryan entpuppte sich nicht nur als fleißige Arbeitskraft, sondern auch als aufmerksamer Student. Rasch verinnerlichte er die fünf Prinzipien der Bodengesundheit und gab sein Wissen an seinen Vater weiter. Es ist Joe hoch anzurechnen, dass er ein offenes Ohr besaß und Ryan erlaubte, die ungewohnten Methoden im eigenen Betrieb umzusetzen.

Joe hatte mehr als 100 000 Dollar pro Jahr für Kunstdünger ausgegeben, um auf einer Fläche von 1400 Hektar Feldfrüchte und Heu zu ernten. Allerdings war ihm bewusst, dass sich daran etwas ändern musste – allein schon aufgrund der niedrigen Verkaufspreise für pflanzliche Erzeugnisse. Wenn man berücksichtigte, wie wenig unterm Strich übrigblieb, waren die hohen Investitionskosten nicht gerechtfertigt.

Ein weiteres Problem ergab sich daraus, dass ihre Fruchtfolge seit Jahrzehnten nicht viel Abwechslung zu bieten hatte. Auf großen Flächen wurde jedes Jahr Heu geerntet, ohne dass dem Boden wieder organisches Material (Biomasse) zugeführt worden wäre. Wie Ryan sagt, »haben sich dadurch unsere sandigen Böden in eine Wüste verwandelt«. Er erkannte, dass eine höhere Artenvielfalt, mehr Biomasse und mehr verfügbarer Kohlenstoff vonnöten waren, um die Bodenlebewesen zu ernähren.

Zu diesem Zweck säten sie eine artenreiche Gründüngungsmischung aus, auf der ihre Kühe im Winter weiden sollten. Jahr für Jahr hatten sie im Sommer Heu produziert und es dann im Winter an ihre Kühe verfüttert. Dass nun eine Zwischenfrucht existierte, auf der die Tiere zumindest während eines Teils des Winters grasen konnten, war eine einschneidende Veränderung zum Besseren. Sie hatten für pflanzliche Vielfalt gesorgt, und bei der richtigen Weidestrategie ließ sich auch die Erdoberfläche mithilfe von Pflanzenrückständen schützen – angesichts der semiariden Klimabedingungen war das unbedingt nötig.

Durch das neue Weidemanagement ersparten sich Bruski & Bruski nicht nur einen schönen Batzen Geld, auch ihre Lebensqualität verbesserte sich – sie verfügten plötzlich über mehr Freizeit! Als Nächstes beschlossen sie, Zwischenfrüchte auf einer größeren Fläche anzubauen. Es dauerte nicht lange, bis sich die erhofften Ergebnisse einstellten. Den trockenen Bedingungen zum Trotz stieg der Anteil an organischem Material. Hatte der Wert im Jahr 2008 noch magere 1,7 Prozent betragen, kam nun über 1 Promille pro Jahr hinzu – für sandige Böden ist das ein ganz fabelhafter Zuwachs. Die beiden Rancher vergrößerten außerdem ihre Rinderherde. Dass die Tiere auch im Winter weideten, senkte die Futterkosten erheblich – und gleichzeitig verbesserte sich die Gesundheit der Böden.

Auf der Bruski's Ranch wird die Direktsaatmaschine mittlerweile im Frühjahr an den Traktor angehängt, wo sie bis zum ersten Schneefall bleibt. Die kälteliebenden Zwischenfrüchte wie Erbsen und Hafer werden zeitig ausgesät, wärmeliebende Gräser wie Sorghum/Sudangras und Hirse sowie Augenbohnen und Futterkohl werden im Sommer in Mischkultur angebaut. Jedes Mal, wenn es regnet, säen die Bruskis weitere Zwischenfrüchte aus, um dafür zu sorgen, dass der Boden so lange wie möglich von lebenden Wurzeln erfüllt ist. Mitunter fällt zu wenig Niederschlag, sodass sich die Pflanzen nicht zufriedenstellend entwickeln. Rasch wirft Ryan ein, dass dies nicht unbedingt ein Nachteil sein müsse. Auch wenn die Pflanzen möglicherweise zu wenig Biomasse für die Beweidung abwerfen, leisten sie dennoch wertvolle Dienste, indem sie die Bodenlebewesen füttern und das Erdreich vor Winderosion und Verdunstung schützen. Im Herbst säen Joe und Ryan überwinternde Kulturen wie Wintertriticale, Futterweizen und Zottige Wicke. Diese Pflanzen sorgen dafür, dass die beiden Farmer den Niederschlag in Form von Schnee ausnutzen können; bevor die sommerliche Hitze hereinbricht, sind sie vollständig ausgereift.

Die Bodengesundheit verbesserte sich, und mit der Fähigkeit der Ranch, dem extremen Wetter zu trotzen, verhielt es sich nicht anders, wie anlässlich der anhaltend trockenen Bedingungen, die in der Wachstumsperiode des Jahres 2017 herrschten, deutlich wurde. Während die meisten Nachbarn den Sommerweizen zu Heu verarbeiteten und auf keine 350 Kilogramm pro Hektar kamen, erzielten die Bruskis mit der im Herbst angebauten Wintertriticale sage und schreibe mehr als 1,6 Tonnen pro Hektar, was davon zeugt, wie sehr sie um die Bodengesundheit bemüht sind. Den Nachbarn blieb das freilich nicht verborgen.

»Indem wir die fünf Prinzipien eines gesunden Bodenökosystems beachtet haben«, sagt Ryan, »ist unsere Ranch heute viel widerstandfähiger gegenüber trockenen Bedingungen. Bei uns stellt sich nämlich nicht die Frage, ob eine Trockenheit bevorsteht, sondern vielmehr, wie bald sie hereinbricht.«

Auch auf den Dauerweiden kam es zu spürbaren Verbesserungen. Weil die beiden Viehzüchter mittlerweile über Zwischenfrüchte verfügten, die sich beweiden ließen, konnten sich die Wiesen über einen längeren Zeitraum hinweg erholen, sodass die mehrjährigen Pflanzen kräftiger und gesünder wurden und nun mit der Trockenheit gut zurechtkamen. Es ist bestimmt kein Zufall, dass nicht wenige »einheimische« Arten in großer Zahl zurückkehrten.

Die Bruskis erhöhen nicht nur die Artenvielfalt ihrer Kulturpflanzen, sondern halten inzwischen auch mehr Vieh. Die Kuhherde ist von 400 auf 800 Individuen angestiegen, es wurde eine Kälberaufzuchtstation eröffnet und Ryan hat sich mit dem Verkauf von hochwertigem Schweinefleisch aus Weidehaltung einen Namen gemacht. Legehennen und Ziegen tragen ebenfalls zu einer größeren Vielfalt bei. Alle genannten Faktoren schlagen als zusätzliche Einkommensquellen zu Buche und verbessern somit die Liquidität und die wirtschaftliche Tragfähigkeit des Unternehmens.

Die vielleicht wichtigste Leistung, die mit der Umstellung auf die regenerative Landwirtschaft verbunden war, ist jedoch die Verbesserung der Lebensqualität.

»Das Bauernleben macht wieder Spaß«, erklärt Joe. »Ich habe jetzt endlich Zeit für meine Hobbys und kann mich auch mehr mit meiner Enkeltochter beschäftigen.«

Gail Fuller, östliches Zentralkansas

»Eine Nation, die ihren Boden zerstört, zerstört sich selbst.« Der Rancher Gail Fuller ist überzeugt davon, dass dieser Ausspruch von Franklin D. Roosevelt zutrifft. Was die Landwirtschaft angeht, so ist Erosion sein Hauptärgernis. Um dieses hartnäckige Problem zu bekämpfen, versuchte er es in den 1980er-Jahren mit der Direktsaat, aber es wollte nicht so recht funktionieren, also kam er wieder auf die herkömmliche Bodenbearbeitung zurück. Ein 4 Hektar umfassender Acker war davon ausgenommen. Anfang der 1990er-Jahre hatte dieses Feld nichts von seiner Ertragsfähigkeit eingebüßt – und der Boden war nicht von Erosion betroffen. Deswegen begann Gail seine Entscheidung für den Pflug zu hinterfragen.

Im Jahr 1993 war seine Farm von einem Frühjahrshochwasser betroffen. Nachdem das Wasser zurückgegangen war, machte sich bei Gail Erschütterung und Entsetzen breit: Ein Feld, das unmittelbar vor der Flut gepflügt worden war, hatte 20 Zentimeter Erdreich eingebüßt! Dort, wo er mit der Bearbeitung des Bodens aufgehört hatte, konnte man ein deutliches Gefälle erkennen. Nachdem er das gesehen hatte, hängte er den Pflug für immer vom Traktor ab.

Obwohl die Direktsaat in den frühen 1990er-Jahren in Kansas immer beliebter wurde, handelte es sich um keine Kunst, die leicht zu meistern war – zumindest für Gail. 2002 war er drauf und dran, die pfluglose Landwirtschaft erneut an den Nagel zu hängen, weil seine Farm noch immer von Erosion betroffen war. Darüber hinaus musste er sich plagen, um halbwegs anständige Ernten einzufahren. Im Herbst folgte er – obwohl er eigentlich überzeugt davon war, es besser zu wissen – dem Rat eines Freundes und baute auf einem Feld Weizen an, anstatt es brach liegen zu lassen. Der Weizen speiste Kohlenstoff in den Nährstoffkreislauf ein, was schließlich zu einem Aha-Erlebnis führte. Gail kam zu der Erkenntnis, dass die Direktsaat nur ein Mittel zum Zweck war, ein Steinchen in einem großen Mosaik. Ihm wurde schlagartig klar, dass das Ökosystem bei seiner üblichen Anbauweise (Mais und Sojabohnen, wobei der Mais gehäckselt und zu Silofutter verarbeitet wurde) unter Kohlenstoffmangel litt. Schon Ende der 1990er-Jahre hatte er es mit Zwischenfrüchten versucht, aber damals hatte er ihre wahre Bedeutung noch nicht verstanden – als die Farm im Jahr 2000 von Trockenheit betroffen war und das Geld knapp wurde, verabschiedete er sich als Erstes von den Zwischenfrüchten.

Von diesem Tage an legte Gail Wert darauf, so viel Kohlenstoff wie nur möglich in seine Böden zu bekommen. Er führte wieder Zwischenfrüchte ein und holte die Rinder zurück auf sein Land (er hatte sich während der Umstellung auf die pfluglose Landwirtschaft von ihnen getrennt, weil man ihm gesagt hatte, dass Direktsaat und Rinder nicht zusammenpassen würden).

Weizen war Gails ertragreichste Feldfrucht, aber Ende Februar 2007 baute er versuchsweise eine Zwischenfruchtmischung aus Hafer und Erbsen an. Er häckselte die Pflanzen, um Silofutter herzustellen (schlechte Gewohnheiten lassen sich nicht ausrotten) und baute schließlich Ende Mai (6 Wochen nach der normalen Aussaatzeit in Ost-Kansas) Mais auf dem Acker an. Seinen Stickstoffeinsatz verringerte Gail fast auf die Hälfte der üblichen Menge. Als der Mais einen Ernteertrag von 13,5 Tonnen pro Hektar abwarf, wusste Gail, dass er einer großen Sache auf der Spur war. Er behielt diese Fruchtfolge auch im folgenden Jahr bei – insgesamt 7 Jahre lang lief alles bestens, der Acker erwies sich als sein fruchtbarstes Maisfeld.

Anlässlich eines Feldtages auf Gails Ranch im Jahr 2010 stellte Paul Jasa von der University of Nebraska einen Regensimulator auf, um den Boden zu untersuchen. Das Ergebnis war nicht gerade berauschend. »Wo hast Du denn Deine Pflanzenreste versteckt?«, wollte Paul von ihm wissen. Von diesem Tag an verzichtete Gail darauf, Zwischenfrüchte für die Herstellung von Silofutter zu häckseln. Stattdessen ließ er sie entweder abweiden oder einfach stehen, um die Bodenorganismen zu ernähren.

Die tief greifenden Veränderungen, die Gail auf seiner Farm vornahm, stellten ihn ins dörfliche Rampenlicht – nicht wenige Nachbarn misstrauten seinen Methoden. Sie riefen immer im Februar an, um in Erfahrung zu bringen, was er anzubauen gedenke. Als er ihnen verriet, dass seine Wahl auf Hafer und Erbsen gefallen sei, um dem Boden Nährstoffe zuzuführen, konnten sie diese Entscheidung nicht nachvollziehen. Doch auch nachdem sich die neuen Methoden langsam bewährten, wollte niemand seinem Beispiel folgen. Gail ist seit Langem überzeugt, dass »Gruppenzwang unter Berufskollegen eine der am schwersten zu überwindenden Hürden bei der Umstellung auf die regenerative Landwirtschaft« sei. Wie konnte Gail dem sozialen Druck standhalten?

Im Jahr 2005 stieß er auf einen Artikel über einen Landwirt, der dieselben absonderlichen Dinge anstellte wie er. Es handelte sich um einen gewissen Gabe Brown, vielleicht haben Sie ja schon einmal von ihm gehört. In diesem Winter reiste Gabe nach Kansas, um einen Vortrag auf der »No-Till on the Plains«-Konferenz zu halten, und Gail saß dabei in der ersten Reihe des Zuschauerraums. »Ich bin ihm überall hin gefolgt«, erzählt Gail, »denn ich war völlig ausgehungert nach Informationen.« Dadurch schlug Gail einen Weg ein, auf dem er die landwirtschaftliche Praxis von der Pike auf neu erlernte. Jedes Detail, das er erfuhr, ließ das Gesamtbild deutlicher hervortreten.

Als sich seine Böden langsam erholten, fiel Gail auf, dass auch seine Feldfrüchte gesünder aussahen. Eines Abends unterhielten sich Gabe, Jill Clapperton und andere Teilnehmer einer Konferenz über die Tragweite dieser Beobachtung. Wenn unsere Pflanzen gesünder wirken und der Boden fruchtbarer ist, müsste dann nicht auch das Getreide nahrhafter sein? Diese Vorstellung war für Gail neu und aufregend noch dazu.

Gails Freundin, Lynnette Miller, hatte auf eigene Faust Nachforschungen angestellt, denn sie war wegen des wachsenden Gesundheitsrisikos in den Vereinigten Staaten besorgt und hatte es auch satt, geschmacklose Eier aus dem Supermarkt zu essen. Bald sorgte Lynette dafür, dass Hühner auf der Farm herumstreiften, und als Nächstes wollte sie Schafe aufziehen. Gail ließ sich erweichen.

Während sich Gail gründlicher mit Bodengesundheit und der Nährstoffdichte von Lebensmitteln beschäftigte, wandte sich Lynnette der menschlichen Gesundheit zu. Gail hatte sich in die Arbeiten von Dr. Don Huber eingelesen, aber er war sich nicht sicher, ob er all den alarmierenden Behauptungen Glauben schenken sollte, die Dr. Huber über die gesundheitsschädliche Wirkung von Glyphosat aufstellte. »So schlimm kann es doch gar nicht sein; die Behörden würden es andernfalls gar nicht zulassen, oder?«, war Gail nach wie vor überzeugt. Eines Abends hörte er sich ein Radiointerview an, das Dr. Huber ungefähr 1 Jahr zuvor gegeben hatte. Bereits zum dritten Mal verfolgte Gail dieses Interview – irgendetwas, das Dr. Huber gesagt hatte, war von überragender Bedeutung, das spürte er, doch konnte er nicht genau ausmachen, was es war. Dann traf es ihn wie eine Tonne Ziegelsteine auf den Hinterkopf, als er hörte: *Glyphosat wirkt wie ein Antibiotikum!* Diese eine Feststellung elektrisierte Gails Nervenbahnen. Wenn die Erdoberfläche – und damit auch die Nahrung – regelmäßig mit einem Antibiotikum besprüht wurde, konnte das weder für den Boden noch für den Darm vorteilhaft sein!

Gail hatte eine zweite Erleuchtung, als er 2012 mit Dr. Jonathan Lundgren auf der »No-Till on the Plains«-Konferenz in Salina, Kansas, zusammentraf. Die wichtige Rolle, die Insekten nicht nur auf seiner Farm, sondern auf dem ganzen Planeten einnehmen, erfasste Gail sofort. Als er die Beziehungen zwischen dem Boden, den Insekten und den Mikroorganismen immer besser durchschaute, begann Gail, seinen Blick auf das Ganze zu richten: Jede einzelne betriebliche Entscheidung sollte mit Rücksicht auf das Ökosystem getroffen werden. Wie würde sich eine Entscheidung kurz- und langfristig auf ein Ökosystem auswirken? »Jedes Ökosystem auf meiner Farm ist auf alle Arten, die darin leben, angewiesen – mit einer Ausnahme« erkannte Gail. »Und diese Art sind wir. Wenn wir nicht lernen, im Einklang mit dem Ökosystem zu leben, dann sind wir, die Menschen, in Gefahr.« Heute bemühen sich Gail und Lynnette darum, den ökologischen Schaden, der auf Gails Farm angerichtet wurde, rückgängig zu machen und ihren Teil dazu beizutragen, die Gesundheitsschäden, von denen wir alle betroffen sind, abzumildern.

Die Tatsache, dass die Lebenserwartung unserer Kinder abnimmt, belastet ihn, und Gail ist fest entschlossen, weiteren Raubbau am Boden und an der menschlichen Gesundheit zu verhindern. »Wie immer die Frage auch lautet – die Antwort ist: Boden!«, meint Gail.

Kapitel 10

Gewinne, nicht Erträge

Viele Jahre lang folgte ich den Grundsätzen der konventionellen landwirtschaftlichen Produktion. Beim Anbau von Getreide jagte ich höheren Ernteerträgen nach und in der Rinderzucht setzte ich alles daran, dass meine Kühe möglichst viel auf die Waage brachten. Aus allen Richtungen hallte mir der dringende Aufruf zur Produktionssteigerung entgegen. Zeitschriften, Zeitungen, Radio, Universitäten, landwirtschaftlicher Beratungsdienst, Agrarbehörden – alle versuchten mir weiszumachen, ich müsse mehr produzieren, um »die Weltbevölkerung zu ernähren«. Multiresistente transgene Pflanzen, Hybridsorten, Blattdüngung, Saatgutbeizung, größere Arbeitsmaschinen ... während ich diese Worte niederschreibe, beobachte ich meine Nachbarn, wie sie mit drei riesigen Mähdreschern, zwei Überladewagen und vier Sattelzügen auf ihre Äcker hinausfahren – oder besser gesagt, ins Feld ziehen. Meine Schwiegereltern arbeiteten 35 Jahre lang in der Landwirtschaft, und die größten Geräte, die sie während dieser langen Zeit besaßen, waren zwei Einachs-Muldenkipper; die Muldenwanne des längeren maß lediglich 5 Meter. Wie sich die Zeiten doch ändern.

Auch die Nutztiere werden nicht verschont: leistungsgeprüfte Bullen mit der höchsten Zuchtwertschätzung, Genomanalyse, totale Mischration mit den neuesten Ionophoren – alles dient allein dem Zweck, mehr, mehr und nochmals mehr zu produzieren! Ich erinnere mich noch gut daran, wie ich einmal einen Nachbarn von der Straße winkte und ihn zu meinen Gehegen zerrte, um ihm im Überschwang meiner Gefühle ein Stierkalb mit einem Absetzgewicht von sage und schreibe 400 Kilogramm zu präsentieren. Mein Stolz war unbeschreiblich.

Dieses Leitbild verfolgte ich 20 Jahre, doch nach den katastrophalen Ernteausfällen hinterfragte ich meine Haltung. In diesen 4 Jahren, in denen sich Trockenheit und Hagelunwetter abgewechselt hatten, war ich durch die Hölle gegangen, und trotzdem waren sie das Beste, was mir geschehen konnte. Die Not zwang mich, meine Einstellung zu überdenken. Allmählich machten sich in mir Zweifel an diesem »Mehr ist besser«-Mantra breit. Jagte ich auf Kosten meiner ökologischen Grundlagen kurzfristigen Ertragssteigerungen nach?

Meine Zweifel und meine Unzufriedenheit spitzten sich an einem Tag des Jahres 2010 zu, als ich mich bei Paul darüber beklagte, dass unsere Maiserträge, obwohl alles andere als schlecht, nicht so hoch wären wie diejenigen einiger anderer Landwirte in der Region. Paul blickte mich an und sagte: »Dad, denkst Du nicht, dass Du versuchst, unsere Umwelt gnadenlos auszubeuten?« Wumms! Diese Aussage erschütterte mich bis ins Mark. Er lag vollkommen richtig. Die Natur schert sich nicht um Menge und Masse, sondern strebt nach Zukunftsfähigkeit. Wollte ich noch 1 Jahr Landwirtschaft betreiben oder einige Jahrzehnte? Ich musste mich von der »Masse um jeden Preis«-Mentalität verabschieden.

Landwirtschaft wider die Natur

Die Veränderung der landwirtschaftlich genutzten Flächen in den Vereinigten Staaten, die das derzeitige Produktionsmodell zu verantworten hat, ist verstörend und stimmt mich traurig. Ich möchte meine Ranch als Beispiel heranziehen. Aus historischen Aufzeichnungen wissen wir, dass sich diese Region North Dakotas noch vor 140 Jahren durch eine vielfältige Pflanzenwelt aus C3- und C4-Gräsern sowie anderen krautigen Pflanzen auszeichnete. Als europäische Einwanderer in die Prärie hinauszogen, brachten sie den Pflug mit. Es dauerte nicht lange, bis die artenreiche Graslandschaft untergepflügt war. Wie in Kapitel 7 beschrieben, werden die Bodenkrümel durch Bodenbearbeitung aufgebrochen, zerquetscht und pulverisiert.

Die Bearbeitung der Böden setzte sich viele Jahrzehnte lang fort, und gleichzeitig wurden Monokulturen zur weitverbreiteten Praxis im Getreideanbau. Nicht nur die Monokulturen bedrohten die Vielfalt, insgesamt wurden immer weniger Arten an Feldfrüchten angebaut. Dort, wo einst über hundert Arten gewachsen waren, wurden nur noch einige wenige gezüchtet. Insgesamt tragen heutzutage nur noch fünfzehn verschiedene Kulturpflanzen zu 90 Prozent unserer pflanzlichen Ernährung bei. Die frühen Siedler genossen eine weitaus abwechslungsreichere Kost, als wir es heute tun.

Der Verlust an biologischer Vielfalt betrifft auch den kommerziellen Gemüseanbau, wo während des 20. Jahrhunderts über 90 Prozent der Sortenvielfalt verloren gegangen ist. Im Jahr 1900 waren in den Vereinigten Staaten noch nahezu 550 Kohlsorten erhältlich, heute werden lediglich 28 verkauft. Bei Roter Bete waren es 288 Sorten, jetzt sind es ganze siebzehn. Vom Blumenkohl gibt es – von ursprünglich 150 – heute noch neun Varietäten. Und wie sieht es beim Mais aus? Am liebsten würde ich Ihnen diese Information vorenthalten: Mehr als 96 Prozent der Maissorten, die Anfang des 20. Jahrhunderts erhältlich waren, sind inzwischen verschwunden.

Die Bodenkundlerin Dr. Wendy Taheri hat kürzlich entdeckt, dass viele der heutigen »neuen und verbesserten« Getreidesorten unfähig sind, Symbiosen mit Mykorrhizapilzen einzugehen. Diese Sorten sind nicht in der Lage, all die Vorteile zu nutzen, die ihnen Pilze bieten. Die Züchter haben Merkmale wie Ernteertrag selektiert und nicht beachtet, dass dabei andere Merkmale – beispielsweise die Fähigkeit, Symbiosen mit Pilzen zu bilden – auf der Strecke bleiben. Das ist gar keine Überraschung, wenn man bedenkt, dass Pflanzenzüchter neue Sorten in sterilen Böden entwickeln und vermehren. Die Wurzeln dieser Pflanzen kommen niemals mit Mykorrhizapilzen in Kontakt, weshalb es unbemerkt bleibt, wenn eine Varietät die Fähigkeit verliert, mit Pilzen zu interagieren. Solche Sorten sind voll und ganz von Kunstdünger abhängig!

Der Verlust an Sortenvielfalt beeinträchtigt die Nährstoffkreisläufe, was bedeutet, dass mehr Kunstdünger zum Einsatz kommen muss. Dadurch entwickelt sich das Unkraut besser (die meisten Unkräuter sind starke Stickstoffzehrer). Wegen des höheren Unkrautbefalls muss mit mehr Herbiziden gespritzt werden. Viele der heute verwendeten Herbizide sind Chelatoren, die sich mit Metallen verbinden – Metallen wie Zink, Mangan, Magnesium, Eisen und Kupfer. Können Sie sich denken, worauf das hinausläuft?

Um Krankheiten abzuwehren, benötigen Pflanzen ausgerechnet diese Elemente, und ein Mangel kann zu einem vermehrten Auftreten von Pilzkrankheiten führen. In der Regel wird darauf mit einer erhöhten Menge an Fungiziden reagiert. Fungizide sind den Bodenlebewesen und bestäubenden Insekten alles andere als zuträglich. Ja, Sie haben richtig gelesen: Fungizide schaden Bestäubern. Neueste Forschungen haben erwiesen, dass Fungizide, von denen man einmal geglaubt hatte, sie würden sich nicht negativ auf Bienen auswirken, unter nützlichen Insekten sehr wohl Unheil anrichten können. Forscher und Unternehmensvertreter müssen zur Kenntnis nehmen, dass diese Mittel mehr ruinieren, als wir gedacht haben. Landwirte müssen über bessere Alternativen aufgeklärt werden und Konsumenten sollten darauf hinwirken, dass die Produktion solcher Fungizide eingestellt wird.

Dass ihnen weniger Nährstoffe zur Verfügung stehen, macht die Pflanzen auch schädlingsanfälliger, was dazu führt, dass mehr Chemikalien zur Bekämpfung tierischer Schädlinge eingesetzt werden. Da die Mehrheit der Produkte nicht schädlingsspezifisch ist, werden viele nützliche Insekten gleichermaßen ausgemerzt, natürlich auch Bestäuber, beispielsweise Bienen, die eigentlich unsere Pflanzenkulturen befruchten sollten. Beinahe das gesamte Obst und Gemüse, das heutzutage in konventionellen Betrieben angebaut wird, besprüht man reichlich mit Insektiziden. Muss man sich dann noch wundern, wenn unsere Ökosysteme dermaßen aus den Fugen geraten?

Unseren Tieren geht es nicht besser – das Ziel, immer mehr Gewicht auf die Waage zu bringen, hat zur Folge, dass die Tiere in Gefangenschaft aufwachsen. Milchkühe und Fleischrinder wurden von den Weiden vertrieben, wo sie einst dem Ökosystem nützlich waren, indem sie an lebenden Pflanzen grasten und so mehr Kohlenstoff in den Nährstoffkreislauf einspeisten. Stattdessen werden sie heutzutage auf engstem Raum gehalten. Ihre Ernährung wurde von den allwissenden Behörden von Grünfutter auf Getreide mit hohem Stärkegehalt umgestellt, was Gesundheit und Lebenserwartung des Viehs beeinträchtigt. Die meisten Milchkühe, die in hochproduktiven Massentierhaltungsbetrieben gehalten werden, haben eine Lebensdauer von nicht einmal 4 Jahren! Die Milch, der Käse und die anderen Molkereiprodukte, die unter diesen Bedingungen hergestellt werden, haben eine geringere Nährstoffdichte, was sich auch auf die menschliche Gesundheit auswirkt.

Der hohe Stärkegehalt des Futters, das Rinder in Mastanlagen erhalten, beeinträchtigt neben der Lebensqualität der Tiere auch den Nährwert des Fleisches. Nehmen wir die Omega-Fettsäuren als Beispiel: Forschungen haben ergeben, dass sich Lebensmittel mit einem niedrigen Omega-6- zu Omega-3-Verhältnis günstig auf die menschliche Gesundheit auswirken. In Studien konnte ermittelt werden, dass Rindfleisch auf Grünfutterbasis dieses niedrige Verhältnis besitzt, während das Fleisch ein viel höheres Verhältnis von Omega-6- zu Omega-3-Fettsäuren aufweist, wenn die Rinder mit Getreide gefüttert wurden.

Die Mastindustrie hat mit dem Rinderhandel nichts zu tun; es ist vielmehr ihr Ziel, Futter und Stallraum zu vermarkten. Gewünscht sind Tiere, die Unmengen Futter verschlingen und lange brauchen, bis sie ausgemästet sind. Gibt es wirklich jemanden, der allen Ernstes glaubt, Grasfresser würden lieber in einem Mastbetrieb leben? Öffnen Sie einfach die Stalltür und beobachten Sie, was dann passiert.

Die Industrie hat Schweine, Hühner und Truthühner in Gebäude gesperrt und dabei vorgegaukelt, dass sie dort besser aufgehoben seien. Hat jemand die Tiere gefragt? Als Shelly und ich 1983 auf die Ranch zogen, nahm ich einen Teilzeitjob in einem nicht weit entfernten Legebetrieb an. Unter anderem musste ich die toten Hennen aus den Käfigen holen. Um 6 Uhr morgens ging es los: Auf einem Rollwagen knieend zog ich mich an den Käfigreihen, die insgesamt 20 000 Hühner beherbergten, entlang; dabei schwebte ich über Tonnen von Geflügelmist. Jeweils neun Hennen waren in einem Käfig zusammengepfercht, der nicht einmal 1 Quadratmeter maß; sie fristeten ihr Dasein auf einer Fläche, auf der sie sich kaum umdrehen konnten, und bekamen keine Gelegenheit, auch nur einen Blick auf die freie Natur zu werfen, geschweige denn mit ihr Bekanntschaft zu machen. Ich fragte mich, wie sie sich dabei fühlen mussten, niemals im Laub zu scharren oder einer Heuschrecke nachzujagen. Für sie bestand keine Chance, Hühner zu sein! Auf der Stelle schwor ich, niemals Hennen zu halten, wenigstens nicht in Gefangenschaft.

Mit ihrer Politik der billigen Nahrungsmittel hat die Regierung der Vereinigten Staaten eine bestimmte Denkweise gefördert. Man möchte sicherstellen, dass den Bürgern ein reiches Angebot an preisgünstigen Lebensmitteln zur Verfügung steht. Beachten Sie bitte, dass ich nicht von »nahrhaften« Lebensmitteln gesprochen habe. Die Vereinigten Staaten geben mehr Geld für medizinische Versorgung aus als jedes andere Land der Welt, und doch sind die Einwohner nicht gesund.

Sind die Landwirte an diesem Schlamassel schuld? Nein, wenigstens nicht zur Gänze – aber unseren gerechten Anteil an der Verantwortung müssen wir wohl übernehmen, genauso wie die amerikanische Öffentlichkeit wegen ihrer passiven Haltung. Durch ihre Kaufentscheidungen billigen die Konsumenten dieses System, auch wenn sie dabei Umweltzerstörung, die Misshandlung von Tieren und eine allgemeine Verschlechterung der menschlichen Gesundheit in Kauf nehmen.

Denken Sie einmal darüber nach, was uns die industrielle Landwirtschaft sonst noch beschert hat. Aufgrund immer geringerer Gewinnspannen müssen Landwirte immer größere Flächen bewirtschaften, um über die Runden zu kommen. Die einzelnen Betriebe werden größer, dadurch gibt es insgesamt weniger Bauernhöfe und weniger Menschen, die das Land bewirtschaften. Mit anderen Worten: Dieses Produktionsmodell hat auch zum Niedergang vieler Dörfer geführt. Veranschaulichen Sie sich die folgenden Tatsachen:

- Drei Unternehmen kontrollieren mehr als 75 Prozent der agrochemischen Industrie.

- Drei Unternehmen liefern 90 Prozent der Tierbestände für die Aufzucht von Legehennen, Masthähnchen, Truthähnen und Schweinen.
- Vier Firmen kontrollieren – abhängig von der Tierart – zwischen 50 und 75 Prozent der gesamten Schlachtindustrie.
- Fünf Unternehmen kontrollieren mehr als die Hälfte des Marktes für landwirtschaftliche Maschinen.

Paul Aackley, ein langjähriger Freund aus Iowa, der ebenfalls regenerative Landwirtschaft betreibt, fasst die Auswirkungen der modernen industriellen Landwirtschaft zusammen:

»Aus meinen Erinnerungen, die bis 1949 zurückreichen, und aus Aufzeichnungen: Von dort aus, wo ich jetzt am Computer sitze, konnte man entlang der Straße vier bewohnte Bauernhöfe und in der Entfernung von einer Meile eine Schule erblicken. Eine halbe Meile in südlicher Richtung befand sich die Grundschule, die vier andere Vorschüler und ich ab dem Herbst 1950 besuchten (einer wurde später Leiter der Abteilung für Neurochirurgie in Yale). Eine halbe Meile Richtung Osten und eine dreiviertel Meile gen Westen folgten zwei bewirtschaftete Höfe. Selbst die Bauern, die ihre Höfe nur gepachtet hatten, fühlten sich dem Land verbunden, wenn auch nicht so stark wie die Farmer, die einen eigenen Hof bewirtschafteten, aber immerhin bestand eine Beziehung. Ich glaube nicht, dass irgendjemand herausgefunden hatte, wie man unser Hangwasser mithilfe von Drainageplatten ableiten und die feuchten Stellen trockenlegen konnte. Das wurde erst im weiteren Verlauf des Jahrzehnts aktuell; die meisten Bauern bezweifelten, dass sie die Betriebskosten für weitere 15 oder 20 Jahre stemmen konnten. Von Mitte der 50er- bis Mitte der 60er-Jahre konnte man während des Winters und zeitigen Frühjahrs mindestens eine Anzeige im Bezirksblatt entdecken, in der eine Farm zum Kauf angeboten wurde. In den frühen 50er-Jahren gab es noch finanzielle Unterstützung, wenn man Kalk ausbringen und Luzerne beziehungsweise Gräser aussäen wollte. All das änderte sich in den 60er-Jahren: Volldünger wurde überall erhältlich, Atrazin und Amiben wurden eingeführt, um Mais und Sojabohnen zu behandeln. Investoren aus anderen Landkreisen oder Bundesstaaten begannen damit, Land zu kaufen, auf dem der Ackerbau unrentabel geworden war, legten Feuchtgebiete trocken und rodeten Bäume. Dann verpachteten sie es an Bauern oder überließen es ihnen für einen Anteil an der Ernte, damit diese Reihenkulturen darauf anlegten. Die Profite, die aus Verpachtung oder wegen der sich aufblähenden Grundstückspreise erzielt wurden, trieben die Veränderungen weiter an. Ich erinnere mich, dass ich eines Tages zusah, wie eine 24-reihige Sämaschine einen angrenzenden Acker bearbeitete, und erkannte, wie sich die amerikanischen Ureinwohner gefühlt haben mussten, als die Weißen aufkreuzten. Die »Land-Ethik« verstaubte im Bücherregal. Der technologische Wandel vollzog sich schneller und mit mehr Gewalt (Profit), als dass die Menschen damit in vernünftiger Weise hätten umgehen können.«

Das Problem mit öffentlichen Förderungen

Am 16. Februar 1938 wurde in den USA die staatliche Ernteversicherung eingeführt. Regierungsprogramme zeichnen sich meist durch ehrenwerte Absichten und enttäuschende Ergebnisse aus, und mit der Ernteversicherung war es nicht anders. Eine Maßnahme, die eigentlich die Risiken hätte verringern sollen, wurde zu einem Monster, das mittlerweile die meisten Anbauentscheidungen diktiert, die heutzutage in den Vereinigten Staaten getroffen werden. Meiner Meinung nach sorgte dieses Programm auch dafür, dass niedrige Rohstoffpreise in den kommenden Jahrzehnten die Regel wären.

Ich möchte sogar behaupten, dass Bauern heutzutage über 95 Prozent ihrer Anbauentscheidungen von der Höhe der Zahlungen abhängig machen, die ihnen die Ernteversicherung garantiert. Die Landwirte wissen ganz genau, wie hoch die Bruttoeinnahmen pro Hektar mindestens sind, die sie im betreffenden Jahr von der Versicherung erwarten können. Wer seine Ausgaben unter diesem Betrag hält, wird einen Gewinn machen. Welches andere Gewerbe kann von einer derartigen Garantie profitieren? Das kleine Familienrestaurant um die Ecke ganz bestimmt nicht.

Weil die Händler für Landwirtschaftsbedarf wissen, dass die Bauern über eine Einkommensgarantie verfügen, haben sie keine Hemmungen, die Produktpreise zu erhöhen. Um selbst einen beträchtlichen Gewinn einzuheimsen, verlangen die Anbieter so viel, wie die Landwirte vermeintlich bezahlen können. Dünger, Herbizide, Insektizide, Fungizide, Arbeitsgeräte und was sonst noch alles notwendig ist – alles wird immer teurer. Wenn ein Düngemittel- oder Chemikalienhändler einen neuen Vertreter einstellt, kriege ich sehr bald Wind davon, weil ich einen Besuch von dem neuen Mitarbeiter erhalte. Dabei entgeht mir nicht, dass viele dieser Leute brandneue Pickups fahren. Wo kommt all das Geld her, um die ganzen Pickups anzuschaffen?

Da fällt mir ein, dass ich jetzt, im Unterschied zu früher, als ich noch konventionell gewirtschaftet habe, meine Kopfbedeckungen selbst bezahlen muss. Dass die Firmenvertreter den Personen, die ihnen keine Produkte abnehmen, ihre schmucken Baseballkappen vorenthalten, kann ich freilich verschmerzen.

Der Gewinn, der sich aus der Ertragsversicherung erzielen lässt, wird rasch von der Industrie geschluckt. Die Gewinnspannen werden immer schmäler, und dadurch erhöht sich die Abhängigkeit der Landwirte von staatlichen Fördermitteln, die sie für die Teilnahme an Regierungsprogrammen erhalten – beispielsweise die Ernteversicherung, das Environmental Quality Incentives Program (EQIP), das Conservation Security Program (CSP) und unzählige weitere Abkürzungen.

Ich habe jahrelang von diesen Programmen profitiert und kam in den Genuss von Kostenbeteiligungen für Baumpflanzungen, Zäune und Brunnen – sogar die automatische Lenkung für meinen Traktor wurde gefördert. Ich machte mir nicht viele Gedanken darüber, in den schwierigen Anfangsjahren ohnehin nicht. Doch als ich anfing, ganzheitlich zu denken, und erkannte, welche Konsequenzen es hat, wenn man Förderungen in Anspruch nimmt, kamen mir ernsthafte Bedenken, was die Inanspruchnahme von Kostenbeteiligungen angeht.

Die Versicherungsbeiträge des kleinen Familienrestaurants um die Ecke wurden nicht bezuschusst. Meine Verwandten aus der Stadt mussten den vollen Preis für Bäume aus der Baumschule bezahlen, weil sie keinen Anspruch auf Kostenbeteiligung hatten. Was berechtigte mich, dieses Geld entgegenzunehmen? Wiederum erzählte man mir, ich wäre dazu berechtigt, weil ich »die Weltbevölkerung ernährte«. Je mehr ich darüber nachdachte, umso mehr machte sich der Eindruck breit, dass diese Zahlungen nur eine Form von Wohlfahrt wären, und ich wollte keine Wohlfahrt! Shelly, Paul und ich einigten uns darauf, dass wir keine Agrarzahlungen mehr annehmen würden. Keine staatliche Ernteversicherung, kein EQIP, kein CSP. Und damit basta.

Diese Entscheidung empfand ich als große Erleichterung. Ich muss meine Zeit nicht mehr in NRCS- oder FSA-Büros verbringen und Formulare ausfüllen, und – was noch wichtiger ist – ich bin frei, Anbau- und andere betriebliche Entscheidungen im besten Interesse der Ranch und meiner Familie zu treffen. Ich bin nicht länger an Entscheidungen gebunden, die darauf beruhen, was andere für das Beste halten. Verstehen Sie mich nicht falsch: Ich bin der Meinung, dass einige Regierungsprogramme durchaus sinnvoll sind – besonders solche, die darauf abzielen, junge Landwirte zu unterstützen oder unseren Militärveteranen zu helfen, in die regenerative Landwirtschaft einzusteigen. Allerdings erachte ich es als grundsätzlich verkehrt, die Landwirtschaft oder irgendeine andere Branche mit hart erarbeiteten Steuergeldern gewohnheitsmäßig zu subventionieren.

Ein Paradebeispiel dafür war der Verlauf des Sommers 2017 in North Dakota. Bevor es so richtig heiß wird, regnet es normalerweise, aber diesmal blieben die Frühlingsniederschläge aus. Bereits Anfang Juni zeigte das Thermometer einige Tage in Folge über 38 °C (100 °F) an. Dann schlug das Wetter um, und nicht einmal 48 Stunden später hatten wir Frost! Diese widrigen Gegensätze wirkten sich naturgemäß nicht sehr günstig auf den Futteranbau aus. Viele Landwirte kämpften darum, genug Futter für ihr Vieh aufzutreiben, und waren schließlich dazu gezwungen, Hunderte Kilometer zurückzulegen, um Weideland zu finden oder Heu zu kaufen. Tausende Rinder mussten verschachert werden. Einer meiner Nachbarn musste seine Rinder mit zusätzlichem Futter versorgen, obwohl sie noch nicht einmal 2 Monate draußen auf der Weide waren. Seine Wiesen sahen aus wie ein bestens gepflegter Golfplatz! Also wurde der Katastrophenzustand ausgerufen, und die Regierung setzte ihre Geldflüsse in Gang.

Die Landwirte wurden dazu ermuntert, sich für die Katastrophenhilfe zu registrieren. Auch ich wurde aufgefordert. *Warum eigentlich?*, fragte ich mich. Weil wir die ganzheitlich geplante Beweidung eingeführt hatten, war wenig Schaden zu beklagen, und auf den Weiden befanden sich genauso viele Tiere wie im

Jahr zuvor. Meine Weidestrategie passte ich einfach den veränderten Umständen an: Umtriebe erfolgten jetzt nicht mehr täglich, damit die Rinder die Futterpflanzen stärker abgrasen konnten. Auf diese Weise stellte ich sicher, dass noch anderswo Futter wuchs, sodass ich die Tiere später dort hinschicken konnte. Dass der Pflanzenbestand auf unseren Weideflächen über kräftige Wurzelsysteme verfügte und der Boden durch eine dicke Schicht an Rückständen gut geschützt war, half uns in dieser Situation ungemein. Unsere langjährigen Bemühungen, ein intaktes Ökosystem zu schaffen, machten sich nun bezahlt. Meine Weiden waren robust und trotzten den jährlichen Niederschlags- und Temperaturschwankungen.

Wenn ich das FSA-Büro aufgesucht und das Formular unterzeichnet hätte, wären mir Zehntausende Dollar sicher gewesen, doch das konnte ich nicht mit meinem Gewissen vereinbaren. Die Katastrophe war auf unserem Betrieb ausgeblieben. Die amerikanischen Steuerzahler zu schröpfen und ihnen die mühsam verdienten Dollar wegzunehmen, nur weil mir das System die Gelegenheit dazu eröffnete, kam nicht infrage.

In diesem konkreten Fall erachte ich das Geschehen in North Dakota weniger als Naturkatastrophe, sondern vielmehr als eine vom Menschen ausgelöste Katastrophe, die durch Fehler in der Bewirtschaftung ausgelöst wurde. Wenn sich der Humusgehalt wegen unserer landwirtschaftlichen Methoden nicht so gewaltig verringert hätte, wären unsere Betriebe in Zeiten ausbleibender Niederschläge viel widerstandsfähiger.

Wenn ich zurückblicke und an all die Projekte denke, für die ich in der Vergangenheit Subventionen erhielt, kann ich offen und ehrlich sagen, dass ich heute in vielerlei Hinsicht andere Entscheidungen treffen würde. Einfach gesagt: Ich hätte die Kostenbeteiligungen nicht annehmen sollen. Ich will Ihnen ein Beispiel nennen: Wir erhielten jede Menge Zuschüsse für Umzäunungen und haben über hundert Koppeln auf unserer Ranch mit dauerhaften Zäunen umgrenzt. Im Moment reißen wir fast alle dieser Zäune wieder heraus! Sie schränken unsere Möglichkeiten ein, den Boden mithilfe der ganzheitlich geplanten Beweidung zu regenerieren. Unter oder neben den Zäunen befindet sich einfach zu viel Fläche, die nicht in den Genuss des Trampeleffekts kommt, der von unserem Vieh ausgeht. Die dauerhaften Zäune ziehen die Bodengesundheit und die Entwicklung der Weidepflanzen gleichermaßen in Mitleidenschaft. Müssten wir stattdessen temporäre elektrische Zäune verwenden, könnten wir sie jedes Jahr verlagern, wodurch jeder Quadratmeter unserer Weideböden vom notwendigen Trampeleffekt profitieren könnte. Wir hätten diese teuren dauerhaften Elektrozäune niemals errichten sollen. Ich habe nicht nur meine Zeit vergeudet, sondern auch die Dollars der Steuerzahler.

Behörden wie der NRCS sind darum bemüht, richtig zu handeln, aber die Zeit der Mitarbeiter und das Geld wären besser investiert, wenn man Landwirte über die Funktionsweise von Ökosystemen aufklären würde. Behörden sollten das bitterlich benötigte Fachwissen zur Verfügung stellen, anstatt Programme zu beaufsichtigen, die sich letztlich nur um Leistungsansprüche drehen. Könnte nicht ein großer Teil unserer Staatsverschuldung vermieden werden, wenn die Regierung solche ineffektiven Programme auslaufen ließe? Ich kenne viele NRCS-Mitarbeiter, die ausgezeichnete Lehrer sind und eine sehr viel größere Wirkkraft entwickeln würden, wenn sie Landwirte weiterbildeten. Verglichen mit der Vergabe von Zuschüssen, würde daraus für die Landwirte eine viel größere finanzielle Vergütung resultieren. Diese Mitarbeiter würden ihre Zeit und ihre Fähigkeiten viel lieber darauf verwenden, Landwirte zu unterrichten, als Programme zu beaufsichtigen.

Ausweichtaktik statt Problembewältigung

Notdürftige Übergangslösungen für ein tiefer gehendes Problem anzubieten, ist sehr typisch für die moderne Landwirtschaft. Nehmen wir nur die Wasserqualität als Beispiel. In weiten Teilen des Maisgürtels ist es üblich, Drainagerohre zu verlegen. Enorme Mengen an Zeit, Geld und anderen Ressourcen werden aufgebracht, um mit dem von den Landwirten als überschüssig erachteten Wasser fertig zu werden. Aber sollen wir uns nicht zuerst einmal fragen, woher das überschüssige Wasser kommt? Könnte es nicht daran liegen, dass geschädigte Böden nur noch wenig Wasser aufnehmen können? Könnte es auch sein, dass das Problem darin besteht, dass Landwirte keine Mischkulturen anbauen, die Anbauintensität niedrig ist und sich mehr als 4 Monate pro Jahr keine lebenden Wurzeln in der Erde befinden, die das Wasser nutzen können?

Denken Sie einmal darüber nach, was mit »überschüssigem« Wasser geschieht, das durch Rohre abgeleitet wird und in die Einzugsbereiche der Gewässer gelangt. Höchstwahrscheinlich führt dieses Wasser größere Mengen an Nährstoffen und chemischen Rückständen mit sich. Wirken sich diese Substanzen auf die Wasserqualität flussabwärts aus? Werden Fische, Wildtiere und Menschen in Mitleidenschaft gezogen? Wir Landwirte müssen uns vor Augen führen, dass jede eingeleitete Maßnahme eine kumulierende und eskalierende Wirkung entfalten kann. Setzen wir möglicherweise die Gesundheit unserer Kinder und Enkel aufs Spiel?

Wir müssen doch nur einen Blick auf die Statistiken werfen: Wir US-Amerikaner sind absolute Spitzenreiter oder gehören wenigstens zu den führenden Nationen, was die Häufigkeit von chronischen Erkrankungen wie Aufmerksamkeitsdefizitstörung, Alzheimer, Krebs, Osteoporose, Übergewicht, Autoimmunkrankheiten usw. betrifft. Auch dann, wenn sich Menschen »richtig ernähren«, leiden sie an den Folgen der industriellen Landwirtschaft. Michael Pollan stellt in seinem Buch *Das Omnivoren-Dilemma* fest, dass fast alles, was wir heutzutage essen, keine Nahrung sei, sondern »essbare nahrungsmittelähnliche Substanzen«.

In diesem Fall gilt, dass man ist, was man *nicht* isst. Heutzutage sind viele Nahrungsmittel und verarbeitete Lebensmittel, die man im Supermarkt kaufen kann, bedauerlicherweise arm an essenziellen Nährstoffen oder besitzen ein unausgewogenes Verhältnis der verschiedenen Inhaltsstoffe, zu denen unter anderem Proteine, Vitamine, Mineralstoffe und sekundäre Pflanzenstoffe zählen. Und wenn der Nährstoffgehalt unserer Speisen unzureichend ist, stellt sich unweigerlich ein Nährstoffmangel ein.

Studien dokumentieren, dass der Mineralstoffgehalt in unserem Gemüse im Laufe der Jahrzehnte stetig zurückgegangen ist – betroffen davon sind beispielsweise Kupfer (minus 24–75 Prozent), Calcium (minus 46 Prozent), Eisen (minus 27–50 Prozent), Magnesium (minus 10–24 Prozent) und Kalium (minus 16 Prozent). Kartoffeln haben in den vergangenen 50 Jahren die Hälfte ihres Kupfer- und Eisengehaltes eingebüßt, Karotten enthalten heute 75 Prozent weniger Magnesium. Auch andere essenzielle Nährstoffe wie Proteine, Riboflavin und Vitamin C schwinden praktisch dahin. Im Rahmen einer weiteren Studie wurde festgestellt, dass man heute acht Orangen essen müsste, um die gleiche Menge an Vitaminen zu erhalten wie unsere Großeltern in ihrer Kindheit durch den Verzehr einer einzigen Orange. Fleisch ist da keine Ausnahme – man müsste heute fast doppelt so viel Rind-, Hühner- oder Schweinefleisch wie vor zwei Generationen essen, um dieselbe Menge an bestimmten Nährstoffen aufzunehmen. Die Nährstoffverarmung unserer Lebensmittel kann bis zu den Anfängen der Landwirtschaft während der neolithischen Revolution vor 10 000 Jahren zurückverfolgt werden, als Bauern begannen, den Stärke- und Zuckergehalt der ersten Kulturpflanzen zu manipulieren; denn sie wollten süßere Körner züchten, die besser gekaut werden konnten als diejenigen der Wildformen. Unbeabsichtigt verringerten sie dadurch den Gehalt an essenziellen Nährstoffen. Die moderne, industrialisierte Landwirtschaft hat diese Entwicklung dramatisch beschleunigt.

Die Nährstoffverarmung hat sich zu einer globalen Krise ausgeweitet. Bereits ein Drittel bis zur Hälfte der Weltbevölkerung ist Schätzungen zufolge von einem chronischen Mangel an essenziellen Nährstoffen betroffen. Beispielsweise muss genügend Eisen aufgenommen werden, um Anämie, eine häufige Blutkrankheit, abzuwehren, aber über 1 Milliarde Menschen weltweit sind heutzutage nicht ausreichend mit dem Spurenelement versorgt. Wie ich aufgezeigt habe, sind auf unserem Planeten praktisch alle landwirtschaftlich genutzten Flächen dermaßen geschädigt, dass sie kaum noch Nährstoffe enthalten. Schätzungen zufolge versuchen in Afrika 40 Millionen Menschen auf ehemals fruchtbarem Land zu überleben, das mittlerweile als unproduktiv gilt. 2006 haben die Vereinten Nationen mit der »Mangelernährung vom Typ B« eine neue Kategorie der Unterversorgung eingeführt. Es handelt sich dabei um eine Ernährungsweise, bei der ausreichend Kalorien und Proteine aufgenommen werden, aber zu wenige Mineralstoffe und andere essenzielle Nährstoffe – eine Ernährungsweise also, die für die Industrienationen wie die Vereinigten Staaten charakteristisch ist. Mehr als zwei Drittel der Erwachsenen und nahezu ein Drittel der US-amerikanischen Kinder sind übergewichtig – verleitet von der Nahrungsmittelindustrie, die mit kalorienreichem Essen hausieren geht. Diese Produkte enthalten zu einem Großteil Fruktose-Glukose-Sirup (aus Mais) und Sojaöl– zwei Haupterzeugnisse der industriellen Landwirtschaft. Wir sind überfüttert und unterernährt zugleich.

Quantifizierung der Wirksamkeit regenerativer Methoden

Obwohl die regenerative Landwirtschaft Lebensmittel mit hoher Nährstoffdichte hervorbringt, bezweifeln Pessimisten häufig, dass sie unseren Planeten wirklich heilen kann. Um dieser Frage nachzugehen, habe ich dem Beratungsunternehmen **LandStream** erlaubt, die Ökosystemfunktionen auf unserer Ranch quantitativ zu erfassen. Die Gründer von LandStream sind Abe Collins, ein Viehzüchter und Berater aus Vermont, und John Norman, ein Umweltbiophysiker im Ruhestand, der im Laufe seiner 50-jährigen Berufslaufbahn zahlreiche bahnbrechende Umweltsensoren und Modelle entwickelt hat, um die Funktionen von Landschaften zu verstehen und quantitativ zu erfassen.

LandStream unterstützt Experten für nachhaltiges Landmanagement in ihrer Aufgabe, die Heilung des Landes und den Anbau von Pflanzen zu fördern, die der Ernährung, Energiegewinnung und Faserproduktion dienen, um die Regeneration auch über Wassereinzugsgebiete und Kontinente hinweg auszudehnen und Ökonomie und nachhaltiges Management zu verbinden. Im Hintergrund steht das Ziel, die Mächtigkeit der Humusschicht zu erhöhen.

LandStream ermöglicht folgende vier Leistungen:

1. Entscheidungshilfe für die Optimierung von Weidehaltung und Pflanzenbau, indem Viehzüchtern für jede Koppel protokollierte Daten und Prognosen hinsichtlich der Biomasseakkumulation, der Bodenfeuchtigkeit sowie der Energie- und Wasserflüsse zur Verfügung gestellt werden.

2. Quantifizierung der Ökosystemdienstleistungen, die von einem landwirtschaftlichen Betrieb ausgehen, wie zum Beispiel Schutz vor Hochwasser und Trockenheit, Grundwassererneuerung, Verbesserung des Grundwasserabflusses, Versorgung mit sauberem Wasser, Verbesserung der Bodenstruktur und verbesserte Nährstoffverfügbarkeit sowie Vermehrung der organischen Bodensubstanz.

3. Eine Plattform für globales Lernen und ein soziales Netzwerk, das den Kontakt zwischen Landwirten ermöglicht, sodass sie nützliche Informationen austauschen können, um Bodengesundheit und Landschaftsfunktion zu verbessern.

4. Nutzung wissenschaftlicher Erkenntnisse und Quellen, um den Trend zur regenerativen Landwirtschaft mithilfe der universellen Sprachen der Mathematik und Umweltbiophysik zu unterstützen.

LandStreams Infrastruktur, die satellitengesteuerte Fernerkundung ermöglicht, sich aber auch auf praktische, bodennahe Überwachungsgeräte stützt, zeichnet Informationen über Sonneneinstrahlung, Wetter, Böden, Vegetation, Oberflächengewässer und Grundwasser auf. Diese Informationen werden in eine Datenbank eingespeist, in Beziehung gesetzt und mithilfe von umweltbiophysikalischen Modellen analysiert, die die Landschaftsfunktion simulieren. Die Fernerkundungsverfahren von LandStream liefern Zahlenmaterial über die Biomasse pro Koppel, die Energieflüsse auf der Landoberfläche sowie über Verdunstung (Evapotranspiration) und Bodenfeuchtigkeit als Bestandteile der Wasserbilanz.

Ich habe mich zur Zusammenarbeit mit LandStream entschlossen, weil ich es als notwendig erachte, die Angaben über meine landwirtschaftliche Tätigkeit durch das Datenmaterial, das mein Land zur Verfügung stellt, zu belegen. Wir Landwirte müssen der Welt beweisen, dass unsere Bewirtschaftungspraktiken durchaus einen Unterschied machen. Im Oktober 2017 konnten wir die erste Phase des Projekts »Objektive Beweisführung auf der Brown's Ranch« abschließen, indem wir 119 Bodenproben zwischen Erdoberfläche und 1,20 Meter Tiefe entnahmen. Wir nutzten dabei die Kartierungstechnologie Soil Information System (SIS). Wie einige Proben offenbarten, war es uns gelungen, Oberboden bis in eine Tiefe von 70 Zentimetern aufzubauen, und der Boden wies bis 90 Zentimeter Tiefe ein gutes Krümelgefüge auf.

Wir können nun damit beginnen, die Ergebnisse jahrzehntelanger regenerativer Bewirtschaftung quantitativ aufzubereiten.

Das System zur quantitativen Erfassung der Landschaftsfunktionen, das wir auf der Brown's Ranch anwenden, wird Tausenden anderen Landwirten als Vergleichsgrundlage dienen können. Nun, da der Prozess der Datenübertragung und -modellierung begonnen hat, werden wir in der Lage sein, eine quantitative Beziehung zwischen dem Management der Ranch und dessen Ergebnissen herzustellen, die Ökosystemdienstleistungen unseres Betriebes zahlenmäßig zu erfassen und die Technologien zur fernerkundlichen Protokollierung und Prognose der Futtermittelproduktion zu kalibrieren. Das Ziel besteht darin, regenerativen Landwirten zu helfen, das ihnen anvertraute Land noch effektiver zu heilen und zu pflegen.

Viele US-Amerikaner müssen täglich darum kämpfen, ihrem Körper eine ausreichende Menge an den verschiedenen essenziellen Nährstoffen zuzuführen. Die Gründe dafür sind verzwickt, sie reichen von falschen Konsumentscheidungen bis zu eingeschränkten Wahlmöglichkeiten. Letzteres liegt an der modernen landwirtschaftlichen Produktionsweise. Darüber hinaus besteht in der industriellen Landwirtschaft die Tendenz, vorzugsweise solche

Pflanzen zu nutzen, die sich durch optische Erscheinung, Wachstumsgeschwindigkeit, gute Transportfähigkeit, Schädlingsresistenz und Haltbarkeitsdauer auszeichnen; darunter leidet der Nährstoffgehalt.

Im Jahr 2002 wurde i*m Journal of the American Medical Association* (JAMA) berichtet, dass eine Ernährung, die sich ausschließlich aus konventionell erzeugten Lebensmitteln zusammensetzt, den Nährstoffbedarf nicht ausreichend decken kann. Allen Erwachsenen wurde empfohlen, täglich ein Multivitaminpräparat einzunehmen – damit revidierte die Zeitschrift eine Haltung, die sie lange Zeit eingenommen hatte. Der Verkauf von Nahrungsergänzungsmitteln hat sich seither zu einem Geschäft mit einem Umsatz von jährlich 30 Milliarden Dollar entwickelt. Angaben des Bureau of Labor Statistics zufolge waren im Jahr 2014 in den Vereinigten Staaten 66 000 professionelle Ernährungsberater tätig. Im Laufe des nächsten Jahrzehnts sollen 11 000 hinzukommen. Die geschätzten Kosten für die Behandlung von Krankheiten, die in direktem oder indirektem Zusammenhang mit unserer Ernährungsweise stehen, betragen zwischen 250 Milliarden und 1 Billion Dollar.

Wie ich bereits erwähnt habe, heißen wir auf unserer Ranch viele Besucher willkommen, viele davon aus Übersee. Ich frage die ausländischen Gäste häufig nach den Unterschieden zwischen ihren Heimatländern und den Vereinigten Staaten. Die Antwort, die ich mit Abstand am häufigsten zu hören bekomme, lautet, wie langweilig und geschmacklos das Essen hier in den Vereinigten Staaten doch schmecke. Das überrascht mich nicht im Geringsten. Mehr als 5 Monate im Jahr reise ich durch ganz Nordamerika. Was mich dabei am meisten ärgert, sind nicht die Unannehmlichkeiten auf den Flughäfen, die beengten Platzverhältnisse in den Flugzeugen oder die Monotonie der Hotelzimmer – es ist das Essen! Wie Sie wissen, bauen meine Familie und ich fast unsere gesamte Nahrung selbst an. Sie entwickelt sich auf fruchtbaren, gesunden Böden. Der Körper merkt es einfach, wenn Speisen eine hohe Dichte an Nährstoffen aufweisen: Sie schmecken anders, sie sättigen.

Dazu kommt, dass chemisch-synthetische Herbizide, Insektizide und Fungizide, die auf den meisten landwirtschaftlichen Nutzflächen ausgebracht werden, auf dramatische Weise jede Form des Lebens beeinträchtigen, ob Pilze, Fadenwürmer, Protozoen, Algen, Milben und Springschwänze, aber auch Regenwürmer, Ameisen und andere nützliche Insekten. Im Jahr 2016 waren 94 Prozent aller Sojabohnen, die auf US-amerikanischem Boden angebaut worden sind, gentechnisch verändert. Damit nicht genug: bei Raps waren es 87, bei Mais 92 und bei Zuckerrüben sogar 95 Prozent.

Der Anbau von gentechnisch veränderten Nutzpflanzen führt dazu, dass immer mehr Biozide in unserer Umwelt ausgebracht werden. Viele der Mittel gelangen in die Luft, die wir atmen und in das Wasser, das wir trinken.

Die US-Umweltschutzbehörde (EPA) definiert »Biozid« recht anschaulich, nämlich als »heterogene Gruppe giftiger Substanzen, beispielsweise Konservierungsmittel, Insektizide, Desinfektionsmittel und Pestizide, die zur Bekämpfung von Organismen eingesetzt werden, die eine gesundheitsschädliche Wirkung auf Menschen oder Tiere entfalten oder Schäden an natürlichen beziehungsweise gefertigten Produkten hervorrufen«. Biozide kennen keinen Unterschied zwischen schädlichen und nützlichen Organismen. Sie töten die einen wie die anderen mit derselben Durchschlagskraft. Dies führt zu einem plötzlichen Rückgang der Bodenlebewesen. Wenn das Leben erst einmal ausgelöscht ist, können Pflanzen nicht mehr all die Nährstoffe aus dem Boden beziehen, die sie benötigen, sodass sie dann außerstande sind, Tiere und Menschen mit den essenziellen Nährstoffen zu beliefern.

In seinem Werk *Der Große Weg hat kein Tor* stellt der Landwirt und Philosoph Masanobu Fukuoka völlig richtig fest: »Nahrung und Medizin sind keine unterschiedlichen Dinge: Sie sind die Vorder- und Rückseite einer Medaille. Chemisch angebautes Gemüse kann als Nahrung gegessen werden, nicht aber als Medizin dienen.«

In *What's Making Our Children Sick?* sprechen Dr. Michelle Perro und Dr. Vincanne Adams einen ernüchternden Gedanken aus: »Wenn wir nach Belegen dafür suchen, dass unsere Ernährungsweise ein Fehlschlag ist, brauchen wir nur unsere Kinder zu betrachten. Wir erleben eine Kindergeneration, deren chronische Krankheiten mit den Leiden früherer Generationen nicht vergleichbar sind. Unsere Kinder sind kränker als ihre Eltern und wahrscheinlich kränker, als ihre Eltern im selben Alter waren, welche Fortschritte es in der Landwirtschaft oder Medizin auch geben mag. Die klinischen Belege weisen darauf hin, dass wir etwas falsch machen. Es ist gut möglich, dass unsere gegenwärtigen Fehler mit der Veränderung unserer Nahrungsmittelerzeugung in Zusammenhang stehen, die vor der Geburt der meisten unserer Kinder begann.« Warum setzt die große Mehrheit der Landwirte weiterhin auf die Notlösungen, die das derzeitige Produktionsmodell zu bieten hat? Ich vermute, dass es dafür mehrere Gründe gibt. Der erste ist Angst – die Sicherheiten, die das Vertraute mit sich bringt, hinter sich zu lassen. Wir haben uns mittlerweile zwei Generationen von einer Produktionsweise entfernt, die sich noch nicht auf die massive Verwendung synthetischer Hilfsstoffe stützte. Viele Landwirte verfügen weder über die Erfahrung noch über das Wissen, um anders zu wirtschaften. Ein zweiter Grund, der einem Wandel entgegensteht, sind die fehlenden finanziellen Möglichkeiten für Landwirte, die auf ein anderes Produktionsmodell umstellen. Die meisten Kreditinstitute sind mit der regenerativen Landwirtschaft nicht vertraut und zögern, breit aufgestellten, diversifizierten Unternehmen Darlehen zu gewähren, es sei denn, sie verfügen über einen guten Geschäftsplan oder ausreichende Sicherheiten. Das ist ein wichtiger Grund, weshalb ich dringend rate, am Anfang kleine Brötchen zu backen und den Gewinn einzusetzen, um zu expandieren.

Gruppenzwang übt eine überaus abschreckende Wirkung auf Bauern aus, die eigentlich bereit zu Veränderungen sind. Viele Landwirte wähnen sich in dem Glauben, es schere sie nicht, was andere denken, aber das trifft einfach nicht zu. Wer gegen den Strom schwimmen möchte, muss ein dickes Fell besitzen. Ich erwähne häufig, dass ich der örtlichen Viehauktion nicht mehr beiwohnen kann; falls ich durch die Tür spazierte, würde sich Stille im Raum ausbreiten, da es auf einmal kein Gesprächsthema mehr gäbe.

Ich möchte keinesfalls dazu raten, dass die US-amerikanischen Landwirte von heute auf morgen auf den Einsatz aller chemischen Hilfsmittel verzichten. Doch wir müssen dazu übergehen, die Mittel vernünftig einzusetzen. Jede einzelne Entscheidung sollte sorgfältig durchdacht werden. Man macht es sich zu einfach, wenn man sagt: »Heute setze ich dieses Pestizid noch ein, aber das nächste Mal verzichte ich darauf.«

Neueste wissenschaftliche Entdeckungen, die einen kausalen Zusammenhang zwischen den Nährstoffen in gesunden Böden und regenerativen landwirtschaftlichen Methoden sowie der menschlichen Gesundheit herstellen, besagen, dass wir den Abwärtstrend, was den Gesundheitszustand unserer Kinder betrifft, umkehren können. Das Bindeglied ist ein gesundes Bodenökosystem – die Fülle der Bodenlebewesen und die vielfältigen Symbiosen zwischen Mikroorganismen und Pflanzen, die dazu beitragen, Nährstoffe aus dem Boden zuerst in pflanzliches Gewebe und schließlich in unseren Körper zu transportieren. Dass gesundheitsbewusste Konsumenten den Zusammenhang zwischen einem fruchtbaren Boden und unserer Nahrung anerkennen, bietet Landwirten, die auf regenerative Anbaumethoden umstellen, enorme Möglichkeiten. Dadurch, dass sie fruchtbaren, vor Leben sprühenden Boden nachhaltig aufbauen, werden solche Landwirte in die Lage versetzt, richtige Nahrung anstelle von Massenware zu vermarkten – so, wie wir es mit unserem Label »Nourished By Nature« tun.

Als ich anfing, Änderungen an meinen Bewirtschaftungspraktiken vorzunehmen, erkannte ich noch nicht einmal ansatzweise die Möglichkeit, die Qualität und Nährstoffdichte unserer Alltagskost wiederherzustellen. Doch mittlerweile habe ich begriffen, dass es sich dabei um eine wichtige Option handelt, aus der ganzen Arbeit, die wir auf der Brown's Ranch in die Bodenerneuerung gesteckt haben, Kapital zu schlagen. Da sich verschiedene Gesundheitskrisen in diesem Land verschlimmern und die Kosten für Gesundheitsvorsorge sowie ärztliche Behandlungen steigen, erwarten immer mehr Menschen von der Ernährung eine Lösung ihrer gesundheitlichen Probleme. Sie wenden sich Produkten aus regenerativer oder biologischer Landwirtschaft zu und stimmen mit ihren Geldbörsen für das Leben und gegen die Chemie. Die Lebensmittel, die wir verzehren, können uns entweder heilen oder schädigen. Wir haben die Wahl.

Auf den Gewinn pro Fläche kommt es an

Kehren wir noch einmal zu Pauls Bemerkung über die Ausbeutung unserer Umwelt zurück: Ich hatte so viel Zeit damit verbracht, höheren Erntemengen und mehr Muskelmasse hinterherzujagen, dass ich dem Profit nicht genügend Aufmerksamkeit schenkte. Anstatt auf den Ernteertrag pro Hektar oder das Lebendgewicht pro Kalb zu starren, musste ich den Gewinn pro Hektar in den Fokus nehmen. Don Campbells Ausspruch klang in meinem Kopf nach:

»Wenn du kleine Änderungen vornehmen willst, dann ändere die Art und Weise, wie Du die Dinge ausführst. Wenn Du große Änderungen vornehmen willst, dann ändere die Art und Weise, wie Du die Dinge beurteilst!« Fortan konzentrierte ich mich also auf den Gewinn pro Hektar und nicht auf Mengen und Massen.

Eine der wichtigsten Voraussetzungen für eine flächenbezogene Gewinnsteigerung ist die Diversifizierung. Das derzeitige landwirtschaftliche Produktionsmodell legt seinen Schwerpunkt auf Spezialisierung. Viele Landwirte bauen nur ein oder zwei unterschiedliche Feldfrüchte an. Andere halten entweder Milchkühe oder Schweine. Infolgedessen arbeiten sie in einer Sparte – oder auch in zwei – recht effizient, aber diese Effizienz fordert einen gewaltigen Tribut – sie geht nämlich auf Kosten der Robustheit gegenüber Preisschwankungen oder niedrigen Rohstoffpreisen. Ganz zu schweigen davon, dass geringe Vielfalt negative Auswirkungen auf das Ökosystem hat.

In Nebraska sprach ich einmal vor einer größeren Gruppe Landwirten, die Mais und Sojabohnen anbauten. Ich wollte von ihnen wissen, wie viele von ihnen im Jahr zuvor einen Gewinn mit ihrem Mais erzielt hätten. Ein Bauer meldete sich – ja, ein einziger. Dann fragte ich, wie viele denn vorhätten, auch im nächsten Jahr auf Mais zu setzen. Alle hoben die Hände.

Das ist ein gutes Beispiel dafür, wie fest verwurzelt manche Leute in dem derzeitigen Produktionsmodell sind. Sie können nur Gewinne erzielen, wenn sie die Ausgaben verringern oder die Erträge steigern. Vielleicht hoffen sie auch, dass in einem wichtigen Maisanbaugebiet eine größere Trockenheit ausbricht. Eine Dürre würde zu einem Versorgungsengpass führen, der wiederum einen Anstieg der Preise nach sich zöge. Wann sind eigentlich das letzte Mal die Investitionskosten gesunken? Wahrscheinlich kann man darauf lange warten. Eine Steigerung der Ernteerträge ist natürlich denkbar, aber wie viel muss man hineinstecken, um für eine Steigerung zu sorgen? Trockenheit gibt es immer wieder, aber wenn es sich nicht gerade um eine Dürrekatastrophe wie im Jahr 2012 handelt, werden die Maispreise nicht sehr stark in Mitleidenschaft gezogen. Wir Landwirte werden unaufhörlich dazu aufgefordert, mehr und mehr zu produzieren, um die Weltbevölkerung zu ernähren, dabei müssen wir uns ständig mit den niedrigen Getreidepreisen herumschlagen! Es wird langsam Zeit, dass wir aufwachen und erkennen, dass es auf unserer schönen Erde gar keinen Nahrungsmangel gibt; vielmehr verhindern politische und soziale Faktoren, dass die Nahrung in die Hände der Menschen gelangt, die sie benötigen. Darüber hinaus ist der Nährstoffmangel unserer Lebensmittel ein wachsendes Problem. Ich wiederhole es noch einmal: Eine Nahrungsmittelknappheit gibt es nicht. Verschiedene kürzlich veröffentlichte Berichte verdeutlichen, dass die weltweite Nahrungsmittelproduktion im Jahr 2016 ausgereicht hätte, um 10 Milliarden Menschen zu ernähren. Die Weltbevölkerung zur Zeit der Niederschrift dieses Buches beträgt 7,8 Milliarden Menschen. Wenn Sie in der Hoffnung auf Gewinne darauf aus sind, dass die Nahrungsmittel knapp werden, müssen Sie also ziemlich lange warten.

Viele Landwirte fragen mich, wie ich es geschafft habe, meinen Gewinn pro Fläche zu steigern. Die Antwort lautet: durch Diversifizierung – die Ausweitung unserer unternehmerischen Aktivitäten, über die meine Aufstellung der Einnahmequellen Auskunft gibt.

Wie Sie gesehen haben, dreht sich auf unserer Ranch alles um den Kohlenstoff. Wir bauen 1-jährige Feldfrüchte wie Mais, Erbsen, Sommerweizen, Hafer, Gerste, Roggen, Zottige Wicke, Wintertriticale und eine Vielzahl an traditionellen Gemüsesorten an. Die Körner werden mit einem Schnellreiniger gesäubert, der alle rissigen und zerbrochenen Samen genauso entfernt wie Unkrautsamen und Spreu. Das gesäuberte Getreide wird entweder als Saatgut oder zu Futterzwecken an Landwirte verkauft, die ihren Tieren keine Produkte von gentechnisch veränderten Pflanzen verfüttern möchten (nur selten verkaufe ich Getreide an Zwischenhändler). Ich bin stets um Wertschöpfung bemüht.

Ein gangbarer Weg, einen kräftigen Gewinn zu erzielen, besteht darin, den Abfall aus einem Geschäftsfeld heranzuziehen, um den Profit in einem anderen Geschäftsfeld anzukurbeln. Wir verfüttern die Siebrückstände des Getreides an unsere Legehennen, Masthähnchen und Schweine, denn wir würden uns Abzüge einhandeln, wenn wir sie zusammen mit dem übrigen Korn beim Getreidehändler ablieferten. So verwandeln wir Abfall in bare Münze, indem er von unseren Tieren verwertet wird. Von dieser Maßnahme haben alle etwas.

Das Sortiment an Kulturpflanzen zu erweitern ist eine weitere Möglichkeit, wie sich der Gewinn steigern lässt. Daher haben wir vor relativ kurzer Zeit begonnen, auf unserer Ranch mehrjährige Gehölze, wie zum Beispiel Obst- und Nussbäume, zu pflanzen. Mehrjährige Futterpflanzen, die von unseren Tieren beweidet werden, lassen sich ohnehin auf weiten Teilen unseres Grundstücks antreffen. Wie ich in Teil 1 erörtert habe, zählen Fleischrinder, Schafe, Rind- und Lammfleisch auf Grünfutterbasis, Schweinefleisch aus Weidehaltung, Legehennen und Masthähnchen zu unseren Einkommensquellen. Sogar die Herdenschutzhunde, die auf unsere Schafe und das Geflügel aufpassen, bescheren uns zusätzliche Einnahmen, weil wir die Welpen aufziehen und verkaufen. Dasselbe gilt für die Border Collies. Die Größe unserer Rinder- und Schafherden halten wir konstant, passen aber die Anzahl der 1-Jährigen und auch der »Gastrinder«, die auf unserem Gelände weiden, an die jeweilige Futtersituation an.

Die Zwischenfrüchte, die wir anbauen, ernähren nicht nur unser Vieh, sie dienen auch als Weide für die Bienen. Wie in Kapitel 6 erläutert, hat eine örtliche Imkerei auf unserem Gelände Bienenstöcke aufgestellt. Der Betrieb verarbeitet die Waben aus diesen Stöcken getrennt und füllt den rohen, ungefilterten Honig in

Gläser ab, die wir zur Verfügung stellen. Wir kaufen diesen Honig pfundweise zu Großhandelspreisen. Wir bieten ihn dann unseren Kunden an; selbstverständlich erwirtschaften wir dabei einen kräftigen Gewinn.

Aber das ist noch längst nicht alles. Das intakte Ökosystem hat eine bunte Vielfalt an Tieren angelockt, zu denen auch unterschiedliches Jagdwild zählt. Wir haben uns darauf geeinigt, kommerzielle Jagd auf unserem Gelände nicht zu erlauben, obwohl sie eine attraktive Einnahmequelle wäre. Stattdessen haben wir – wie ebenfalls in Kapitel 6 erwähnt – der Organisation Sporting Chance, die Menschen mit Behinderung die Jagd ermöglicht, erlaubt, auf unserem Grund unentgeltlich zu jagen. Es handelt sich um ein großartiges Programm und es ist sehr bereichernd, diese Menschen dabei zu unterstützen, Tiere zu erbeuten.

In den vergangenen 5 Jahren durften wir auf unserer Ranch Besucher aus allen fünfzig Bundesstaaten, aus jeder kanadischen Provinz und aus 22 weiteren Ländern empfangen. Diese Menschen kommen auf unsere Ranch, um etwas über intakte Ökosysteme und gesunde Böden zu erfahren. Wenn eine Führung gewünscht wird, zeigen wir ihnen gerne unsere Ranch und beantworten Fragen, aber das nimmt natürlich eine Menge Zeit in Anspruch. (Allein im Jahr 2017 durften wir uns über mehr als 2500 Besucher freuen.) Weil die Führungen viel Zeit kosten und wir ohnehin viel Arbeit zu verrichten haben, berechnen wir dafür eine Gebühr. So lassen wir uns den Zeitaufwand vergelten – eine zusätzliche Einnahmequelle.

Weil Shelly, Paul und ich diese Fülle an Einnahmequellen geschaffen haben, ist unsere Ranch nicht nur ökologisch stabil, sondern steht auch wirtschaftlich auf soliden Beinen. Ich ziehe Gewinne den Umsätzen in jeder Hinsicht vor. Es ist eben um einiges angenehmer, die Rückseite eines Schecks zu unterschreiben als die Vorderseite!

Wenn ich durch Nordamerika reise, um Vorträge über unsere Anbaumethoden zu halten, höre ich immer wieder, dass mit der Erzeugung von landwirtschaftlichen Produkten kein Geld zu machen sei. Meine Geschichte ist jedoch der Beweis dafür, dass man gar nicht schlecht verdienen kann, wenn man über den Tellerrand blickt.

Obwohl wir auf unserem Betrieb bereits siebzehn Geschäftsfeldern nachgehen, gibt es noch etliche mehr, die wir in Zukunft gerne ergänzen würden. An möglichen Erweiterungen fallen mir Kaninchen, Truthühner, Ziegen (ach ja, kürzlich haben wir einige Fleischziegen angeschafft), ein Imbisswagen, Käse- und Seifenherstellung ein.

Fast bei jedem Vortrag, den ich halte, werde ich gefragt: »Wie viele Mitarbeiter haben Sie denn angestellt, um diesen Berg an Arbeit zu bewältigen?« Die Antwort lautet: »Shelly und ich, Paul und seine Freundin Shalini Karra. 5 oder 6 Monate im Jahr unterstützen uns einige Praktikanten bei der Arbeit. Wie ich im Abschnitt »Anlernen der jüngeren Generation« auf Seite 145 beschrieben habe, macht die Zusammenarbeit mit Praktikanten viel Spaß, und sie helfen uns natürlich bei der Bewältigung unserer Aufgaben, aber ihre Ausbildung nimmt auch viel Zeit in Anspruch, weil die meisten keine landwirtschaftliche Erfahrung mitbringen.

Ich könnte unsere gesamten unternehmerischen Tätigkeiten zusammenzählen und zu der Ansicht gelangen, dass wir ein beschwerliches Arbeitslos hätten, aber ich fordere meine Zuhörer lieber auf, über all die Aufgaben nachzudenken, die wir auf der Brown’s Ranch nicht erledigen müssen, weil wir sie der Natur übertragen haben. Beispielsweise müssen wir keine Dünger, Insektizide oder Fungizide herumtransportieren und ausbringen. Wir müssen unser Vieh weder impfen noch entwurmen. Wir jagen nicht tagelang durch die Lande, um die trendigsten und großartigsten Zuchtbullen, -böcke oder -eber ausfindig zu machen.

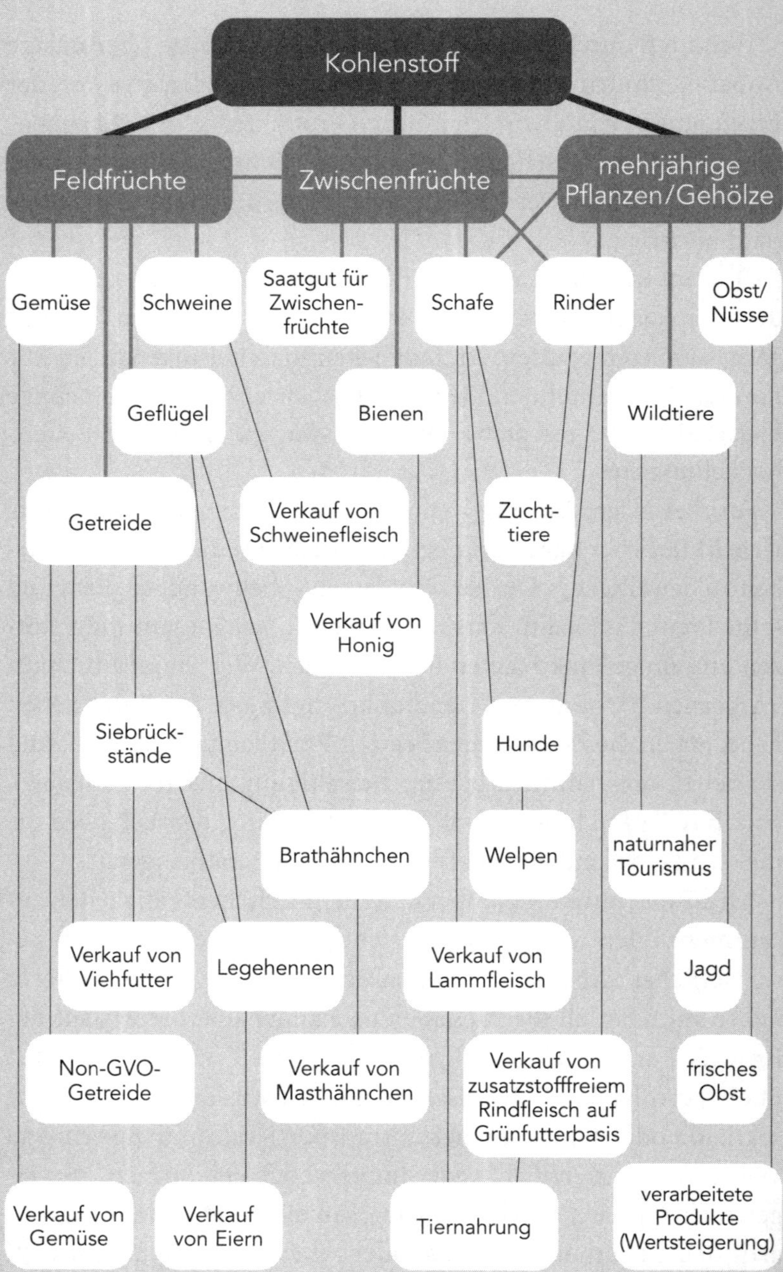
Kohlenstoff
Feldfrüchte
Zwischenfrüchte
mehrjährige Pflanzen/Gehölze
Gemüse
Schweine
Saatgut für Zwischen-früchte
Schafe
Rinder
Obst/ Nüsse
Geflügel
Bienen
Wildtiere
Getreide
Verkauf von Schweinefleisch
Zucht-tiere
Verkauf von Honig
Siebrück-stände
Hunde
Brathähnchen
Welpen
naturnaher Tourismus
Verkauf von Viehfutter
Legehennen
Verkauf von Lammfleisch
Jagd
Non-GVO-Getreide
Verkauf von Masthähnchen
Verkauf von zusatzstofffreiem Rindfleisch auf Grünfutterbasis
frisches Obst
Verkauf von Gemüse
Verkauf von Eiern
Tiernahrung
verarbeitete Produkte (Wertsteigerung)

Wir führen keine Trächtigkeitstests an unseren Kühen, Schweinen oder Schafen durch. Im Winter haben wir nicht die tägliche lästige Pflicht, landwirtschaftliche Geräte anzuwerfen, um das Vieh mit Futter zu versorgen. Wir sparen uns Zeit, weil wir keinen Mist aus Gehegen auf die Felder karren müssen – wenn ich es mir genau überlege, müssen wir noch nicht einmal Zeit für die Reparatur von Gehegen aufwenden! Ich könnte noch weitere Beispiele nennen, aber ich denke, Sie wissen schon, worauf ich hinauswill.

Eine weitere Frage, die mir häufig gestellt wird, lautet: Wie viele Hektar muss man bewirtschaften, damit der Betrieb rentabel ist? Ich antworte darauf, dass es nicht auf die Größe der Fläche ankommt. Ich habe viele rentable Betriebe besucht, die weniger als einen halben Hektar bewirtschaften. Die Ausnutzung von Synergieeffekten, die zwischen verschiedenen Geschäftsfeldern wirken, birgt ein größeres Gewinnpotenzial. Jeder, der wirklich will, kann sein Stück Land gewinnbringend bewirtschaften. Er oder sie muss nur drei Dinge beachten: den Fallgruben des derzeitig vorherrschenden Produktionsmodells auszuweichen, sich auf die Erneuerung des Ökosystems konzentrieren und nicht Erträgen nachzujagen, sondern echten Gewinnen.

◀ Diese nebenstehende Aufstellung der verschiedenen Einnahmequellen der Brown's Ranch enthält keine Dollar- oder Centangaben, sie erfasst vielmehr die Weitergabe des Kohlenstoffs, die die Grundlage der regenerativen Landwirtschaft darstellt. Unter Mithilfe von Sonnenlicht, Wasser und der Bodenlebewesen holen sich Pflanzen den Kohlenstoff aus der Luft und verwandeln ihn in unsere Lebensgrundlage.

Schlussfolgerung

Werden Sie aktiv

Ich habe dieses Buch verfasst, um Ihnen zu erzählen, wie meine Familie und ich in Bezug auf unsere landwirtschaftlichen Methoden die geistige Haltung, die in der Agrarindustrie vorherrscht, abgelegt haben, um uns – sowohl im Pflanzenbau als auch in der Tierzucht – am Vorbild der Natur zu orientieren. Dieses Buch verfolgt nicht die Absicht, Ihnen vorzuschreiben, wie Sie Ihren Bauernhof führen oder Ihren Garten bewirtschaften sollen, sei es nun mit oder ohne Tierhaltung. Nur Sie selbst können das entscheiden.

Zu lernen, wie man erfolgreich Pflanzenbau betreibt und Vieh züchtet, war für mich eine über 30-jährige Reise. Eine Reise, bei der ich zuerst Gelerntes vergessen musste, um erneut aufnahmefähig sein zu können. Ich hoffe, dass die wesentlichen Argumente, die ich in diesem Buch vorgebracht habe, klar und überzeugend durchscheinen. Was am wichtigsten ist: Wir alle – sei es als Pflanzenproduzenten, Tierhalter oder Heimgärtner – sind in der Lage, die eindrucksvolle Leistungsfähigkeit der Natur zu nutzen, um nährstoffreiche Lebensmittel zu erzeugen. Es gibt einen Weg, gleichzeitig unsere natürlichen Ressourcen zu regenerieren und sicherzustellen, dass unsere Kinder- und Enkelkinder die Möglichkeit haben, sich guter Gesundheit zu erfreuen. Mein persönlicher Weg stand im Zeichen der landwirtschaftlichen Prinzipien, die ich in diesem Buch dargestellt habe, und meiner eigenen Grundsätze.

Vertraue auf Gott. Als Shelly und ich jene 4 katastrophalen Jahre durchlebten, waren wir so pleite, wie man nur sein konnte. Wie ich gerne zum Besten gebe, waren wir dermaßen abgebrannt, dass es die Bank erfuhr, wenn wir Toilettenpapier kauften. Noch bankrotter geht nicht! Doch wir hatten einander und wir hatten Vertrauen. Bibelvers 3,5–6 sagt: »Verlass dich auf den Herrn von ganzem Herzen, und verlass dich nicht auf deinen Verstand, sondern gedenke an ihn in allen deinen Wegen, so wird er dich recht führen.«

Uns war unbekannt, welche Absichten Gott in Bezug auf uns hatte, aber wir wussten, dass er einen Plan hatte. Vertrauen zu haben ist entscheidend, wenn man den Weg der regenerativen Landwirtschaft verfolgt. Man muss darauf vertrauen, dass die Bodenorganismen aufleben, wenn man die fünf Prinzipien anwendet. Man muss das Vertrauen haben, dass sich Nährstoff-, Energie- und Wasserkreislauf verbessern. Und damit können Sie rechnen, denn Gott würde kein System erschaffen, das nicht vollkommen ist. Der Beweis? Natürliche Ökosysteme funktionieren seit Äonen dadurch, dass sie sich erneuern.

Landwirtschaft zu betreiben ist alles, was ich jemals wollte. Es war nie mein Wunsch, während eines Großteils meiner Lebenszeit die Welt zu bereisen und meine Geschichte weiterzugeben. Doch genau das mache ich. Ich habe die aufrichtige Überzeugung, dass Gott Shelly und mich durch 4 unglückselige Jahre geführt hat, damit wir ihm als ein bescheidenes Werkzeug dienen, einen Beitrag zur Heilung des Planeten zu leisten. Denken Sie an die Wahrscheinlichkeiten. Wie hoch stehen die Chancen, vier Ernten hintereinander aufgrund von Hagel und Trockenheit zu verlieren, wenn keiner meiner Nachbarn 4 Jahre lang Verluste erlitten hatte?

Bleibe aufgeschlossen. Seien Sie bereit, vorurteilsfrei zu lernen. Ich kann gar nicht sagen, wie viele Menschen mir entgegneten: »Gabe, Sie verstehen mich nicht. Wir können das hier nicht umsetzen, es würde einfach nicht funktionieren!« Das ist ihre Perspektive; ich dagegen vertrete den Standpunkt, dass sie schlicht und einfach nicht bereit sind, etwas dazuzulernen. Henry Ford drückte es am besten aus: »Ob Sie nun glauben, dass sie es schaffen oder meinen, es nicht zu schaffen – Sie haben in beiden Fällen recht.« Die Mehrheit der Menschen, die eine meiner Präsentationen besuchen, hat sich schon entschieden, bevor ich auch nur ein Wort gesagt habe. Mir hat unter anderem die Tatsache geholfen, dass ich in der Stadt und nicht auf einem Bauernhof aufgewachsen bin. Als ich in die landwirtschaftliche Produktion einstieg, besaß ich keine vorgefassten Konzepte. Ich war geistig aufgeschlossen und bereit, Neues zu erfahren. Zu meinem Bedauern machte ich zuerst mit dem konventionellen Produktionsmodell Bekanntschaft, weshalb ich meine erworbenen Kenntnisse verlernen und mir neues Wissen aneignen musste. Erinnern Sie sich, was Don Campbell mir beigebracht hat: »Wenn du kleine Änderungen vornehmen willst, dann ändere die Art und Weise, wie Du die Dinge ausführst. Wenn Du große Änderungen vornehmen willst, dann ändere die Art und Weise, wie Du die Dinge beurteilst.«

Beobachte. Hiob 12,7–8 sagt: »Frage doch das Vieh, das wird dich's lehren, und die Vögel unter dem Himmel, die werden dir's sagen; oder rede mit der Erde, die wird dich's lehren, und die Fische im Meer werden dir's erzählen.«

Während unserer 4 katastrophalen Jahre fand ich großen Trost darin, ausgedehnte Spaziergänge über die Weiden und Felder zu machen. Ich lernte wahrzunehmen. Den süßen Duft des Klees bei einer Sommerbrise. Das zarte Geraschel, das die Rinder beim Grasen verursachen. Achten Sie darauf, wie ihre Tasthaare eine Pflanze berühren, bevor sie hineinbeißen. Beobachten Sie die Grashüpfer:

Warum ernähren sie sich von Disteln? Weil sie nährstoffärmer sind. Greifen Sie nach einer Handvoll Erde: Besitzt sie eine gute Krümelstruktur? Warum riecht sie scharf? Ursache sind die Actinomyceten, das heißt, im Erdreich herrschen Bakterien vor. Nehmen Sie eine Schaufel davon auf Ihr Feld oder in Ihren Garten mit; sinkt die Erde leicht in den Boden? Achten Sie darauf, wie die Wurzeln des Hafers horizontal verlaufen. Das ist ein Hinweis auf eine Schicht im Boden, die vor Jahren beim Pflügen entstanden ist und das Wachstum behindert. Bemerken Sie den ganzen Löwenzahn? Löwenzahn verweist auf einen calciumarmen, aber kaliumreichen Untergrund.

Ich glaube, unsere Sinne einzusetzen ist eine vergessene Kunst. Der zwanghafte Gedanke, sofort Gewinn erzielen zu müssen, löscht die Verbindungen mit unserem Ökosystem aus, und ohne diese Verbindungen wird unsere Anwesenheit auf dem Land extrem selten. Während der 8 Jahre, in denen ich neben meinem Schwiegervater arbeitete, habe ich nicht einmal gesehen, dass er ein Schaufelblatt in den Boden getrieben und die Erde umgegraben hätte, um einen ausgiebigen Blick darauf zu werfen. Während meines 4-jährigen College-Studiums der Agrarwissenschaften hat keiner meiner Professoren mir je gesagt – geschweige denn beigebracht –, wie man richtig beobachtet. Ohne diese Fähigkeit können wir uns nicht an der Natur orientieren, wenn wir Landwirtschaft betreiben oder gärtnern.

Habe keine Angst zu scheitern. Wie Henry Ford sagte, ist »Scheitern bloß die Gelegenheit, noch einmal von vorn anzufangen, doch diesmal klüger«. Über meine gesammelten Misserfolge könnte ich mehrere Bücher verfassen. Ich behaupte oft, dass ich in allem zweimal versagen musste – in der Regel auf die harte Tour. Aber ich habe aus meinen Misserfolgen gelernt, und das ist es, worauf es ankommt. Erinnern Sie sich an die Geschichte, als ich eine stark geschädigte Fläche direkt mit mehrjährigen Pflanzen besät habe, ohne sie zuerst durch den Anbau von Zwischenfrüchten vorzubereiten? Das ist mir nicht noch einmal passiert. Ehe ich jetzt auf einem Feld Mehrjährige anbaue, kultiviere ich zuvor mindestens 2 Jahre lang Zwischenfrüchte.

Im Oktober 2016 platzierten wir den größten Teil unseres Heus draußen auf den Weiden mit mehrjährigen Pflanzen und ließen nur sehr wenig in der Nähe des Gehöfts; denn wir wollten das Vieh im Februar und März an den Heuballen weiden lassen. Der Winter brach früh herein, und bis zur ersten Januarwoche waren zweieinhalb Meter Schnee gefallen. Unter diesen Umständen kostete es uns viel Zeit und Geld, die Kühe dorthin zu bringen, wo das Heu lag, und etwas Heu zurück zum Gehöft zu transportieren. Diesen Fehler werden wir garantiert nicht wiederholen. Den Besuchern unserer Ranch erzähle ich, dass wir sehr darum bemüht sind, jedes Jahr ein paar Dinge falsch zu machen. Zum Beispiel: Woher soll ich wissen, ob eine bestimmte Zwischenfruchtart in meiner Umgebung gedeiht, wenn ich sie nicht versuchsweise anbaue? Das Ergebnis könnte ein Totalausfall sein, aber wie soll ich es sonst erfahren? Unsere Ranch ist wegen all unserer Irrtümer mittlerweile viel besser dran.

Denke in größeren Zusammenhängen. In *The Unsettling of America* schreibt Wendell Berry: »Solange wir leben, sind unsere Körper bewegliche Teilchen der Erde, die untrennbar mit dem Boden und den Körpern anderer Lebewesen verbunden sind. Unter diesen Umständen überrascht es kaum, dass es eine ausgeprägte Ähnlichkeit zwischen dem Umgang mit unseren Körpern und der Art und Weise geben soll, wie wir die Erde behandeln.«

Wir müssen den sozialen, ökologischen und spirituellen Zusammenhang verstehen.

Einfach ausgedrückt: Wir müssen verstehen, dass sich die Wirkung jeder einzelnen unserer Handlungen verstärkt und lawinenartige Ausmaße annimmt. Falls wir den Boden mit dem Pflug bearbeiten, Kunstdünger, Insektizide, Fungizide, Entwurmungsmittel und Impfstoffe verwenden oder in anderer Weise störend eingreifen, werden wir alle Ökosysteme beeinflussen: den Boden, das Wasser, die Luft und auch den sozialen Bereich. Keine unserer Handlungen ist isoliert. Als Gärtner oder Landwirt erzeugen wir Nahrung, und zwar genau die Nahrung, von der die menschliche Gesundheit abhängt. Wir müssen für unsere Taten Verantwortung übernehmen. Wir können nicht einfach ein Auge zudrücken. Wie wirken sich unsere Handlungen auf unsere Familien aus? Unsere Gemeinschaften? Unsere Ökosysteme? Unsere Beziehung zu Gott?

Werde aktiv. Als ich im letzten Frühling draußen auf dem Acker war, um eine Mischkultur von Feldfrüchten auszusäen, klingelte mein Telefon. Ich antwortete: »Hallo, hier ist Gabe.« Niemand reagierte, doch ich konnte im Hintergrund Stimmen vernehmen. Ich wiederholte: »Hallo, hier ist Gabe.« »Du meine Güte! Er ist es selbst, er ist drangegangen«, rief eine Stimme am anderen Ende der Leitung. »Ja, er ist es«, antwortete ich. »Ich kann nicht glauben, dass Sie ans Telefon gegangen sind«, erwiderte sie. »Warum sollte ich nicht?«, fragte ich. »Weil Sie Gabe Brown sind«, sagte sie ganz aufgeregt. Ich lachte und meinte zu ihr, dass ein Gespräch mit mir nun wirklich keine große Sache sei. Sie nannte mir ihren Namen und fragte, ob ich Zeit hätte, ein paar Fragen zum Thema Gartenarbeit zu beantworten. Ich entgegnete, dass ich noch eine weitere halbe Stunde säen würde, bevor ich aufhören und die Sämaschine füllen musste; daher war ich ganz Ohr. Sie erklärte mir, dass sie aus der Detroiter Innenstadt sei und dringend Nahrung für die Kinder der Gegend anbauen müsste; viele von ihnen litten an Mangelernährung. Mein Herz sank, als sie fortfuhr und erklärte, dass das Mittagessen, das die Schule anbot, die einzige Mahlzeit war, die viele dieser Kinder jeden Tag erhielten – falls sie alt genug waren, die Schule zu besuchen. Sie erzählte mir, dass sie das wenige Geld, das sie übrig hatte, dafür ausgab, um Lebensmittel für die jüngsten Kinder zu erwerben. Ihr Geld reichte nicht, um Essen für die Schulkinder zu kaufen, doch sie war auf die Idee gekommen, etwas Gemüse anzubauen. Wenn sie nur ein bisschen Gemüse erzeugen könnte, hätte sie ein wenig Nahrung für die Kinder.

Ich hielt den Traktor an und sperrte ihn ab. Die Frau erzählte, dass es in der Nähe ihres Hauses mehrere leere Grundstücke gäbe, die von Unkraut überwuchert wären. Sie wollte wissen, ob ich es für möglich hielte, darauf Gemüse zu ziehen. In den nächsten eineinhalb Stunden erläuterte ich ihr, wie man aus Abfällen Kompost herstellt, wie sie diesen Kompost mit jedem bisschen Erde vermischen sollte, das sie auftreiben konnte, woher man Samen bezieht, wie man Karton und Zeitungen einsetzt, um Unkraut zu unterdrücken … Ich lieferte alle weiteren Informationen, von denen ich glaubte, dass sie vielleicht nützlich sein könnten. Dann sagte ich ihr, dass sie mich anrufen solle, falls sie jemals irgendwelche Fragen hätte, wünschte ihr alles Gute und dankte ihr dafür, *dass sie sich engagierte.*

Wir beendeten das Telefonat und als ich mein Handy wegsteckte, begriff ich, warum Gott mich auf den Weg geschickt hatte, den ich in *Aus toten Böden wird fruchtbare Erde* erzähle: *Gott hat dich erschaffen, also werde aktiv!*

Danksagung

Einige Teile dieses Buches sind mit Unterstützung des Leopold Center for Sustainable Agriculture an der Iowa State University entstanden, das von Mark Rasmussen geleitet wird. Weitere Unterstützung verdanke ich der Regenerative Agriculture Foundation, der Lydia B. Stokes Foundation, der Community Foundation for San Benito County, Dennis und Trudy O'Toole und dem New Society Fund. Vielen Dank an alle Unterstützer!

Empfehlenswerte Quellen

Bücher

Berry, Wendell: *The Unsettling of America – Culture and Agriculture.* Counterpoint, Berkeley, CA, 1996.

Brunetti, Jerry: *The Farm as Ecosystem. Tapping Nature's Reservoir — Biology, Geology, Diversity.* 2. Auflage, Acres USA, Austin, TX, 2014.

Clark, Andy: *Managing Cover Crops Profitably.* 3. Auflage, SARE Outreach, College Park, MD, 2007.

Davis, Walt: *How to Not Go Broke Ranching – Things I Learned the Hard Way in Fifty Years of Ranching.* CreateSpace Independent Publishing Platform, North Charleston, SC, 2011.

Faulkner, Edward: *Plowman's Folly.* Reprint ed. Norman, University of Oklahoma Press, OK, 2012.

Fukuoka, Masanobu: *The One-Straw Revolution – An Introduction to Natural Farming.* New York Review Books Classics, 2009. [dt.: Fukuoka, Masanobu: *Der Große Weg hat kein Tor.* pala-verlag, Darmstadt 2013.]

Hahn Niman, Nicolette: *Defending Beef – The Case for Sustainable Meat Production.* Chelsea Green, White River Junction, VT, 2014.

Hines, Chip: *How Did We Get It So Wrong – The Reality of Ignoring Nature.* CreateSpace Independent Publishing Platform, North Charleston, SC, 2012.

Howard, Albert: *An Agricultural Testament.* Benediction Classics, Oxford 2010.

Kourik, Robert: *Roots Demystified – Change Your Gardening Habits to Help Roots Thrive.* Metamorphic Press, Santa Rosa, CA, 2007

Lewis, Meriwether; Clark, William: *The Journals of Lewis and Clarke (selections).* Herausgegeben von Bernard DeVoto. Houghton Mifflin, Boston 1953. [dt.: *Der weite Weg nach Westen – Die Tagebücher der Lewis und Clark Expedition 1805–1806.* Edition Erdmann, Wiesbaden 2016.]

Miller, Daphne: *Farmacology – Total Health from the Ground Up.* William Morrow, New York 2013.

Montgomery, David: *Dirt – The Erosion of Civilizations.* 2. Auflage, University of California Press, Oakland, CA, 2012.

Montgomery, David: *Growing a Revolution – Bringing Our Soil Back to Life.* W. W. Norton and Company, New York 2017.

Perro, Michelle; Adams, Vincanne: *What's Making Our Children Sick? How Industrial Food Is Causing an Epidemic of Chronic Illness, and What Parents (and Doctors) Can Do About It.* Chelsea Green, White River Junction, VT, 2017.

Michael Pollan: *The Omnivore's Dilemma – A Natural History of Four Meals.* Penguin Books, New York 2015. [dt.: *Das Omnivoren-Dilemma – Wie sich die Industrie der Lebensmittel bemächtigte und warum Essen so kompliziert wurde.* Goldmann Verlag, München 2011.]

Salatin, Joel: *Fields of Farmers – Interning, Mentoring, Partnering, Germinating.* Polyface Farms, Swoope, VA, 2013.

Savory, Allan; Butterfield, Jody: *Holistic Management – A Commonsense Revolution to Restore Our Environment.* 3. Auflage. Island Press, Washington, DC, 2016.

Schatzker, Mark: *The Dorito Effect – The Surprising New Truth About Food and Flavor.* Simon & Schuster, New York 2015.

Schwartz, Judith: *Cows Save the Planet – And Other Improbable Ways of Restoring Soil to Heal the Earth.* Chelsea Green, White River Junction, VT, 2013.

Sinek, Simon: *Start with Why – How Great Leaders Inspire Everyone to Take Action.* Penguin, New York 2009.
[dt.: Sinek, Simon: *Finde Dein Warum,* Redline Verlag, München 2018.]

Wilson, Gilbert: *Buffalo Bird Woman's Garden – Agriculture of the Hidatsa Indians.* Minnesota Historical Society Press, St. Paul 1987.

Internetseiten

Amazing Carbon: *http://www.amazingcarbon.com.*

Bionutrient Food Association: *http://www.bionutrient.org.*

EcoFarmingDaily e-newsletter: *http://www.ecofarmingdaily.com.*

Holistic Management International:
https://holisticmanagement.org.

Savory Institute: *http://www.savory.global.*

Soil Foodweb Inc.: *http://www.soilfoodweb.com.*

Soil Health Consultants, LLC:
http://www.soilhealthconsulting.com.

Solutions Beneath Our Feet: Can Regenerative Agriculture and Healthy Soils Help Combat Climate Change?:
http://www.youtube.com/watch?v=XlB4QSEMzdg.

Winona Ranch: *http://www.pasturecropping.com.*
(Falls dieser Link nicht aufgerufen werden kann, so ist er über *https://web.archive.org/web/20190223234915/http://www.pasturecropping.com/* einsehbar.)

Leserstimmen

»Gabe Browns *Aus toten Böden wird fruchtbare Erde* könnte nicht zeitgemäßer sein, da Landwirte langsam erleben, wie die Kosten für Dünger und viele andere chemisch-synthetische Hilfsstoffe steigen, auf die sie angewiesen sind. Der Autor erzählt uns die ganze Geschichte seiner Umstellung auf eine sich weitgehend selbst erneuernde und selbst regulierende (regenerative) Bewirtschaftungsweise. Obwohl ich seit 40 Jahren biologische Landwirtschaft betreibe, hat es mich überrascht, wie viel ich aus der Lektüre von *Aus toten Böden wird fruchtbare Erde* lernen konnte. Deswegen ist das Buch *jedem* Landwirt und Lebensmittelunternehmer sehr zu empfehlen – und ganz besonders den Menschen, die daran interessiert sind, sich in kluger Voraussicht auf zukünftige Veränderungen einzustellen.«

Frederick Kirschenmann, Ausgezeichneter Stipendiat des Leopold Center for Sustainable Agriculture; Verfasser von *Cultivating an Ecological Conscience*

»Die Produktivität landwirtschaftlicher Flächen wiederherzustellen ist eine der dringendsten Forderungen unserer Zeit. In seinem richtungsweisenden Buch erklärt Gabe Brown Schritt für Schritt, wie Landwirte und Viehzüchter leblose Erde in gesunden Oberboden verwandeln können, wobei er einen fundierten und trotzdem elegant einfachen Entwurf anbietet, wie sich Bodendegradation überall auf der Welt rückgängig machen lässt.«

Dr. Christine Jones, Bodenökologin; Gründerin von *Amazingcarbon.com*

»Unsere Zivilisation wurde durch die Landwirtschaft überhaupt erst ermöglicht, und gewöhnliche Menschen entwickelten sie im Laufe der Jahrhunderte weiter, indem sie Pflanzen züchteten, Tiere zähmten und die Erkenntnisse der aufkommenden Biowissenschaften nutzten. Mittlerweile hat sich die konventionelle Landwirtschaft, in der Monokultur und Massentierhaltung vorherrschen, in die zerstörerischste Industrie verwandelt, die es je gab. Gestützt auf Chemie und Technologiemarketing erzeugen die derzeitigen agrarwirtschaftlichen Praktiken zwanzigmal mehr toten, erodierenden Boden als Nahrungsmittel – und zwar Jahr für Jahr. In dieser gefährlichen Zeit wirkt Gabe Browns Buch wie ein frischer Wind; es führt beispielhaft vor Augen, was alle Landwirte, die sich um die Zukunft ernsthaft Gedanken machen, erreichen können, wenn sie fundierten ökologischen Prinzipien folgen und ihren gesunden Menschenverstand sowie ihre Vorstellungskraft einsetzen.«

Allan Savory, Präsident des Savory Institute

»Wer glaubt, die ›Grüne Revolution‹ sei ein Erfolg gewesen, für den ist dieses Buch Pflichtlektüre. Gabe Brown liefert eine aufrichtige Darstellung seiner persönlichen Reise und berichtet, wie er zu einer neuen Perspektive erwacht ist: Das Bodenleben und die Rückkehr zu regenerativen, ganzheitlichen und biologischen Anbauverfahren spielen die entscheidende Rolle, wenn man nicht nur die Welt ernähren, sondern auch das Ökosystem vor einer drohenden Katastrophe bewahren möchte.«

Stephanie Seneff, Forschungsgruppenleiterin am MIT Computer Science and Artificial Intelligence Laboratory

»In *Aus toten Böden wird fruchtbare Erde* schildert Gabe Brown gekonnt seinen Lernprozess und die reichliche Belohnung seiner Beharrlichkeit, als er ertragsorientierte Anbaumethoden, die zur Verarmung der Böden führen, durch Erneuerungsprozesse ersetzte: Er erzielte Ergebnisse, auf die er stolz sein konnte, es gelang ihm, die Produktivität zu erhöhen, die Qualität der Nahrung und die Gesundheit von Böden, Pflanzen und Tieren zu verbessern sowie die grundlegende Infrastruktur der Gesellschaft – die Landwirtschaft – im Sinne der Nachhaltigkeit umzugestalten. Die zentralen Werte für den verantwortlichen Umgang mit Agrarökosystemen, die Gabe Brown beschreibt, werden von wissenschaftlicher Seite bekräftigt: Unterschiedliche Komponenten werden zu einem funktionierenden System zusammengeschlossen, sodass alles und alle von der dynamischen Verjüngung der Böden profitieren können. Die Prinzipien werden durch direkte Erfahrungen exemplifiziert, die nicht nur verdeutlichen, welche Dinge sich wie und warum ändern müssen, sondern auch die notwendige Motivation liefern, um den Anfang zu machen. Das Buch gibt zu der Hoffnung Anlass, dass Ernährung und Gesundheit zukünftigen Generationen als Leitmotive der Nahrungsmittelproduktion dienen könnten, um die als Übergangslösung gedachten Eingriffe der letzten beiden Generationen zu ersetzen, die schwerwiegende, unbeabsichtigte negative Konsequenzen nach sich gezogen haben.«

Don M. Huber, emeritierter Professor der Phytopathologie an der Purdue University

»Gabe Browns Buch *Aus toten Böden wird fruchtbare Erde* ist ein inspirierendes Beispiel dafür, wie Landschaften aufblühen können, wenn Bauern Lehrbücher und Chemikalienhandel ignorieren und beginnen, auf die Natur zu hören. Brown hat sich zu einer Kultfigur in den Kreisen der regenerativen Landwirtschaft entwickelt, und dieses Buch vermittelt seine typische Offenheit und seine Fähigkeit, Mythen, Fachsprache und generationenalte schlechte Ratschläge zu überwinden, um die wesentlichen Dynamiken aufzuzeigen, mit denen sich die Funktionsweise des Ökosystems ›Bauernhof‹ beschreiben lässt. Indem es auf dem Boden der Tatsachen bleibt, kann dieses praxisnahe, geistreiche und zeitgemäße Buch dazu beitragen, einen Wandel in der Landwirtschaft auszulösen, bei dem die gängige Meinung durch den gesunden Menschenverstand abgelöst wird.«

Judith D. Schwartz, Autorin von
Cows Save the Planet und *Water in Plain Sight*

»Nach einem seiner Vorträge stellen sich viele Menschen Gabe Browns Ranch in North Dakota als eine Art Xanadu vor, einen sagenhaften Ort, an dem nichts schiefgeht. Dieses Buch ermöglicht eine realistische Sicht auf Gabes Bemühungen in einem herausfordernden Umfeld. Angesichts ihrer Probleme ließen sich Gabe und seine Familie nicht unterkriegen, sondern betrachteten die Schwierigkeiten als Gelegenheiten, dazuzulernen und Neues auszuprobieren. Diese Entschlossenheit machte Gabe Brown zu einem Vorreiter in der Bewegung, der es um die Erneuerung der Böden geht. Darüber hinaus hat er dazu beigetragen, die Wissenschaft voranzutreiben, zu zerren und zu schleifen, damit sie Lösungen für unsere derzeitige Landwirtschafts- und Ernährungskrise entwickelt. Farmer und Rancher wie Gabe Brown und die anderen Helden, deren Geschichte in *Aus toten Böden wird fruchtbare Erde* erzählt wird, sprechen die dringende Notwendigkeit an, belastbare Systeme zu entwickeln, die nährstoffreiche Lebensmittel in Hülle und Fülle liefern – und zwar auf erneuerten Böden, in denen unterschiedliche biologische Lebensgemeinschaften den Nährstoff- und Wasserkreislauf erfolgreich in Gang halten.«

Dr. Kris Nichols, Bodenmikrobiologin,
KRIS Systems Education and Consultation

»Gabe Brown erzählt von einem Weg der Hoffnung und Freiheit für all diejenigen, die sich um Lebensmittel, Gesundheit und den Planeten Erde Gedanken machen. Seine Leidenschaft, den Boden zu heilen und anderen Menschen zu dienen, hat die Grundfesten des Modells der industriellen Landwirtschaft erschüttert. Der agrarindustrielle Komplex befeuert unablässig den Konsum, der Böden verschlingt, Bauernfamilien ins Elend stürzt und zur Verarmung ländlicher Gemeinden führt – letztlich zerstört er Staaten. Wer hätte gedacht, dass ein Viehzüchter aus North Dakota eine Revolution – die regenerative Landwirtschaft – anführen würde. Diese Bewegung zeigt uns einen neuen Weg, nahrhafte Lebensmittel anzubauen – gesundes Essen, das die ganze Schöpfung nährt und ehrt. Wegen Gabe Brown habe ich Hoffnung, was die Zukunft der Landwirtschaft angeht. *Aus toten Böden wird fruchtbare Erde* muss man einfach gelesen haben!«

Ray Archuleta, »The Soil Guy«,
Bodenspezialist des USDA/NRCS im Ruhestand

»Wer ein Interesse an Gesundheit, Rettung der Erde oder an Essen besitzt, das nach etwas schmeckt, hat in letzter Zeit viel von regenerativer Landwirtschaft gehört. Auf diesem

Gebiet finden sich Dutzende (oder Hunderte) selbsterklärter Experten. Doch ich weiß: Gabe Brown ist der einzig wahre. Er hat mehr als jeder andere dazu beigetragen, die Kluft zwischen Forschern und praktizierenden Landwirten zu überbrücken. Sein Wissen darüber, wie man die Theorie von der Bodenerneuerung in die Praxis umsetzt, ist beispiellos. *Aus toten Böden wird fruchtbare Erde* sollte für jeden konventionellen Landwirt der Erde Pflichtlektüre sein.«

Will Harris, White Oak Pastures, Bluffton, Georgia

»*Aus toten Böden wird fruchtbare Erde* ist der perfekte Titel für dieses neue Buch von Gabe Brown und eine treffende Metapher, um zu beschreiben, wie die Familie Brown mit Intelligenz und Entschlossenheit dem landwirtschaftlichen Modell, in das sie verstrickt war, entkommen konnte; denn dieses Modell hatte in ökonomischer und ökologischer Hinsicht versagt, es ermöglichte keine angemessene Lebensqualität. Die Errungenschaften der Familie rühren von der Erkenntnis her, dass langfristiger Erfolg nur dann möglich ist, wenn alle Teile des komplexen Gefüges ›Boden-Pflanze-Tier-Wohlstand-Mensch‹, das wir als landwirtschaftlichen Betrieb bezeichnen, gleichzeitig genährt werden. Die Browns haben begriffen, dass in der Landwirtschaft die Förderung des Lebens im Mittelpunkt stehen sollte; daher muss Landwirtschaft regenerativ sein.«

Walt Davis, Autor von *How to Not Go Broke Ranching*

»Ich bin nicht mehr in der Lage, an einem Bauernhof vorbeizufahren, ohne aus dem Auto steigen und Zwischenfrüchte pflanzen zu wollen. *Aus toten Böden wird fruchtbare Erde* ist eine unterhaltsame, erhellende Lektüre; sie wird die Vorstellung, die man sich von der Landwirtschaft macht, verändern.«

Mark Schatzker, Autor von *The Dorito Effect*

»Es besteht ein wachsendes Bewusstsein dafür, dass die Methoden der industriellen Landwirtschaft unseren Böden, Bauernhöfen und dem Planeten beträchtlichen Schaden zufügen. Die Art und Weise, wie wir Landwirtschaft betreiben, muss sich ändern – *Aus toten Böden wird fruchtbare Erde* ist drauf und dran, die landwirtschaftlichen Praktiken weltweit umzugestalten. Dieses Buch ist prall gefüllt mit hervorragenden Ratschlägen, wie man einen landwirtschaftlichen Betrieb nach dem Vorbild der Natur führen kann, und gewürzt mit Gabes großem Sinn für Humor sowie Bescheidenheit.«

Colin Seis, landwirtschaftlicher Unternehmensberater; Eigentümer der Winona-Farm, New South Wales, Australien

»*Aus toten Böden wird fruchtbare Erde* erzeugt das Gefühl, mit Gabe Brown ein persönliches Gespräch über die Veränderungen zu führen, zu deren Zeuge er wurde, als er regenerative Methoden auf seiner Ranch einführte. Am wichtigsten ist seine klare Botschaft, durch Direktvermarktung eine höhere Wertschöpfung aus dem System zu erzielen; denn, wie Gabe sagt, ›unterschreibt er einen Scheck lieber auf der Rückseite als auf der Vorderseite‹.«

Dr. Dwayne Beck, Leiter der Dakota Lakes Research Farm; Professor der Pflanzenwissenschaft, South Dakota State University

»Durch die Förderung der Bodenerosion hat eine Kultur nach der anderen die Grundlage ihres Wohlstands hinweggepflügt. Gabe Browns inspirierende Geschichte verdeutlicht, warum es sich bei der regenerativen Landwirtschaft, die den Wiederaufbau gesunder, fruchtbarer Böden anstrebt, um mehr als eine wissenschaftliche Theorie handelt – sie wird bereits in landwirtschaftlichen Betrieben, beispielsweise seinem eigenen, praktiziert.«

David R. Montgomery, Autor von
Dirt und *Growing a Revolution*

»*Aus toten Böden wird fruchtbare Erde* ist eine Quelle der Inspiration! Gabe Brown stellt ein bewährtes Modell vor, das anderen Landwirten dabei behilflich sein kann, ihre Böden und den Zustand unseres Planeten zu verbessern. Immer mehr Bauern erkennen langsam, dass sie in erster Linie Landwirte sein müssen. Gabe hilft unserer Vorstellungskraft auf die Sprünge, wenn es darum geht, wie ein gesunder Planet aussehen könnte oder wie sich die Erträge unserer Bauernhöfe – ob klein oder groß – erhöhen lassen, sofern wir gemeinsam neue Wege in der Landwirtschaft einschlagen. Seine Botschaft, die Natur zu imitieren, anstatt sie zu bekämpfen, findet bei allen Menschen Widerhall, die sich um die Qualität der Lebensmittel und unsere Zukunft Gedanken machen.«

Todd Colehour, Gründer von
Williams & Graham und Tribe Market

Index

A

E

F

H

O

P

Q

R

T

U

V

Y

Z

Bildquellen

© Gabe Brown (Farbbildteil / Abbildungen 1 bis 34)
© shutterstock hadkhanong (S. 22 Kuh) // ingk (S. 22 Walnussbaum) // Yevheniia Lytvynovych (S. 47, 48, 78, 104, 228 Buchweizen Maiskolben) // Галина Никулина (S. 75, S.152 Korb) // Canicula (S. 128) // andrey-oleynik (S. 151) // Irina Simkina (S.152 Huhn) // La puma (S. 170) // andrey oleynika (S. 203) // kirpmun (S. 227 Grünkohl) // FarbaKolerova (S. 227 Klee) // Morphart Creation (S. 228 Maispflanze) // Nadezhda Molkentin (S. 306)